U0235978

中国科协三峡科技出版资助计划

水坝工程发展的若干问题思辨

张志会 著

中国科学技术出版社
·北 京·

图书在版编目（CIP）数据

水坝工程发展的若干问题思辨/张志会著. —北京：中国科学技术出版社，2015. 6
（中国科协三峡科技出版资助计划）
ISBN 978-7-5046-6939-1

Ⅰ. ①水… Ⅱ. ①张… Ⅲ. ①挡水坝-水利工程-研究 Ⅳ. ①TV64

中国版本图书馆 CIP 数据核字（2015）第 126236 号

总 策 划	沈爱民 林初学 刘兴平 孙志禹	**责任编辑**	付万成
项目策划	杨书宣 赵崇海	**责任校对**	何士如
编辑组组长	吕建华 赵 晖	**印刷监制**	李春利
		责任印制	张建农

出　　版　中国科学技术出版社
发　　行　科学普及出版社发行部
地　　址　北京市海淀区中关村南大街 16 号
邮　　编　100081
发行电话　010-62103130
传　　真　010-62103166
网　　址　http://www.cspbooks.com.cn

开　　本　787mm×1092mm 1/16
字　　数　300 千字
印　　张　15
版　　次　2015 年 6 月第 1 版
印　　次　2015 年 6 月第 1 次印刷
印　　刷　北京盛通印刷股份有限公司

书　　号　978-7-5046-6939-1/TV · 83
定　　价　68.00 元

总　序

科技是人类智慧的伟大结晶，创新是文明进步的不竭动力。当今世界，科技日益深入影响经济社会发展和人们日常生活，科技创新发展水平深刻反映着一个国家的综合国力和核心竞争力。面对新形势、新要求，我们必须牢牢把握新的科技革命和产业变革机遇，大力实施科教兴国战略和人才强国战略，全面提高自主创新能力。

科技著作是科研成果和自主创新能力的重要体现形式。纵观世界科技发展历史，高水平学术论著的出版常常成为科技进步和科技创新的重要里程碑。1543 年，哥白尼的《天体运行论》在他逝世前夕出版，标志着人类在宇宙认识论上的一次革命，新的科学思想得以传遍欧洲，科学革命的序幕由此拉开。1687 年，牛顿的代表作《自然哲学的数学原理》问世，在物理学、数学、天文学和哲学等领域产生巨大影响，标志着牛顿力学三大定律和万有引力定律的诞生。1789 年，拉瓦锡出版了他的划时代名著《化学纲要》，为使化学确立为一门真正独立的学科奠定了基础，标志着化学新纪元的开端。1873 年，麦克斯韦出版的《论电和磁》标志着电磁场理论的创立，该理论将电学、磁学、光学统一起来，成为 19 世纪物理学发展的最光辉成果。

这些伟大的学术论著凝聚着科学巨匠们的伟大科学思想，标志着不同时代科学技术的革命性进展，成为支撑相应学科发展宽厚、坚实的奠基石。放眼全球，科技论著的出版数量和质量，集中体现了各国科技工作者的原始创新能力，一个国家但凡拥有强大的自主创新能力，无一例外也反映到其出版的科技论著数量、质量和影响力上。出版高水平、高质量的学术著作，成为科技工作者的奋斗目标和出版工作者的不懈追求。

中国科学技术协会是中国科技工作者的群众组织，是党和政府联系科技工作者的桥梁和纽带，在组织开展学术交流、科学普及、人才举荐、决策咨询等方面，具有独特的学科智力优势和组织网络优势。中国长江三峡集团公司是中国特大型国有独资企业，是推动我国经济发展、社会进步、民生改善、科技创新和国家安全的重要力量。2011 年 12 月，中国科学技术协会和中国长江三峡集团公司签订战略合作协议，联合设立“中国科协三峡科技出版资助计划”，资助全国从事基础研究、应用基础研究或技术开发、改造和产品研发的科技工作者出版高水平的科技学术著作，并向 45 岁以下青年科技工作者、中国青年科技奖获得者和全国百篇优秀博士论文奖获得者倾斜，重点资助科技人员出版首部学术专著。

由衷地希望，“中国科协三峡科技出版资助计划”的实施，对更好地聚集原创科研成果，推动国家科技创新和学科发展，促进科技工作者学术成长，繁荣科技出版，打造中国科学技术出版社学术出版品牌，产生积极的、重要的作用。

是为序。

序

本书围绕当今社会公众较为关注的大坝工程建设中的若干问题，运用科技史、工程哲学和传播学等多学科研究方法进行了较为深入的探讨和反思，以期得到一个和谐的共识，推动中国的健康发展。

水是一切生命之源，水资源在时空分布上不均匀，自然状态的水资源是难以满足现代人类社会生存和发展的需要的。建设水坝工程具有防洪、抗旱、发电、供水、灌溉等多功能的综合效益，可以说建坝是人类有效利用有限的水资源和防洪减灾的永恒需要。在气候变化的大背景下，加快开发水能资源，是我国低碳能源的重要对策。迄今为止，我国共有9万余座水坝水库，是世界上的水坝大国。这些工程为我国的经济建设注入了强大的活力，是防洪减灾、保障国家能源供应与粮食安全的重要支撑。

然而，在河流上兴建水坝必然会改变河流原有的状态，会引起一系列的生态环境的变化，这些变化对于人类来讲有利有弊。如何兴利除弊主要是一个科学技术问题，而利和弊的衡量则是一个哲学问题，应该是以人为本，以人类的可持续发展为衡量标准。

本书作者对中外水坝工程的发展演化，水资源与水坝工程观，水坝工程的论辩过程及其方法论与价值论问题，水坝工程的公众理解问题，水坝工程建设目前面临的伦理困境以及气候变化背景下中国水电开发的可持续发展等一系列相互联系的问题，在多学科的视域下进行了探讨与思考。

期望本书能带给读者新颖的视角和观点，在树立动态和谐的大工程观，促进公众对水坝工程的认知与理解以及改善我国水资源利用和能源开发政策的制定等方面起到抛砖引玉的作用，帮助推进我国水坝水工程的健康发展。

陆佑楣

目 录

引 言

1 问题的提出

工程是人类社会存在与发展的物质基础，是直接的生产力，但这一工程造物活动却在东西方理论视野中一度没有受到应有的重视。20 世纪末，工程哲学在东西方的同时兴起，凸显了工程哲学（philosophy of engineering）研究和跨学科工程研究（engineering studies）的重要意义。水坝工程是重要的社会基础设施，是人类社会最重要的工程类型之一，从而也必然成为工程哲学的重要研究对象。

水是人类及其他一切生物赖以生存的基础。由于地理和气候的特性，我国自古以来就是一个水旱灾害频发的国家，除水害、兴水利，历来是治国安邦的大事。过去几千年中，我国曾经创造了辉煌灿烂的水利文明，而且在相当长的时间内雄踞世界先进民族之林。中华人民共和国成立后，我国的水坝工程建设成就辉煌，这些工程对于防洪抗旱、促进水资源综合利用与保障国家能源与粮食安全发挥了重要作用。近年来，当我国步入全面建设小康社会的关键时期时，由于复杂的原因和一些不同观点的争议，我国水坝工程建设受到了一定程度的影响，发展趋于缓慢。

自从 1949 年中华人民共和国成立以来，党和政府高度重视水利工作，领导全国各族人民进行了大规模的水利工程建设，基本形成了防洪、抗旱、灌溉、供水、发电、航运等较为完备的水利工程体系。我国的水坝工程建设也成绩斐然，目前拥有 8 万多座水坝，成为世界上建坝数目最多的国家，不仅筑坝技术直指世界先进水平，还涌现出了三峡工程、小浪底、二滩等一系列举世瞩目的水坝工程。这些水坝工程在抗御水旱灾害，保障人民生命财产安全，促进水资源的合理配置与综合利用，维护社会稳定和经济发展，改善生态环境方面起到了不可忽视的作用。特别是水电作为一项可重复利用的清洁能源，在保障国家能源供应和电力供给方面功不可没。

最近一段时间，我国已步入现代化建设的关键时期、西南地区一大批水坝工程破土动工之时，却意外遭遇到国家水利水电政策、公众对工程理解的偏差等一系列问题的严峻挑战，关于水坝工程的不同观点的争议此起彼伏，未有定论。这样一来，水利、水坝工程建设的未来发展就成了一个有待深入思考和研究的问题。

面对我国水坝工程的当前困难和未来发展，社会各界——水利界和与水利密切相关的其他各界——都有许多问题需要深入研究和思考，对有关问题进行深入的哲学反思就是其中的重要任务之一。正是在这样的理论背景和现实环境中，对水坝工程的历史、现实和未来进行初步的哲学反思就成为了本书的基本主题。

具体来说，本研究主要出于以下两方面的需要：

1.1 对水坝的历史进行哲学反思的需要

水坝工程的历史需要哲学反思。克罗齐说过，“一切历史都是当代史”。鉴古知今，研究历史是思考当代与未来的重要基础。司马迁的《史记》精辟地阐述了以史为鉴的原则：“居今之世，志古之道，所以镜也，未必尽同。”[①]

水利工程的发展历程漫长、曲折、复杂而又激动人心，修渠建坝的工程活动早已融合为人类文明进程的重要组成部分。中国是一个有着五千年水利文明史的国家，在古代建造了一批举世瞩目的水利工程，我国水利工程的发展水平在长达一两千年的时间内，长期居于世界领先地位，同时也创造了辉煌灿烂的水利文化。然而，近300年来，我国水坝工程技术却落后于世界先进国家。

不同的工程有不同的命运与效果。例如，我国古代的都江堰工程历经2000多年，至今还在发挥着防洪和灌溉的作用，而20世纪修建的三门峡工程的寿命却仅仅只有几十年，就成了失败水坝工程的典型。从哲学角度理性地认识与反思水坝工程的历史与现实，反思这部兴盛与衰落、成功与失败的历史，引以为鉴，温故知新，可以指导我们更好地进行当下和未来的水坝工程建设。

虽然目前在中国水利史研究方面已经有了许多论著，但对这个历史进程进行哲学反思的研究工作尚不多见，本书将尝试对中外水坝工程的历史进程进行初步的哲学反思，特别是尝试从工程演化角度对有关问题进行一些分析和思考。

1.2 水坝工程当前的困难和挑战

中国的自然条件和地理因素，决定了中国自古就洪涝灾害频发、水资源短缺、生态系统脆弱。大规模进行水利工程建设，成为中国开发利用水资源与防治洪涝灾害无法替代的选择。

---

① 司马迁. 史记·高祖功臣侯者年表，转载自《中国科学技术史》(水利卷). 2002：前言.

新中国成立以来，中国水坝工程建设成绩斐然。根据2013年3月26日由水利部和国家统计局联合发布的《第一次全国水利普查公报》，截至2011年底我国共有98002座水库，总库容9323.12亿m^3。其中已经建水库97246座，总库容8104.10亿m^3；在建水库756座，总库容1219.02亿$m^3$①。这些水坝初步控制了大江大河的常见洪水，扩大了农业灌溉面积，对于保障工农业生产与人民生命财产安全功不可没。

水电，是中国目前唯一可大规模商业开发的清洁可再生能源，对于中国这样能源短缺的发展中大国，在解决国家电力和能源供应，推动国家经济社会发展方面发挥了重要作用。在全球普遍面临气候变化的威胁下，水电开发的优势更加明显。有水利水电专家估计，未来20~30年，我国水坝工程建设将进入重要的战略机遇期。

然而，由于多种复杂的情况和原因，当前中国水坝工程建设却遇到了空前的困难与巨大的挑战。其中最重要的挑战并不是技术困难，而是水坝工程观方面、政府的水利水电工程政策方面以及公众对水坝工程的认知方面的挑战。

1.2.1 对水坝利弊的认识和水坝工程观方面的挑战

千百年来，世界各地的人民为了生产生活的需要，修建了数不清的水坝，利用和改造着自然界的状态。这些水坝工程也按照人类的需要实现了兴利除弊的功能。现代大坝工程因具备防洪、发电、灌溉、通航等综合功能而曾经备受青睐。修筑水坝，成了西方水资源（包括水能资源）丰富的国家在工业化初期的优先选择，他们通过建坝来保证供水、灌溉农田、削减水灾……并大举开发水电。可以说，长期以来，社会各界在关于“水坝是有利于人类、有利于社会的工程设施”这一点上的认知基本一致。西欧和北美曾先后成为了世界工业化进程的领头羊和建坝中心。到20世纪末，有些国家的可开发水力资源利用率甚至达到90%。

但是，由于工程活动改变了自然界的状态，变化了的自然界也反过来影响人类社会的发展。近些年来，随着人们环保意识的增强与水坝工程负面效应的逐步显现，以往那种过分追求经济利益而忽视其他因素的征服自然、改造自然的水坝工程观受到了批评，甚至谴责。于是，在思考“水利工程”导致“水利”结果这个方面的同时，人们也开始深入思考“水利工程”可能造成“水害”的问题。潘家铮院士在清华大学水利水电工程系建系50周年庆典上，提倡要建立一门“水害学”，专门研究兴修水利工程产生的祸害。在一次国务院组织的南水北调工程汇报会上，他又提出：如果问题没有研究透，没解决好，大调水就意味着大浪费、大污染、大破坏。全国水问题如此严重，水利工程师是罪魁祸首之一。② 于是在新时期，对以往的水坝工程观进行反思，明

① 中华人民共和国水利部，中华人民共和国国家统计局．第一次全国水利普查公报．2013年3月26日．

② 潘家铮．老生常谈集［M］．郑川：黄河水利出版社．2009：4.

确树立科学发展观和新的水坝工程观已经成为了摆在水利水电工程师面前的一项重要任务。

1.2.2 水坝工程遭遇的政策方面的挑战

水电是英、美等许多水资源丰富的发达国家在其工业化初期的优先选择，这些国家都曾经对水利水电给予了强大的政策支持。历史上也不乏依靠水电开发来带动地方经济发展的成功经验。例如，20 世纪 30 年代，美国发生了严重的经济危机，政府斥巨资支持基础设施建设，建造了胡佛水坝、大古力水坝等一批大坝工程，对田纳西流域进行梯级滚动开发，有力地推动了国家经济社会的发展。

自 1949 年以来，中国政府对水电开发的政策在不停变化。新中国成立初期，电力发展方针定位为“建设火电为主”。1958 年，党中央召开南宁会议，提出“水电为主，火电为辅”的发展方向，同时决定将电力部与水利部“合并”为水利电力部。20 世纪 60 年代，全国电力会议又提出“水火并举，因地制宜”的政策。此后，水电火电的地位虽然相同，但是表述上对水电发展的态度更明确。“七五”期间提出“尽可能多发展水电，大力发展火电，适当发展核电”。但是，到了 21 世纪初，却变成了“积极发展水电，优先发展火电”。

2014 年全国新核准水电装机 20 万 kW①。截至 2014 年底，全国水电全年新增装机 2185 万千瓦，总装机 3.02 亿千瓦，占全国全部装机容量的 22.2%。水电年发电量超载万亿大关，达到 10661 亿千瓦时，同比增长 18%。② 从表面来看，当前我国水坝工程建设处于高潮，但实际上新的水坝工程一度难以得到政府核准。2008 年，国家共新核准水电站 9 座，装机容量仅 966.8 万 kW，其中包括两座装机容量共 270 万 kW 的抽水蓄能电站。若除去抽水蓄能电站，新核准的水电站只占当年电力增长的 7%。

水电在国家新近的能源开发政策中也一度明显处于不利地位。在 2005 年 2 月 28 日第十届全国人大常委会第十四次会议表决通过《中华人民共和国可再生能源法（草案）》，大中型水电被排除在外。2006 年 3 月 14 日第十届全国人大四次会议批准了《中华人民共和国国民经济和社会发展第十一个五年规划纲要》。其中水电开发的表述为：“在保护生态基础上有序开发水电。统筹做好移民安置、环境治理、防洪和航运。建设金沙江、雅砻江、澜沧江、黄河上游等水电基地和溪洛渡、向家坝等大型水电站。适当建设抽水蓄能电站。”而 2001 年 3 月 15 日第九届全国人大四次会议批准的《中华人民共和国国民经济和社会发展第十个五年规划纲要》中关于水电的表述还是“充分利用现有发电能力，积极发展水电……开工建设龙滩、小湾、水布垭、构皮滩、三板溪、

① 国家能源局：2014 年新核准水电装机 2000 万千瓦．中国水力发电工程学会官方网站．2014 年 1 月 26 日．

② 2014 年水电新增装机 2185 万千瓦，中国改革报．2015 年 2 月 16 日．

公伯峡、瀑布沟等大型水电站，抓紧长江上游溪洛渡或向家坝水电站开发的前期论证工作。”2008 年 11 月 12 日，国务院决定将国家为应对金融危机而提出的“4 万亿振兴计划”的首批投资总规模逾 5000 亿元用于扩大内需。在随后的首批 5000 亿元投资中，电力行业核准投资超过千亿元，而水电却榜上无名。2009 年 3 月 5 日，中华人民共和国第十一届全国人民代表大会第二次会议上发布的政府工作报告指出，要“积极发展核电、风电、太阳能发电等清洁能源”，水电并未着墨，引发了水电人士的唏嘘感慨。在水电人士通过全国政协发表意见后，3 月 13 日的闭幕会上表决通过了修改后的政府工作报告，水电才被勉强列入。

近些年来，大坝工程遭遇多次紧急叫停事件。2009 年 6 月 11 日，环保部叫停了金沙江中游正在施工的鲁地拉和龙开口两座水电站。这两座水电站未通过相应的环境影响评价，就擅自筑坝截流，收到了环保部的停工罚单，由此被“连坐”的还有整个金沙江中游流域的水电开发。近几年来，水电遭遇的尴尬处境稍有和缓。2011 年 3 月 14 日，第十一届全国人大第四次会议上批准的《十二五规划纲要》中提到，要“在做好生态保护和移民安置的前提下积极发展水电，重点推进西南地区大型水电站建设，因地制宜开发中小河流水能资源，科学规划建设抽水蓄能电站。”

1.2.3　公众对水坝工程的认知与理解方面的挑战

尽管修建水坝，特别是大坝的利益显而易见，如为人们提供了充足而廉价的水电、保障农田灌溉、供应城市工业与生活用水，便利航运、应对洪旱灾害与提供观光娱乐实施等，但是，自水坝工程诞生以来，有关争议就从未间断过。20 世纪中期以来，国内外围绕建坝、拆坝的争论日趋激烈。应该注意的是，伴随水坝工程系统自身的演变与经济社会的发展进步，水坝工程争议的具体内容和形态也是不断变化的。

我国的水坝工程争议在 21 世纪的头 10 年出现了集中爆发的势头。一段时期内，不少环保组织、媒体舆论以保护生态环境为名，猛烈地批判水坝和水电工程。三门峡水库存废之争、都江堰柳条湖世纪遗产保卫战、怒江水电开发争议、虎跳峡水电站风波等，都争议激烈。不同地域、不同行业和知识背景的人对水坝工程持有各种不同的，甚至截然相反的立场和观点。争议的参与者早已突破学术共同体的限制，而是形成了政治家、企业家、工程师、媒体、环保组织与社会公众的共同“在场”。他们围绕水坝工程的经济、社会、生态影响各抒己见，进行观念和思维的碰撞。争论内容也不限科学问题，而涉及不同利益相关者的利益诉求和价值判断等。

水坝工程论辩中，环保人士与媒体合作，与政府机构的环保部门结成“联盟”，掀起了声势浩大的“媒体风暴”，形成了一股强劲的舆论力量。在建设和谐社会的背景下，这股思潮几次引起了中央高层领导的关注，影响了工程决策的结果与水电开发的大政方针。2004 年，国务院对《怒江 13 级水坝开发规划》报告做出了批示，这意味着政府在舆论压力下开始重新审视与处理水坝工程决策。

在我国的水坝建设中，以往的个别水坝工程确实是失败的，在水库移民工作中，确实也存在移民的生产生活未能得到妥善安置的情况，以致引起群众上访络绎不绝，地方群众阻挠工程建设的现象时有发生。这些情况还使得一些规划合理、现实必要的水坝工程难以有序进行。

在认识和分析这些现实状况时，一方面，应该认识到这与水坝工程日益显现的负面影响不无关系；另一方面，也要高度关注水坝工程的公众理解问题，因为导致这些现象出现的重要原因之一正是在水坝工程的公众理解方面出了问题。"公众对工程效应的理解与工程本身的真实效应并不总是一致的。重要的问题是，尽管公众对工程效应的理解并不一定科学，但公众舆论会影响工程决策和工程建设与工程运行。"① 例如，关于西南地区建设高坝大库是否会诱发地震；三峡工程的裂缝问题；水电是否"清洁能源"问题以及国外拆坝浪潮的真实性等问题，通过一些网络与平面媒体的报道，出现了一些背离事实的消息，误导了公众对工程的理解。

上述这些挑战许多都是水利工作者原本并不很熟悉的领域，与其本职工作似乎没有明显联系。这些问题需要水坝工作者和其他行业的人士——包括哲学工作者共同应对。

2 研究的意义

当代社会，科学技术迅猛发展，水坝工程已经成为越来越复杂的巨系统，影响的时空范围广泛。单从学科建制来讲，就关联到水利水电工程技术、生态学、地质勘探、经济学、管理学、社会学、社会心理学等若干门类。本书不可能对水坝工程做"百科全书"式的综合系统的研究，而只能选取某些合适的切入点，从工程哲学的视角对水坝工程的某些问题进行分析和研究，努力使本书在具备一定的理论探索意义的同时，又具有一定的现实意义。

2.1 现实意义

本研究的目的首先是为了回应一种特定的"中国需要"。中国是一个有着5000年水利文明史的国家，在长达一两千年的时间内，中国坝工技术水平一直世界领先，流传下来一批功在千秋的水利工程，并创造出了辉煌灿烂的水利文化。但近300年来，中国坝工技术与工程实践却落后了。经历了改革开放后的经济与社会结构转型，人们

① 殷瑞钰，汪应洛，李伯聪．工程哲学［M］．北京：高等教育出版社，2007：74.

对工程建设的关注前所未有的高涨。当前和未来 20 ~ 30 年是我国现代化建设的关键时期，随着人口的急剧增长和工农业发展对能源、水资源的迫切要求，我国急需建设一大批公共基础工程设施，如南水北调工程、西气东输工程、京沪高铁等各类工程建设正方兴未艾，蓬勃发展。但是进入 21 世纪，我国的水坝工程却面临着前所未有的挑战。对水坝工程中的若干重要问题进行哲学反思，不但对于促进我国水坝工程建设与水电开发产业的持续快速健康发展具有重要的现实意义，还可对探讨推动铁路、航空其他类型的工程建设的良性发展起到“举一反三”的借鉴作用。

2.2　理论意义

本研究的理论意义主要体现为以下 3 个方面：

首先，结合我国当前具体国情，对水坝工程建设中的重大问题进行哲学思考，可以总结出一些理论观点，有助于深化与发展对水坝工程的理性认识。以往学者尽管出现过对水坝工程的经济学、生态学、社会学相互结合的初步研究，出现过关于三峡工程论辩的个案研究，但立足于工程哲学理论对水坝工程所做的专门研究，目前还较为少见。探究水坝工程观、水坝工程论辩的方法论等问题，将有助于从哲学角度理解当下水坝工程所处的境遇。

其次，从工程哲学学科建设角度而言，本书将有助于工程哲学、产业哲学的理论发展。近些年来，工程哲学在东西方同时兴起，哲学与工程在工程实践中开始结盟，形成了一个广阔的研究领域。工程哲学，除了需要基本理论作为支撑外，还需要紧密结合不同类型的工程实际，探索其各自的发展规律。目前，随着《工程哲学》等一系列著作的出版，关于工程的系统性的理论研究已卓有成效，但工程史，特别是产业（或某一行业）工程史研究还比较薄弱。本书对水坝工程的历史演化及发展规律的一些问题进行研究，对于丰富工程哲学研究具有一定价值。

最后，本书研究的“大工程观”问题，可为国内水利水电工程技术人才的培养提供一种“大工程观”的概念框架，帮助青年及学生加深对水资源特性的了解，培养正确的水坝工程观。实践表明，水利工程的合格人才不仅需要具备良好的工程技术知识基础，还需要对水资源的特性有全面而深入的了解，并在科学的水利工程观的指导下开展工程实践。以往国内的水利工程专业教育，往往只注重对学生进行工程技术知识的传授，而忽视了对学生在水资源特性认识与工程观方面的引导与培养。本书的成果在于帮助相关工程人才科学认识水资源特性，摒弃“征服自然”与“保留原生态”两种极端的工程观，树立“自然—工程—社会”三位一体的“大工程观”方面可以发挥一定的启发意义。

3　若干重要概念界定

3.1　水利工程与水坝工程

水利工程，就是以水资源或水体作为开发、利用、保护的对象，采用工程技术手段，对水资源或水体进行重新配置的工程措施。按其服务对象分为防洪工程、农田水利工程、水力发电工程、航道和港口工程、供水和排水工程、环境水利工程、海涂围垦工程等。可同时为防洪、供水、灌溉、发电等多种目标服务的水利工程，称为综合利用水利工程。水利工程需要修建坝、堤、溢洪道、水闸、进水口、渠道、渡漕、筏道、鱼道等不同类型的水工建筑物，以实现其目标。

水利工程与其他工程相比，具有如下特点：①水利工程一般规模大，投资多，技术复杂，工期较长。②影响面广。一项水利工程的兴建，对其周围地区的环境将产生很大的影响，既有兴利除害的一面，又有淹没、浸没、移民、迁建等不利的一面。为此，制定水利工程规划，必须从流域或地区的全局出发，统筹兼顾，以期减免不利影响，收到经济、社会和环境的最佳效果。

坝为形声字，繁体字作“壩”，从土，“霸”声。从土，意味着坝是用土筑成的，至今，土和石仍然是最主要的建筑材料。即使当今用来修坝的混凝土中也有土的意味。从“霸”，表示其发音，发音洪亮，气势威凛。水坝，是重要的水工建筑物之一，是用于形成水库的挡水建筑物①。旧式字典释为“坝，堰也，所以止水使不泛滥也”②。单锷《吴中水利书》有云：“其河自西坝至东坝十六里有余。”《新华字典》认为，“坝是截住河流的建筑物”。水坝按筑坝类型可分为土坝、重力坝、混凝土面板堆石坝、拱坝等。现在也延伸出其他两种含义：一是河工险要处巩固堤防的建筑物；二是中国西南地区称平地或平原，如坪坝、晒坝。同其他许多工程一样，水坝工程具有建构性、实践性、继承性、创造性、科学性、经验性、复杂性、系统性、社会性、效益性和风险性等特征。

坝的工程建设施工量大，往往体积庞大，施工过程又极其艰巨，有人干脆在“坝”字前面加上个“大”字，统称“大坝”。现在按照国际大坝委员会（International Commission on Large Dams，ICOLD）通用的定义，一般将高度在15米以上或者高度在10~15米而库容超过300万立方米的水坝称为大坝。国际大坝委员会（ICOLD）网站上展示的数据库“The World Register of Dams”列出了世界范围内33000多座大坝。目前全世界共

① 潘家铮．千秋功罪话水坝［M］．北京：清华大学出版社，广州：暨南大学出版社，2000：33.

② 潘家铮．千秋功罪话水坝［M］．北京：清华大学出版社，广州：暨南大学出版社，2000：33.

有大小各类水坝30多万座，我国拥有98000多座水库。虽然这个数字足以令人叹为观止，但如果将在该登记册上注册的15米以上的坝高标准降低1米，则其总数将会大幅度蹿升。

水坝工程是水利工程的重要方式和重要组成部分。虽然本书必然论及作为整体的水利工程，并且在某些章节中有对水利工程的某些整体性分析和认识，但本书无意以水利工程的整体作为本书的基本主题。这就是说，虽然本书并不完全局限于水坝工程，但本书的基本重点仍然是分析和研究作为水利工程重要组成部分的水坝工程，这是需要加以强调和说明的。

3.2 水坝工程共同体

“工程共同体”① 是“对应”于“科学共同体”和“技术共同体”的概念。工程共同体有一定结构，是指扮演不同角色的、从事同一类型的工程活动的特定人群，包括工程师、工人、投资者、管理者等利益相关者。从工程共同体的类型来看，可以分为“工程活动共同体”与“工程职业共同体”，前者比后者更为基本，相对于工程活动共同体，工程职业共同体就是亚共同体。从工程共同体的组织形式来看，工程共同体的组织形式或实体样式因其类型不同而异，即“工程活动共同体”的组织形式或实体样式为各类企业、公司或项目部等，它们是工程活动共同体的现实形态；“工程职业共同体”的组织形式或实体样式则为工程师协会或学会、雇主协会、企业家协会、工会等，其显著的功能在于维护职业共同体职业形象和内部成员的合法权益，确立并完善规范，以集体认同的方式为个体辩护②。

根据以上对“工程共同体”概念的界定，可以顺理成章地界定出“水利工程共同体”这个概念，并且把“水坝工程共同体”看作是整个“工程共同体”的重要组成部分。对应地，水坝工程共同体也可分为水坝工程职业共同体和水坝工程活动共同体两种。前者主要包括水坝工程的投资者（业主）、管理者、水坝工程师；考虑到水坝工程影响的广泛性，后者往往可扩展至政府、水库移民、日益增加的关心水坝生态影响的民间环保组织（或称环保类NGO）和普通公众。

4 相关研究基础

当前，我国筑坝工程技术已经处在世界前沿，水坝工程专业技术方面的文献可谓

---

① 李伯聪．“工程共同体中的工人——工程共同体研究之一”［J］．自然辩证法通讯，2005（2）；关于工程师的几个问题——工程共同体研究之二［J］．自然辩证法通讯，2006（2）；工程共同体研究和工程社会学的开拓——工程共同体研究之三［J］．自然辩证法通讯，2008（1）．

② 张秀华．工程共同体的本性［J］．自然辩证法通讯，2008：30（6）：43-47.

浩如烟海。鉴于本书的研究主旨，在此只对关于水坝工程的“宏观研究”和“论战资料”进行考察。综观国内外研究的历史与现状可以看出，对于本书的基本主题而言，以往的有关研究成果主要集中在以下几个方面。

4.1 关于水坝工程的价值判断与基本立场

在这方面，国外有一些著作较为综合地论述了水坝工程的负面影响，并表达出对水坝工程的消极，甚至强烈的反对态度。如 Pearce 的《堰塞的：水坝和即将来临的世界水危机》(1992 年)[①]，Goldsmith 和 Hildyard 编写的两卷本《大型水坝对社会和环境的影响》(1984、1986 年)[②]。在持续的全球反坝运动的推动下，世界银行与世界自然保护联盟于 1998 年联合组建了世界水坝委员会（WCD）。2000 年末 WCD 经过了 3 年的研究后发表了《水坝与发展——决策的新框架》[③]，这是世界上第一份就全球水坝在促进发展方面的作用进行综合性评估的独立报告。该报告第一次提到了“社会成本”等概念，指出以水力发电为主要目标的大型水坝对人类发展贡献重大，效益显著；然而，在很多情况下，为确保从水坝获取这些利益而付出了不可接受的，通常是不必要的代价，特别是社会公正和生态环境的代价。国内以中文出版的 P. 麦卡利的《大坝经济学》[④]（中国发展出版社，2001、2005 年），其英文版本是《寂静的河流：大坝的生态学和政治学》[⑤]（*Silenced Rivers: The Ecology and Politics of Large Dams*）。除了改名，还被列为“高等学校经济学教材”。麦考利从大坝的生态影响、大坝对人类的影响、大坝的技术问题、大型水坝的效益、大坝与灌溉的关系、水电是否是清洁能源等热点问题全面批判水坝工程的负面效应，而对水坝的积极效应甚少提及，从中可以看出作者对大型水坝根深蒂固的厌恶之情。倘若把麦考林和他的这本畅销书视为“反坝阵营”的教科书，倒是丝毫不为过。英国工程师 T. 斯卡德所著的《大坝的未来》[⑥] 主要阐述了如何减少水坝的移民风险。作者 T. 斯卡德原是一名热爱本职工作的水坝工程师，却在亲眼目睹水坝的众多消极后果之后，动摇了自身信念。从立场上来看，他承认发展

---

① Pearce F. The Dammed: Rivers [J] . Dams and the Coming World Water Crisis. London: The Bodley Head, 1992.

② E Goldsmith, N Hildyard . The Social and Environment Effects of Large Dams. Volume I: Overview. Fonte: Camelford; Wadebridge Ecological Centre; 1984. E Goldsmith, N Hildyard . The Social and Environment Effects of Large Dams. Volume 2: case studies. Wadebridge, Wadebridge, UK . 1986.

③ Dam and Development : A New Frame of Decesion - making, The Report of the World Commission on Dams, November 16, 2000。中译本为：世界水坝委员会 . 水坝与发展：决策的新框架 [M] . 北京：中国环境科学出版社，2005.

④ [美] P. 麦卡利 . 大坝经济学 [M] . 北京：中国发展出版社，2005.

⑤ McCully, P. Silenced rivers: the ecology and politics of large dams. Zed Books. 1996.

⑥ [英] T. 斯卡德著，齐晔，杨明影等译 . 大坝的未来 [M]. 北京：科学出版社，2008.

中国家建坝的必要性，但更多的是把水坝作为一种无奈之举。

在国内，水利界与某些环保组织（或人士）因对水坝持有不同态度，而形成了两个彼此对立的阵营。民间环保组织或相关人士习惯于笼统地谈论水坝在各个方面造成的负面影响。中国国家地理曾刊发《水坝是与非》（《中国国家地理》，2003 年第 10 期，总 516 期）系列文章，其中就包括范晓、易水的《水坝是与非——反水坝运动在世界》。这些文章在西方发达国家放慢水坝工程建设速度，正在或已经拆除某些水坝等事实的基础上，大肆渲染“大坝时代”已经一去不复返，全世界已然掀起了反坝热潮。还有的文章从能源利用角度提出在欧美国家核电已经居上风，可再生能源开发受到更多关注，而在发展中国家水电建设则方兴未艾，如张琳的《“大坝时代”已经结束?》（《生态经济》，2003 年 11 期）；还有的注重从环保角度评论水坝工程的负面影响，如范晓在《修建水坝带来的困惑》（《知识就是力量》，2003 年第 10 期）和杨朝飞在《水坝热的冷思考》[1] 中详述了水坝对生态环境的影响，具体如水坝对地质和地理环境、水环境、生物、景观的影响，大坝的温室效应以及大坝带来的疾病传播。尽管他们也对水坝工程、对移民、区域经济社会发展的影响有所关注，但可能考虑到政治敏锐性而对这些问题涉及较少。

与之相对应的是政府水电开发部门与水利领域的学者、工程师一方。他们主要从水资源调蓄、能源供应两个角度，突出中国水坝工程建设与水电开发的积极作用与重要性。其典型论文包括原国家发改委副主任、能源局局长张国宝《用好水能资源 为人类提供可持续利用的清洁能源》；原中国三峡工程开发公司总经理、工程院院士陆佑楣的《让水坝工程为人类社会的发展做出贡献》；何祚庥院士的《争取 30 年内把中国水能资源开发完毕》等。这些文章多发表于《水力发电》《中国三峡建设》等专业性刊物上，受众主要为水坝工程共同体的内部成员。

与此同时，他们也日益关注水坝工程的生态影响。如汪恕诚的《再谈人与自然和谐相处——兼论大坝与生态》（《中国水利》，2004 年第 8 期、解新芳、孙志禹和陈敏的《水库大坝与环境保护》）贾金生主编，《中国大坝建设六十年》（中国水利水电出版社，2013）和毛战坡、彭文启、周怀东的《大坝的河流生态效应及对策研究》（《中国水利》，2004 年第 15 期）。从中可以看出，水利界人士对水坝工程的生态影响愈加理性和客观，承认这是不可回避的事实。但是，与民间环保组织所不同的是，他们往往对水坝工程的消极生态危害持乐观态度，认为通过采取积极有效的环境保护措施，可以将兴建大坝造成的环境危害降低到最低限度，最终达到经济、社会和环境三方面效益的统一，具体措施包括在项目前期做好环境影响评价，在施工期间严格进行环境污

① 杨朝飞．“水坝热”的冷思考［J］．生态经济，2003（11）：42-47.

染控制，加强移民安置区的环境保护工作，提升相关的专业技术等。

2005年4月19日至21日，由中国工程院副院长沈国舫院士率领的17位院士考察团，实地考察了三峡工程建设、枢纽运行管理、库区移民安置和中华鲟保护工作，并与中国三峡总公司领导进行了座谈。院士们普遍认为，三峡工程建设取得了伟大的成就，库区生态环境状况总体上是好的。对于局部地区出现的环境问题要提高认识，加强管理，形成有效的预防、预警机制，采取综合的治理措施，防止库区生态环境的恶化，努力把三峡库区建设成为山清水秀的新库区。

4.2 有关水坝工程争议

尽管近些年来，对水坝工程争议的评论散见各大网络、媒体，但是，这些评论中新闻报道与随感居多，缺乏对争议本身的系统回顾与梳理；对争议的特征、原因与影响需要基本的分析。

潘家铮在《千秋功罪话水坝》中谈到水坝工程争论时，对西方反坝势力表现出鲜明的反对态度，提出“中国人不允许江河自由奔腾”的口号，中国人拥有选择自身发展道路的权利。张博庭在《大坝七宗罪的误区——〈水坝与发展〉调查报告解读》[①]中，对于世界水坝委员会（WCD报告）的主要结论进行了批驳，提出应该正确解读报告，不要片面注重水坝负面效应，而否定其积极作用。此外，在网络、报纸、杂志等大众媒体上关于水坝工程的争议以及对争议的评论数不胜数。

4.3 水坝工程的管理与政策研究

［美］威廉·R. 劳里著的《大坝政治学——恢复美国河流》[②] 一书介绍了美国河流管理的发展历程与当前河流管理政策的变化，审视了不同河流对河流管理政策的反应上的天然差异，拆坝、恢复水质与模拟季节性河流等河流管理政策在不同河流上的不同效果。作者以政治学中的政策执行理论、联盟框架理论和关于公有地资源研究的相关理论为基础，制定出了一个解释政策变化的大理论框架。作者认为，利用同一条河流的那些不同利益相关者之间的政治分歧与改变执行情况的复杂程度，是影响政策变化的两大因素，拆坝政策也是如此。这本著作体现了作者对自由流动的大江大河的追求，并在中文版序言中提出希望中国河流政策有所改变。尽管作者的观点对于中国在工程建设的同时保护好自然环境，避免重走发达国家的弯路有些许启发，但却忽视了水坝工程建设通过合理规划、设计、施工及后期改造，不仅可以有效降低工程的负

---

① 张博庭，赵顺安．大坝七宗罪的误区——《水坝与发展》调查报告解读［J］．中国投资，2005（7）：46-51.

② ［美］威廉·R. 劳里著，石建斌译．大坝政治学——恢复美国河流［M］．北京：中国环境科学出版社，2009.

面影响，并非只有拆坝和停止建坝才是保护河流生态的唯一出路。

刘建平在《通向更高的文明——水电资源开发多维透视》[①] 一书中试图站在中间立场，从经济学、社会学、生态学、哲学与系统论的多维视角出发，对水电开发中存在的问题进行剖析，并提出相关解决途径。总体看来，该书内容翔实，富含逻辑推理与案例研究，不失为一本佳作。不过，该书对主要问题的探究，偏重经验研究，其中对水电开发涉及的哲学理论仅仅简单地罗列了自然观的演变，没有与水电开发的发展相结合，未能从“自然—工程—社会”协调发展的高度进行研究探讨。

4.4　水坝工程的科学普及和增进公众对水坝工程的理解

总体来看，社会上通俗易懂的有影响的水坝科普读物凤毛麟角。《千秋功罪话水坝》（潘家铮，清华大学出版社，暨南大学出版社，2000）一书是出自水坝工程界的杰出代表作。作者从大禹治水与诺亚方舟谈起，深入浅出地介绍了中外水坝建设的历史、现状与未来。在表彰水坝工程的伟大功绩的同时，重点阐述了人类建坝过程中的惨痛失败与沉重的代价。美中不足的是，受到篇幅与写作定位的限制，该书对移民、生态等诸多问题仅一笔带过，没有展开深入阐述和研究。由于该书出版于 2000 年，书中对国际水坝工程争论也只谈及 20 世纪末，不可能涉及 21 世纪初 10 年内高潮迭起的全球水坝工程争议。但他的另一本小书《老生常谈集》（潘家铮，黄河水利出版社，2005）集中了他近年来陆续发表的二十余篇短文，提出“水利工程不能只言利不言弊”，对发展与保护的关系进行再思考，书中观点教益良多。

陆佑楣院士也撰写了一系列科普性文章，宣传如何正确认识三峡工程的环境影响，如《三峡工程：认识仍无止境》（2003）[②]，《开发利用水能资源 保护地球生态环境》[③]（2007）和《水坝工程的社会责任——论水坝水电站工程的生态影响和生态效应》（2009）[④]。林初学在 2005 年先后发表《拆坝主张，未成主流》《阴谋之说，有失偏颇》《美国反坝运动及拆坝情况的考察和思考》等文章，对当前社会上比较流行的关于水坝工程的不实和错误观点进行了批驳。

2008 年汶川地震发生后，西南地区是否应建设高坝在社会上引起激辩。水电界及时进行了水坝与地震方面的科普宣传，水利专家张博庭与地质专家范晓就三峡蓄水是否诱发汶川地震等问题进行了辩论，这些活动通过网络媒体起到了较好的宣传效果。

---

① 刘建平. 通向更高的文明——水电资源开发多维透视 [M]. 北京：人民出版社，2008.

② 陆佑楣. 三峡工程：认识仍无止境 [J]. 新闻周刊，2003，2：033.

③ 陆佑楣. 开发利用水能资源保护地球生态环境 [J]. 中国三峡建设，2007 (6)：8-10.

④ 陆佑楣. 水坝工程的社会责任——论水坝水电站工程的生态影响和生态效应 [R]. 中国水电 100 年 (1910-2010)，2010.

进入21世纪后，受国内外反坝思潮和相关媒体宣传的影响，公众对水坝工程的理解出现了一些偏差，并影响到上层决策，对此林初学在2010年发表《营造良好舆论环境促进水电事业发展——在全国水电宣传工作会议上的发言》一文中对于如何在“十二五”期间，在全球气候变化和国家调整能源结构的大背景下，如何改善水电开发的舆论环境，提出了相关见解。

同样对水坝工程持反对立场的著作《大坝·河流》（陈宗舜，化学工业出版社，2009年）一书对水坝工程进行了综合性宏观研究。该书具有一定新意，但细读之后会发现在学术上有许多不足之处：一是在立场上几乎全是介绍水坝工程的负面影响，得出的结论不够辩证与客观，显然是简单套用西方环保主义者的言论，没有结合国情实际进行针对性思考；二是书中绝大部分篇幅是网络与文本资料的简单翻译与堆砌，尚缺乏系统梳理，理论深度也有所不足。

一个值得注意的现象是，国外出版的或网站上所发布的关于水坝工程的负面影响的专著和报告，总能在第一时间被国内环保组织或相关人士翻译成中文，《大坝经济学》《水坝与发展——决策的新框架》《大坝政治学——恢复美国河流》等译著就是其中的代表。相比之下，水坝工程界的科普热情有所欠缺。这些译著在客观上起到了一定科普的作用，可以帮助公众深入了解水坝工程的负面影响，但是对于引导公众正确、系统地认识水坝工程还是不足的。

4.5 水坝工程的哲学探究

对水坝工程的哲学思考较为少见，有水利专家在多年来实践经验的基础上进行哲学总结和思考，虽具有深厚的实践根基，但哲学深度和高度有所欠缺。这方面的论著大致可分为以下几大类。

一是对水利工程师的实践哲学的经验总结。潘家铮在《水利建设中的哲学思考》中，运用“照镜子”“坐飞机”之类生动形象的例子来借喻工程中的利与弊、确定度与风险度的辩证关系，对水利工程活动的若干矛盾性范畴进行了哲学分析和概括。

二是关于水电开发与水利发展的哲学研究和分析。2005年起，中国工程院主持一项研究工程哲学的课题，其中一个案例就是三峡工程的哲学思考。在工程院院士考察团与中国三峡总公司的座谈会上，陆佑楣院士针对水电工程实际，畅谈了自己对水电工程哲学思考的一些观点。在《从哲学高度不断认识水电工程》[①] 中，他将自己多年来工程实践经验的思想火花提炼为关于水电开发的若干哲学观点。他指出三峡工程实质上是一个认识自然和实践工程的过程，建设三峡工程就是要改善失衡的生态环境，建

① 陆佑楣．从哲学高度不断认识水电工程［J］．中国三峡建设，2005（2），4-8.

设三峡工程就是贯彻科学发展观。

水利部发展研究中心可持续发展水利理论分析课题组撰写的一项题为《可持续发展水利的哲学分析》的报告中，从哲学视野分析了“可持续发展水利”的理论内涵与客观规律。林初学在《水坝工程建设争议的哲学思辨》中运用哲学理论对近些年来国内水坝工程的生态争议的原因、实质进行深刻的探究，并提出水坝工程争议应该在健康的语境中进行；该论文主要集中于生态争议，也在一定程度上扩展到社会、决策等其他维度。

周魁一主编的《中国科学技术史 · 水利卷》说明要认识水利这个有限系统的合理性，只有把它放到人与自然共同组成的大系统中进行评价才能得到合理的认识[①]。

三是对不同情境中的工程发展的思考。国外专门针对水坝工程的哲学研究并不多见：A. K Biswas 和 C. Tortajada 在《发展和大坝：一个全球视点》[②] 中强调发展中国家当今建坝的条件与环境与发达国家已大不相同，大坝在发展中国家的作用毋庸置疑，如何平衡减少贫困与保护环境的关系是需要认真思考的问题。

总而言之，从目前搜集到的材料来看，关于水坝工程的技术研究和一般争议性研究较多，对水坝工程的哲学研究较少，且多出自工程师的视野。从工程哲学视角对水坝工程的焦点问题进行研究的论著较为少见。具体来说：首先，无论是从水坝工程技术创新的历史进路来看，还是从工程演化论研究本身的需要来看，都有必要对中外水坝工程的发展演化进行一番梳理。目前，国内在中国古代水利史方面的研究颇有建树，但是，对于国外的古代和近代的水坝工程的发展演化的研究还比较薄弱。对于在全球视角下中西方水坝工程发展演化的对比研究更是不足。其次，对于水坝工程争议的研究，多是就评论而评论，泛泛而谈。对于争议本身的规律和特点以及争议双方的论辩方法和价值取向，缺乏客观深入的分析。再次，对于水坝工程的公众理解问题，更是一个值得开拓的领域。

5 本书内容与研究方法

5.1 主要内容

本书试图从工程哲学的视野对水坝工程的重要问题进行研究，本书的主要研究思路和观点如下。

---

① 刘建平．通向更高的文明：水电资源开发多维透视［M］．北京：人民出版社，2008.

② Biswas A K, Tortajada C. Development and Large Dams: A Global Perspective［J］. International Journal of Water Resources Development, 2001, 17 (1): 9-21.

（1）水坝工程作为重要的水利工程，不能将其与水利发展的整体发展割裂开来，否则只能“只见树木，不见森林”。故此，本书将水利、水坝工程放到一起来分析。

（2）如何认识水资源问题和工程观问题是水利工程哲学中头等重要的问题。本书分析了水资源的定义与基本特征，指出水之利害的两面性，认为人类在实践中除弊兴利的实践需要，是导致水利工程起源的直接原因；水利工程的本质是为了维持人类可持续发展的需要。以水利概念的内涵的演变为切入点，阐述从古到今，人类社会水坝工程观的演变。对当前社会上两种影响重大的工程观——“征服自然”的工程观与“原生态”的工程观进行辩证分析，指出应该努力构建符合“自然—工程—社会”动态和谐的“大工程观”。

（3）基于“工程是演化的”和演化是一种过程的观点，本书对中国与世界其他主要国家，如英国、美国的水坝工程的发展历史进行简要的回顾，指出了中外水坝工程发展中的不平衡现象，并对导致这种不平衡现象的动力因素、工程观因素、工程发展阶段因素等进行了一些分析和论述。

（4）以水坝工程争议为切入点，厘清国内外水坝工程争议的发展脉络，分析中国当前水坝工程争议的实现条件与基本特征。重点对当前水坝工程争议中双方论辩的论证手段进行分析。肯定了论辩中不同主体的价值冲突现象的客观存在，梳理“人是否要敬畏自然”这一水坝工程生态价值观论辩的基本脉络，并对论辩双方所持观点背后的哲学基础进行了简要评析。

（5）在上述研究的基础上，提出要推进对水坝工程的公众理解。简要概括“公众理解工程”的理论来源，分析我国“工程理解水坝工程”的研究现状，提出本书对公众理解工程的定义。重点从六个方面阐述了公众理解工程的作用与意义。以水坝工程为例，从社会氛围、信源、信道、信宿四个方面论证当前我国公众理解工程领域的缺失，并与之相应地提出了一些措施建议。

5.2 研究方法

本书在研究方法上，主要运用了矛盾分析方法、文献分析与案例研究方法以及逻辑与历史相统一的方法。

5.2.1 矛盾分析方法

矛盾就是对立统一，是事物发展的内在动力，贯穿于一切事物发展的全过程。矛盾分析方法是认识事物的基本方法，是唯物辩证法的核心和灵魂，可以帮助我们认识事物的本质和规律。这种方法要求我们把自然现象、社会现象看作不断运动、变化和发展中的多层次、多方面的矛盾统一体，要求我们一分为二地看问题，抓住重点和主流，坚持两点论和重点论的统一，促使事物朝良性发展。运用矛盾统一方法，有利于我们去正确理解与评判水坝工程。

5.2.2　概念分析和语义分析方法

同一个词语可能具有几个不同的含义。只有在具体的语境中，才能正确理解该词语的本意。语义分析方法就是通过分析语言的要素、语法、语境，来揭示词和语句意义的研究方法。人类在语言交流过程中，很早就开始了对语言及其使用的研究，不过，把语义分析方法上升为一种具有哲学意义的方法并加以运用，则是在20世纪才出现的，这与分析哲学的兴起和流行有直接联系。分析哲学力图借助语义分析方法来澄清思想，消除无意义的争论，并保证思想交流的有效性和对话的逻辑性。由于分析哲学把哲学研究的任务仅仅归结为“寻找词的正确用法”，因而，理所当然地受到了许多批评；然而，它所创制的语义分析法也确实在许多研究领域具有独特的作用，在本研究中也同样如此。

在当前的水坝工程论辩中，人们对要不要保持“原生态”“水电是否是清洁能源”之类问题争论不休，对“水利”概念的基本内涵与演化过程的了解也不够深入。不过，论辩中，双方对这些概念并没有统一的理解。这样无疑妨碍了论辩的效果，也影响了人们对水坝工程的正确理解与认识。本书将运用概念分析法，对相关概念予以科学辨析。

5.2.3　提炼问题法

本书作者通过参加“水电绿色能源论坛”“水电可持续发展高层论坛”“中日韩第六届大坝技术交流会”等国内外学术会议，受益良多；作者还先后赴三峡及美国、荷兰与韩国进行水坝工程的实地考察；通过各种渠道搜集并梳理了与水坝工程相关的几百篇学术论文和相关英文论著；对国内一些著名的水利水电专家进行访谈，通过总结思考，逐步提炼出水坝工程发展中的几个核心问题——水坝工程观问题、水坝工程论辩的方法论与价值论问题、公众理解水坝工程问题，并进行展开分析。

5.2.4　案例分析法

案例研究是本书的重要方法。文中根据具体需要，对三峡大坝、三门峡、美国胡佛水坝、埃及阿斯旺大坝等举世瞩目的水坝工程作为案例进行了分析，正面例子与反面典型相互补充，对论点进行论证，力图做到理论联系实际。

5.2.5　逻辑与历史相统一的方法

本书注重较长历史时期与较大空间范围内的逻辑与历史分析的辩证统一，对世界及中国几千年来水坝工程的发展历史进行回顾与分析，强调要不同历史发展阶段与不同国家的文化语境中去进行哲学反思。

第1章　国外水坝工程演化与典型案例

本章将简要回顾中外水坝工程发展演化历程，并在此基础上，着重对演化中的不平衡现象和演化动力问题进行一些分析和论述。

1.1　古代时期国外水坝工程

在原始社会、奴隶社会与封建社会中，由于社会生产力水平比较低下，水利工程主要是适应水的特性，趋利避害。工程以经验为主导，使用人力、畜力与天然材料。

1.1.1　水利工程的起源和初期发展

世界各大江河流域是人类文明的发源地。四大文明古国都出现在大河流域，以灌溉为古代文明的基础。一般来说，早期的灌溉都是引洪淤灌，以后发展为引水灌溉或建造水库、调洪灌溉。有史学之父称誉的希罗多德（Herodotos，公元前484—前425）曾说过，尼罗河是大自然对埃及的一种馈赠。事实上，仅是尼罗河每年8～11月的洪水就往往能使该地区的沙漠变为耕地①。据考证，古埃及人民在五六千年前就利用尼罗河每年泛滥的洪水灌溉两岸的土地，并已会修筑一些低矮的土堤进行围耕②。美索不达米亚东边扎哥罗斯（Zagros）山脉丘陵地带的农民也许是世界上第一批建造水坝的人，考古人员在该地区发现了8000年前的灌渠。③ 与此类似，底格里斯河和幼发拉底河流域（今伊拉克地区）在大约6000年以前就有灌溉之利，4000年前已经懂得开渠引水。著名的《汉谟拉比法典》中已经有了早期的水利条款。④

---

① 张惠英，等. 世界大坝发展史［M］. 北京：五洲传播出版社，1999：1.
② 潘家铮. 千秋功罪话水坝［M］. 北京：清华大学出版社，暨南大学出版社，2001：11.
③ ［美］麦卡利. 大坝经济学［M］. 北京：中国发展出版社，2005：13.
④ 潘家铮. 千秋功罪话水坝［M］. 北京：清华大学出版社，广州：暨南大学出版社，2001：11.

水坝工程的起源同样历史悠久，主要集中在几个具有河流文明史的古国。公元前 3000 年前建造的古城加瓦（Jawa，现在约旦境内）供水系统的一部分，是迄今为止人们所发现的现存的建造最早的水坝。此后 400 年，大约在修建第一座金字塔的时代，埃及的石匠在开罗附近的季节性溢流堰上建造起所谓的异教之坝（Sadd el-Kafra）①。这座水坝很可能是供当地的采石场供水用的，在其完工之前被洪水冲垮而功亏一篑。公元前 14 世纪末叙利亚境内建成了一座高 6 米、长 200 米的填筑坝，至今尚存。②

在公元前最后 1000 年中，世界许多地方都建造了水坝。公元前 1000 年的末期，石头和泥土修建的水坝在地中海地区、中东、中国和中美洲等地出现了。③ 公元前 700—前 250 年，亚述人、巴比伦人、波斯人修筑了多座灌溉用的水坝。同一时期，在也门、斯里兰卡、印度也修筑了一些著名的水坝工程。古罗马工程师的天才在水利工程上也同样显而易见，但直到公元前 1 世纪中叶才接触到水坝工程，这大概是由于公元前 150 年吞并希腊时，迈锡尼人修建的坝已完全淤塞。这些早期的土石坝之一在公元 460 年被加高至 34 米，是当时世界上最高的水坝，并保持了 1000 多年的世界纪录。④ 古代时期的水坝工程表现出了以下特征。

1.1.1.1　铁制工具催生了大型水利工程

公元前 6000 年左右，人类逐渐学会了从铜矿石中提炼铜，公元前 4000—前 3000 年，人类进入了青铜时代，但是由于青铜工具的缺陷，那时还看不到大型水利工程。后来铁质工具的出现，对水坝工程产生了深远影响。正如恩格斯在《家庭、私有制和国家起源》中所言："铁使更大面积的农田耕作，开垦广阔的森林地区成为可能；它给手工业工人提供了一种其坚固和锐利非石头或当时所制的其他金属所能抵挡的工具。"⑤ 铁质工具使大型水利工程的出现成为可能。

1.1.1.2　水坝功能目标简单

尽管灌溉是世界水利工程的重要用途，但西方早期水坝的功能却经历了从供水、防洪、水土保持逐步发展到农业灌溉的过程。例如，亚洲西南部和非洲东北部在公元前 3000 年的前 500 年建造的水利工程主要用于供水、防洪以及水土保持，以便为人类居住提供基本的生活环境。仅在以后的 1000 年里，随着早期农业文明的兴起，人类才将水坝用于灌溉。水力机械的确切起源时间很难估计，水轮、水车至少在公元前许多

① ［美］麦卡利．大坝经济学［M］．北京：中国发展出版社，2005：13.

② 潘家铮．千秋功罪话水坝［M］．北京：清华大学出版社，广州：暨南大学出版社，2001：11.

③ ［美］麦卡利．大坝经济学［M］．北京：中国发展出版社，2005：13.

④ ［美］麦卡利．大坝经济学［M］．北京：中国发展出版社，2005：14.

⑤ 马克思，恩格斯．马克思恩格斯全集（第 21 卷）［M］．北京：人民出版社，1965，186.

年就已经出现。公元前1世纪，欧洲和中国几乎同时发明了水车，主要用来碾谷。这些水坝往往是单一功能坝。

1.1.1.3 科学与技术相对独立，水坝多为凭工匠经验建成的“半人工物”

尽管在古代人们很早就发现了水文学及水力学的许多现象，出现了像阿基米德那样的科学家。但那时科学与技术之间尚存在明显的界限，筑坝工程师在科学家眼里是低下的。几乎所有古罗马时期的水坝都以岩石为基础，坝体结构简单且厚度不均。在高度适中的大坝上采用坝顶行洪的溢流方式。坝体形状方面，坝坡单面或双面倾斜者十分罕见。因为到了19世纪，工程师们才认识到，水坝的最佳断面形状应是三角形，这种形状符合大坝所承受的库水压力是由坝顶至坝底增加的实际情况。尽管这一事实早日被西西里的阿基米德（Archimedes，公元前287—前212年）证实，然而恰恰是这位科学家认为，用一定数量的低级技工以及不太完善的工艺就可以满足需要，这种把科学与技术分割开来的态度，在当时很有代表性，一直持续到中世纪以后[①]。

因此，这一时期的水利工程多半是凭借工匠的感性经验而建成的“半人工物”，不仅容易坍塌，抵御自然水患的能力也较差。因水坝起源地不同，居民偏好不同，各地水坝的结构特点也不尽相同。根据现代坝工的分类标准，这些水坝要么是填筑坝，要么是重力坝，也就是说，只以建筑自身的重量去抵御水压，而不考虑其强度作用。

到了罗马时期出现了拱坝和支墩坝。除赛德埃尔·卡法拉（Sadd el Kafara）坝外，其他所有的填筑坝都是匀质坝，即均未设防渗心墙[②]。在施工中，古罗马人采用了一些量具，并首次大量使用了由砂和卵石、熟石灰、水和火山灰或磨细了的砖粉而成的三合土。

1.1.1.4 水车是水能利用的主要形式

水能利用的历史与灌溉一样久远，不过当时只是将流水的势能转化为机械能。古埃及和苏美尔当时使用一种叫做戽水车（Noria）的水轮，在轮的四周边缘挂着水桶从河中或渠道戽水。

1.1.2 水坝工程在欧洲中世纪的停滞与文艺复兴时期的发展

很多人常常把文艺复兴时期（14—16世纪）的工程看作近代工程的一部分，其理由是“工程实践变得日益系统化”。[③] 不过，文艺复兴时期的筑坝技术并未取得革命性

---

① 张惠英，等. 世界大坝发展史［M］. 北京：五洲传播出版社，1999：49.

② 张惠英，等. 世界大坝发展史［M］. 北京：五洲传播出版社，1999：44.

③ A. A. Harms, etc. Engineering in time. London: Imperial College Press, 2004. 81.

的进展，因此，本书在回顾水坝水利工程历史时姑且将文艺复兴时期放在中世纪时期（600—1500 年）中，但本书并不否认在另外的视角下可以认为文艺复兴“结束”了中世纪，是在黑暗中点亮了世界发展进程的明灯。

中世纪时期，欧洲建坝处于低潮，而东方则出现了许多大坝。日本最古老的大坝蛙股池坝，位于奈良附近，高 17 米，长 260 米。17 世纪末日本 15 米高以上的大坝有 30 座，截至 19 世纪中期日本共建成了 500 多座。印度、巴基斯坦在中世纪曾出现过数万座水坝，到 11 世纪达到高峰。中世纪末，波斯的坝工建设兴起。德黑兰科巴（Kebar）河上至今还保留着一座 14 世纪建成的砌石坝，坝高 26 米，长 55 米，厚度还不足 5 米。①

欧洲中世纪的坝型有比较明显的南北差异，即罗马化的南欧国家修建的大多是圬工坝，其中的灌溉用坝又多为支墩坝，也出现了少量的拱坝。而北欧国家则更流行填筑坝，这一偏好可能沿袭了罗马时代将填筑坝用作支撑构件的传统。

直到文艺复兴后，欧洲坝工重新兴起。这个时期水坝工程的发展主要包括：

1.1.2.1　水利基础科学初步确立，防渗心墙技术出现

14 世纪兴起的文艺复兴运动，对以往的神学与哲学观念进行了彻底的重估，为科学发展开辟了道路，技术发展的意义和价值重新获得社会肯定。这一时期诞生了水利基础科学的雏形。一些对水利贡献重大的科学家，将数学、物理学、力学、水文学、水力学、岩土力学等不同门类的科学以及水工试验技术与水坝工程相结合，使水利基础科学有了较快进展。② 欧洲筑坝技术走在世界前列，水坝中央不透水心墙防渗技术（简称防渗心墙技术）成为那一时期重大的技术突破。1558 年，这一技术应用于德国的厄尔山区的矿业用坝上，后来又在英国再度创新，用于园林中的艺术坝。此外，在筑坝技术上出现了拱坝这一经典坝型，且一直沿用到现在。

1.1.2.2　社会需求带动水坝工程的活跃

随着欧洲从封建社会逐步过渡到资本主义社会，经济社会发展出现了明显的复苏。欧洲商业、手工业和交通运输的发达推动城市的繁荣，也为不断扩展的工程领域提供更为强大的动力。14—16 世纪中期，欧洲的坝工又发展起来。那时欧洲的意大利、奥地利均有水坝，而坝工建设最活跃的国家当属西班牙。西班牙的坝工建设始于 11 世纪，16 世纪末修建的蒂比（Tibi）拱坝高达 46 米，这一纪录保持了将近 3 个世纪。

---

① 郑连第，谭徐明，蒋超．中国水利百科全书（水利史分册）[M]．北京：中国水利水电出版社，2004：244.

② 郑连第，谭徐明，蒋超．中国水利百科全书（水利史分册）[M]．北京：中国水利水电出版社，2004：2.

1.1.2.3 动力用坝出现，筑坝用途多元化

从人类的动力来源来看，风和水是人类最早开发利用的两种动力源，且一直沿用了几千年。人们在古代就认识到了水的动力效能，出现了水车。但是，后来情况有了变化，“文艺复兴时期，工程师成为新的更加通用的动力源的建造者和使用者”①，他们在水车的启发下，创造了动力用坝，增加了水头和水的势能。由此，水力成为人类社会最重要的动力源。那时人们常常将堤堰扩建成蓄水坝而形成水库，从而既能保证水车的给水，又增大了水车的动能。这一技术在 11 世纪和 12 世纪迅速传播。中世纪后期，欧洲开始出现采矿动力坝，瑞典、罗马尼亚、俄罗斯都陆续建造了不少的矿业用坝，后来还出现了磨坊水池和漂白池。水磨坊等之所以得到广泛应用，或许是奴隶劳动力日益短缺的结果②。13 世纪的英国，毛纺业开始使用水力来驱动漂洗工人的重锤，乡村生产由此迅速发展起来，这一变化被卡鲁斯—威尔逊（Carus-Wilson）描述为“13 世纪的工业革命”。③

逐渐地，水坝的多种用途被发掘出来。那时的动力坝水库还兼作养鱼，不仅在成本上比直接将草地改造成鱼池更经济，而且能提供一个稳定连续的食物来源，在战争时期更是如此 。水坝原有的灌溉、供水功能也一直延续，从 13 世纪开始，公共供水业的复兴，导致供水用坝的数量增加。此外，为统治者在宫廷园林中修建娱乐用的人工湖和喷水池成为水坝的新兴用途。在 17 世纪建造运河的热潮席卷北欧之时，人们开始用水库蓄水来补偿因船闸运行所造成的水量损失，来保障航运。不过，总体来看，那时水坝依旧以单功能坝为主。

1.1.2.4 中世纪后期欧洲筑坝技术向殖民地的传播

16 世纪欧洲的征服者在向海外扩张的同时，也将修筑砌石坝与利用水力的技术传播到他处。18 世纪西班牙将筑坝技术传播到美洲，他们在墨西哥建造的水坝最多。虽然秘鲁、墨西哥等地在哥伦布以前就有水坝工程，但西班牙的影响无可置疑。在拉丁美洲，西班牙人意外地发现，在那里某些自然条件与欧洲相似的文明国家早已出现了传统的水利工程，包括大坝工程。这些拉美国家在学习利用欧洲新型筑坝技术的基础上，对其原有水利工程进行改进与创新，例如，他们学会了建造圬工坝，修建磨坊水车等；尽管北美东部气候寒冷，人口稀少，人们并不需要灌溉设施和供水工程，却有条件引入水力技术，那里许多河流的水力资源得到开发。与此不同，东方国家并未享受到文艺复兴的思想与科技成果，筑坝技术被甩在后面。

---

① A. A. Harms, etc. Engineering in time. London: Imperial College Press, 2004: 54.

② ［英］大卫·兰德斯著，谢怀筑译．解除束缚的普罗米修斯［M］．北京：华夏出版社，2007：98.

③ ［英］大卫·兰德斯著，谢怀筑译．解除束缚的普罗米修斯［M］．北京：华夏出版社，2007：98.

1.2　近现代时期国外水坝工程[①]

第一次工业革命爆发于18世纪60年代的英国，持续至19世纪40年代，它使人类第一次从农业、手工业生产方式过渡到工业和机器大生产占支配地位的生产方式，由此大幅度提高了社会生产力。“工业革命”中一系列彼此互动的技术和物质资料发生了革命性变革。物质资料的变化体现在三个方面：①机器设备取代了人工；②非生物力尤其是蒸汽动力取代了人力和畜力；③原始生产资料的获取和加工手段有了显著的改进，特别体现在今天所说的冶金和化学工业部门。

1.2.1　第一次工业革命后的水坝工程发展状况

1.2.1.1　水坝工程仍然主要依靠经验

工业革命前夕，力学理论蓬勃发展，数学分析理论开始建立，人们将数学和力学相结合，运用数学方法解决力学问题，先后产生了流体力学和结构力学等理论，从而为建立正确的坝工设计理论奠定了基础，17 世纪开始，重力坝的合理设计理论开始孕育。18 世纪后，工程师们尝试将理论用于解决现实的工程问题。法国建立了世界上首批工程学院，特别是 1747 年创办的“桥梁道路学院”更为著名。第一批水工建筑物书籍的问世，第一批坝工工程师的诞生和第一个合理的大坝设计理论的形成，都和这座学院有关，许多先行者既是力学理论的开拓者，又是名副其实的大坝工程师。[②]

以蒸汽机的广泛应用为标志的第一次工业革命，使大型水利工程的机械化施工和运输成为可能，但是，总体看来，第一次工业革命并未对筑坝技术产生多少直接影响。与其他领域一样，坝工建设相关的许多技术发明都来自工匠在工程实践中的经验，科学和技术并未真正结合。18 世纪末之前，人们对于坝承受的荷载、坝内应力分布以及对建筑材料和地基的要求尚缺乏科学的理解，也几乎没有水文或降水量的数据及其相关的统计和分析工具，水坝工程依然缺乏系统理论的指导。

在这种情况下，水坝坍塌频仍并不奇怪。例如，西班牙洛尔卡（Lorca）附近的蓬

---

① 关于近代史的开端有不同的提法，如1500 年说、1648 年资产阶级革命说、尼德兰革命说与 19 世纪说等。目前我国中学教材中普遍采用英国资产阶级革命说这一观点，而史学界大部分学者则支持1500 年说。本书也采用1500 年说，认为世界近代史就是一部资本主义在西方上升、发展、向全世界扩张并由之在全世界产生巨大影响的历史。世界历史近代与古代的分期断限，应该以有世界意义的重大经济形态变化为主要依据。而 1500 年前后的一系列重大事件，如地理大发现、文艺复兴、宗教改革等，导致西方资本主义的发展，从而引起了遍及世界各地区的社会经济的重大变化。因此，以 1500 年作为世界近代史的上限，是合乎历史唯物主义原则的。另外，由于mordern 同时对应于中文的“近代”和“现代”，这里也就把“近现代”时期放在一起叙述了。

② 潘家铮．千秋功罪话水坝［M］．北京：清华大学出版社，广州：暨南大学出版社，2000：47.

特斯（Puentes）重力坝，曾于1648年和1802年两次被洪水冲垮，1884年第二次重建。马德里以西瓜达拉马（Guadarrama）河上的加斯科（Guasco）重力坝于1789年被洪水冲垮，重建后坝高被迫从93米降至57米[①]。美国的安全记录显示：该国1930年以前建成的土石坝有1/10是失败的。1889年，宾夕法尼亚州约翰斯敦（Johnstown）上游的一座水坝坍塌，造成2200余人死于非命。惨痛的教训使人们深刻意识到，单靠数量上的增长，没有筑坝技术的根本变革和稳固的质量支撑，就不可能为人们的生命财产安全提供坚实的保障。

1.2.1.2 社会需求推动英国水坝建设迅猛增长

伴随城市和工业用水迅速增长，对水坝的需求量也剧增。英国成为近代早期欧洲筑坝活动最活跃的国家。19世纪，正在工业化的英国建成了200座左右的15米高的蓄水坝，以满足不断扩大的城市用水需求。1900年，英国大型水坝的数量几乎是全世界大坝的总和。在第一次工业革命期间，土耳其、德国、法国也建设了许多水坝。

1.2.1.3 水力仍是重要的工业动力源

工业革命发明了蒸汽机，为工业动力从水力到蒸汽的转移提供了条件。不过，工业革命早期，“煤+蒸汽”的组合的优势在18世纪的欧洲经济中并不特别明显。蒸汽机尽管一年四季皆可利用，但初期运行费用也较高。1778年某位作家写道：“发动机燃料消耗巨大，严重制约了我们的采矿利润，因为任何一台大型火力引擎每年都要消耗价值大约3000英镑的煤。这好比对生产课以重税，简直就是一道禁令。”[②] 这样的语言显然有所夸张，不过也反映了煤炭的高成本。

这种情况下，水力仍是英国和美国工业发展的主要动力来源。18世纪和19世纪的第一个10年，英国工业能源的大部分仍由水车供应，尽管其比例在不断缩小。这是由于，英国的水力资源并不是十分丰富，而煤炭资源并不缺乏；否则，水车的统治地位将延续更长的时间。而美国的情况正好相反，美国的煤矿均分布在相对人迹罕至的阿巴拉契亚山脉西部地区，而山脉东麓的陡坡则提供了建造水磨坊的良好环境，水力在这些地区为经济发展提供了长时间不可替代的动力。同样条件和情况也存在于欧洲许多地区。

工业革命时，筑坝蓄水对当时社会上占主导的纺织业产生了重要影响。工业革命后，蒸汽机并未能迅速广泛地应用于纺织业。早期蒸汽机，因无法向水轮机那样稳定

---

① 郑连第，谭徐明，蒋超．中国水利百科全书（水利史分册）［M］．北京：中国水利水电出版社，2004：245.

② ［英］大卫·兰德斯著．谢怀筑译．解除束缚的普罗米修斯［M］．北京：华夏出版社，2007：99. ——关于价格，参见 *Mineralogia Cornubiensis* 的附录，罗伯特·瑟斯顿引用于《蒸汽机发展史》（百周年纪念版，伊萨卡，纽约，1939年），第71页．

舒缓地运行，故而对于需要平缓和均匀运动的工作并不适合，蒸汽机在毛纺业的推广比在棉纺业中要更为缓慢；再加上纯粹经济方面的考虑，如企业的相对规模等，要扩大蒸汽机在纺织业中所占比重也并不容易。在动力用坝的推动下，在纺织业出现了珍妮机和水力纺纱机，一台珍妮机能顶手纺车 6～24 台，而水力纺纱机一台则顶手纺车数百台。迟至 1850 年，英格兰和威尔士的毛纺织业中还有超过 1/3 的动力供应来自水力。①

1.2.2　第二次工业革命后的第二次建坝高潮

1.2.2.1　水轮机的出现催生了水电大坝

1870 年以后，世界范围内爆发了以电力的广泛应用为特征的第二次工业革命，使资本主义社会生产力朝着电气化、自动化的方向大幅迈进。1831 年法拉第发现了磁电感应现象，到 1865 年德国人西门子发明了发电机，1870 年比利时工程师格拉姆发明了电动机，电力在工业领域开始代替蒸汽成为主要的能源和动力的来源，以发电、输电和配电为主要内容的电力工业和电器制造业迅速发展起来。人类跨入了电气时代。

水轮机的出现，真正开启了水坝工程的新篇章。早在公元前 100 年前后，中国就出现了水轮机的雏形——水轮，用于滴灌和驱动粮食加工器械。法国工程师福内戎（Benoit Fourneyron）于 1832 年完善了首台水轮机。与由流水驱动的动能不同的是，一台水轮机是将落水的势能转变为机械能，水轮机要比水车的效率高出很多。1849 年，美国的 J. B. 弗朗西斯发明了混流式水轮机。世界上第一座水电站，建在威斯康星州阿普尔顿（Appleton）的一座拦河坝内，于 1882 年开始发电。翌年，在意大利和挪威也相继建成了以水力发电为目的的大坝。此后，人们又对水电站不断完善：1889 年，美国的 L. A. 佩尔顿发明了水斗式水轮机；1920 年，奥地利的 V. 卡普兰发明了轴流转桨式水轮机；1956 年，瑞士的 P. 德里亚发明了斜流式水轮机。19 世纪后半期，随着电力工程的发展，建造发电厂和输电线路产生。由此，水力发电成为近代水利发展的重要内容。水利不仅是农业的基础，还是重要的工业能源，水利在国民经济发展中的地位得到提升。

1.2.2.2　筑坝理论和材料取得突破性进展

水利基础科学尽管起源很早，但相对其他领域，一直发展缓慢。随着水力学、结构力学、土力学等学科的创立与发展，近代水利工程逐步具备了科学的根基。19 世纪水坝工程技术的进展主要包括：

水利科学取得进展。19 世纪 50 年代，格拉斯哥大学土木工程教授 W. J. M. 朗肯研

① ［英］大卫·兰德斯著，谢怀筑译．解除束缚的普罗米修斯［M］．北京：华夏出版社，2007：99.

究了疏松土质的稳定性问题，此后德萨斯里和德娄克等研究了重力坝设计中砌石和基础的应力问题。[①]

科技理论指导下的坝工结构设计开始出现。19 世纪 50 年代，以科学技术为基础的土石坝和拱坝的设计理论和分析方法开始出现，这些理论和方法直到 1922 年才开始正式应用于拱坝设计，土坝的合理设计还要更迟一些。1861—1866 年建造的古夫尔·登伐重力坝是世界上第一座用现代技术理论建造的大坝[②]。

与此同时，筑坝材料出现重大创新，新型建筑材料陆续面世。1824 年，英国人 J. 阿斯普丁发明了硅酸盐水泥，带动了混凝土结构的发展，使土木工程建筑进入新的发展阶段。19 世纪下半叶，出现了钢筋混凝土，进一步推动了重力坝和拱坝的采用和推广。[③] 这些新材料使多种形态的水工建筑物的出现成为可能。

正是 19 世纪新型的建筑材料和结构科学的产生，使水坝工程结构的设计不断由经验上升为理论。这也是水利科学技术发展的重要里程碑。

1.2.2.3 胡佛大坝与田纳西奇迹下的水坝工程发展

20 世纪初至第二次世界大战前，主要资本主义国家开始进入工业化的起飞阶段。大坝工程因能满足工业发展对能源、电力和水资源的多重需求而获得了迅速发展的空间。以美国和西欧为例，19 世纪初有 190 座高于 15 米的大坝，19 世纪末发展到 930 座，到了 20 世纪 50 年代末则发展到 2850 座。在此期间，坝的高度和质量也都在不断增长。[④] 水资源利用也从主要为农业服务发展到为工业等更多领域服务，水资源综合开发利用的观念逐渐形成。

在西部大开发的推动下，美国经济迅速起飞，并主导了世界大坝建设的潮流，无论在高坝大库的数量还是规模上，美国都独领风骚，并带动了世界其他国家出现了第二次建坝热潮。特别是胡佛大坝，标志着西方“大坝时代”[⑤] 的来临。胡佛大坝在世界水利工程行列中占据重要地位，堪称 20 世纪西方最有影响力的公共水利工程之一。它坐落于赌城拉斯维加斯以南 49 千米的莫哈未沙漠，跨越内达华和亚利桑那州的边界，横跨黑峡谷的谷壁之间，毅然“截断”了汹涌的科罗拉多河。该工程始建于 1931 年，并于 1935 年 9 月 30 日完成（提前 2 年）。大坝为混凝土浇灌的拱形重力坝，坝高 221.3 米，坝顶长 379 米，坝底最大宽度 201 米，水电站总装机容量为 136.7 万千瓦。以胡佛大坝为代表，大坝被视作社会文明进步的标志。大坝以总统的名字命名，不难

① 郑连第，谭徐明，蒋超．中国水利百科全书（水利史分册）［M］．北京：中国水利水电出版社，2004：245.
② 郑连第，谭徐明，蒋超．中国水利百科全书（水利史分册）［M］．北京：中国水利水电出版社，2004：245.
③ 郑连第，谭徐明，蒋超．中国水利百科全书（水利史分册）［M］．北京：中国水利水电出版社，2004：245.
④ 郑连第，谭徐明，蒋超．中国水利百科全书（水利史分册）［M］．北京：中国水利水电出版社，2004：245.
⑤ 这一说法并不一定准确，但能体现西方国家大坝工程蓬勃发展的一种现象，姑且用之。

看出人们对大型水坝的仰慕和自豪。田纳西流域管理局的水电开发模式，以后被世界各国纷纷效仿。

第二次世界大战战后的二三十年，美国政治家、金融家、实业家和水利水电专家齐心协力，修建了胡佛坝、大古力坝、邦尼维尔坝、沙斯塔坝等多座以大坝为主的多功能水利枢纽。这对落实美国西部水资源计划和西部电气化计划，增强美国西部乃至全国的经济实力和综合国力起到重要作用。

欧洲各国水库的建设情况及利用方式有很大不同，这种差异反映了各国地形、水资源分布状况和国家政策等诸多方面的差异。山区或北欧国家的水库规模较大，且多以水力发电为目的，而欧洲南部的水库规模一般较小，常用于灌溉和供水。

1.2.3 20 世纪中叶起的第三次建坝热潮

第二次世界大战以后，北美地区建成且投入使用的大坝数量迅速增加，截至 1949 年，世界各地共建成大型水坝约 5000 座，其中 3/4 位于工业化国家。

美国垦务局（United States Bureau of Reclamation，USBR）共建设了大约 340 座大坝。垦务局设立于 1902 年 7 月，隶属与美国内务部，其运营范围覆盖了美国西部 17 个洲所构成的 5 个管理区。它凭借在美国西部建造的大坝、发电厂和沟渠而闻名，这些工程用于灌溉、防洪和发电。目前，垦务局已经建设了 600 多座大坝和水库，包括科罗拉多河上的胡佛大坝（Hoover Dam）和哥伦比亚河上的大古力（Grand Coulee）坝。垦务局是美国最大的水资源批发商，它为超过 3100 万人口提供生活供水，给西部 1/5 的农民提供浇灌 1000 万（15 亩 = 1 公顷）亩良田的灌溉用水，这些农田出产了美国 60% 的蔬菜和 25% 的水果、坚果。垦务局也是美国西部第二大水电生产商。53 个发电厂每年提供的超过 400 亿千瓦时的电力相当于 10 亿电力财政收入，产生的电力足以满足 350 万家庭。如今垦务局是一个水资源管理机构，列出了包括很多项目的战略规划。这些项目将帮助西部地区、印第安部落和其他群体来满足新的水资源需求和平衡水资源的多种用途间的竞争关系。①

在北美洲，除美国外，加拿大因水资源蕴藏量极其丰富，在魁北克、拉布拉多和纽芬兰地区规划和建设了很多水坝。图 1-1 列出了 19 世纪至 21 世纪初美国不同时期建成的水坝数量，从中可以看出 20 世纪之前美国国内的水坝数量屈指可数，共有 3240 座（包括 1800 年前的 33 座）。20 世纪初头二十年的建坝数量激增，共建成 3659 座水坝，数量超过了之前所有建坝数量的总和。1921—1959 年的 40 年内，水坝数量迅速增至 11734 座，相当于 19 世纪全部建坝数量的 3 倍多。美国大坝建设高峰是在 20 世纪

---

① http：//www. usbr. gov/main/about/ Last Updated：1/16/13.

50—70 年代，共建成 30393 座水坝。其中 50 年代建成 1. 1 万座，60 年代建成 1. 95 万座，70 年代建成 1. 32 万座。[①] 20 世纪 70 年代后建坝数量急剧减少了近一半，21 世纪以来的建坝数量更是继续下降。

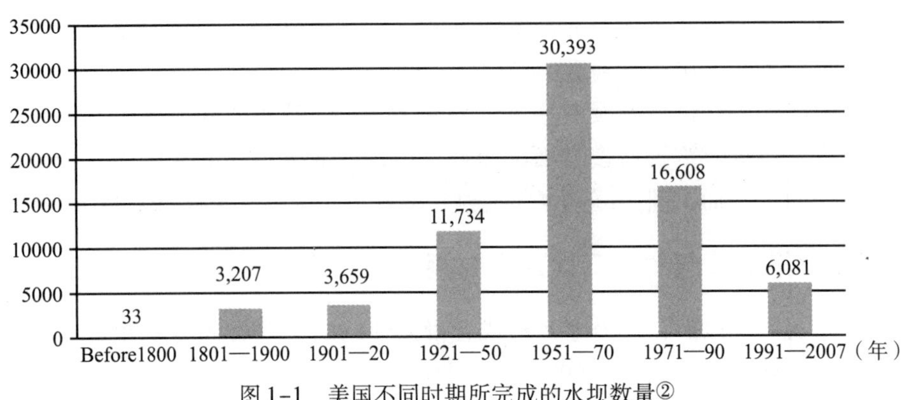

图 1-1　美国不同时期所完成的水坝数量[②]

据统计，20 世纪 70 年代全世界几乎每天都有两三座新建的水坝交付使用。1960 年左右，欧洲许多地方的大坝建设和水电发展达到了高峰。在澳大利亚和新西兰，大坝建设的高峰出现在 20 世纪 80 年代（平均每年新建大坝约 10 座），到了 20 世纪 90 年代迅速减缓。至 20 世纪末，世界上 140 多个国家拥有大型水坝，其数目超过了 45000 座，有 24 个国家的 90% 电力来自水电，有 1/3 的国家的水电比重超过一半，美国不同时期所完成的水坝数量见图 1-1。有 75 个国家主要依靠水坝来控制洪水，全世界约有近 40% 的农田是依靠水坝提供灌溉。当时较有代表性的工程是加拿大 242 米高的莫瓦桑心墙土石坝。该坝未采用黏土筑心墙，还在下洪洞孔内采用“孔板消能”。[③]

此外，水坝工程规模的扩大带来了工程投资的迅速增长，投资形式也趋于多元化，以国家为主体的投资机制逐步转向由国家、地方、受益团体和私营者参与投资的多元化投资机制。

1.2.4　20 世纪下半叶起发展中国家的第四次世界建坝高潮

第二次世界大战结束以后，包括中国在内的一些殖民地国家先后取得民族独立。这些国家纷纷效仿美国和苏联而开展了不同规模的水坝工程建设，希望在满足工业生

---

① 本图标系中国水利水电科学研究院郭军教授级高工提供的统计资料。

② 国际大坝委员会网站［EB/OL］. http：//www. icold2013. org/usdams. html，最后登录时间 2013-04-09.

③ 潘家铮. 千秋功罪话水坝［M］. 北京：清华大学出版社，广州：暨南大学出版社，2000：68.

产和居民生活用水的基本需求的同时，推动本国经济社会的发展。一大批世界知名的水坝工程在 20 世纪 70 年代后上马，如阿斯旺大坝和巴西—巴拉圭伊泰普大坝。这样一来，世界大坝建设的重心逐渐从水资源开发率接近饱和的国家转向开发潜力较大的国家，从发达国家转向发展中国家。

亚洲大坝建设的高峰出现在 1970—1980 年，平均每年建坝数目超过 200 座，此后尽管有偶然的减缓，但总体数量一直在增长。目前，世界在建 60 米以上的大坝，绝大部分集中在亚洲。2006 年亚洲共有超过 189010MW 的水电装机容量正在建设之中，这些大坝主要分布在中国，其次是印度、伊朗和俄罗斯。印度自从国家独立到 1980 年几十年时间里，总开支约 15% 资金花在建造其国内 1000 多座大坝上。[①] 亚洲地区大多数大坝是为了灌溉而建的，其次是为了水电、防洪和供水。有 1/4 是多用途大坝。尽管如此，各国大坝在用途和类型上仍存在着很大差别。

可以预测，经济社会的发展和城市的扩张需要稳定和持续的工业和城市供水，全球不断增长的人口则需依赖水坝的灌溉功能来供应更多的粮食，防洪抗旱和娱乐休闲也是水坝的主要功能之一，因此世界范围内的大坝建设还将持续下去。不过，当前世界各地对大坝工程的生态、移民问题的关注远甚以往，随着风能、太阳能等新型可再生能源的兴起，发展中国家的大坝建设面临着越来越大的阻力。

1.3　国外水坝工程典型案例

1.3.1　美国胡佛大坝工程

胡佛大坝在 20 世纪水利工程行列中占据重要地位，堪称西方科技史上最有影响力、最有挑战性的公共水利工程之一。它坐落于赌城（拉斯维加斯）以南 49 千米的莫哈未沙漠，跨越内达华和亚利桑那州的边界，东距闻名世界的科罗拉多大峡谷仅 40 分钟车程。它横跨在黑峡谷的谷壁之间，毅然“截断”了汹涌的科罗拉多河。该工程始建于 1931 年，并于 1935 年 9 月 30 日完成（提前 2 年），是一座混凝土浇筑量为 260 万立方米的拱形混凝土重力坝，坝顶宽 13.7 米，坝基厚达 201.2 米；坝高 221.3 米，是当时世界上最高的拱形坝；坝顶长只有 379.2 米，至今仍然是世界高坝中长度最短的大坝，总共动用了 340 万立方米的土。当游客第一次目睹胡佛大坝的雄姿时，它宏伟的规模无疑会造成强烈的视觉冲击。

作为世界上经典的大型大坝，胡佛大坝的建设运营适逢美国上世纪经济危机爆发

① 陈宗舜. 大坝·河流［M］. 北京：化学工业出版社，2009：26.

之后与工业化建设如火如荼之时，与当今中国的大型大坝工程建设所面临的形势有某种程度的相似性。本书试图与读者一起，对胡佛大坝工程建设时的经济、技术背景以及大坝建设方案的酝酿过程、决策和建设中的关键环节进行一番简要的回顾，从而为我们正视与思考大坝工程建设的用途与前景提供一些启发。

1.3.1.1 对胡佛大坝的历史背景回顾

（1）根治科罗拉多河的水患是人们长久以来的梦想。

穿越美国西南部的科罗拉多河，是全球最大也是最诡异的河流之一。它发源于科罗拉多的落矶山麓，河流长2233千米，流域面积为63万平方千米，跨7个州，经墨西哥，流入加利福尼亚湾，是美国第四大河。千百年来，河流两岸地区受尽了这条充满野性的大河的折磨，每年春季及夏初，大量融雪径流汇入，经常导致河流两岸低洼地区泛滥成灾，公众生命财产遭受严重损失，然而到了夏末秋初，河流又干涸得如涓涓细流，中下游干渴的大地得不到它半点惠泽，根本无法引水灌溉农田。20世纪初的一场大洪水，把加利福尼亚南部变成了一片汪洋，造成了巨大的生命财产损失，也给当地百姓造成了极大的心理伤害。饱受科罗拉多河肆虐之害的人们急切盼望着能够根治水患，彻底制伏科罗拉多河。

（2）帝国山谷的荒漠改造为西部大开发提供了范例。

美国内战从心理上和经济上大大挫伤了美国的锐气。随着战争的结束，人们急切地把战争破坏的景象与记忆抛之脑后，而把注意力从发达的美国东海岸转移到未经开垦的西部荒漠。尽管西部多为荒漠，且降雨量严重匮乏，但其吸引力远远超过由气候条件所带来的困境。由铁路运输领域发家的私人公司不再受制于战争导致的财政困境。在美国政府西部大开发的战略刺激下，一些个人和团队的探险者决定向密西西比河西部挺进，探寻西部资源的商业价值，一度形成了淘金热潮。

随着农业灌溉技术的进步，一些想进行灌溉和农作物培育实验的人瞄准了加利福尼亚东南部有着大块看似可耕种土地的帝国山谷。1901年，查尔斯·罗宾森（Charles Robinson）新成立的加利福尼亚开发公司开凿了一段60英里长的运河，把科罗拉多河的河水引入到了帝国山谷中。1500名定居者开始在帝国山谷种植作物，运河的水把荒漠改造成了绿洲。截至1904年，帝国山谷的人口已经增至7000人。在这些移民定居的头4年里，科罗拉多河异常寂静。但是到了1905年10月，科罗拉多河的河水被来自Gila River支流的浪涌增大，河水突然涌入帝国山谷，把Salton湾变为Salton海。1910年河流再次突然发威，冲破了它原来的界限，洪灾酿成了价值700万美元的经济损失。帝国山谷曾经的辉煌深刻在人们的脑海中，尽管河流泛滥让人们吃了苦头，但这毕竟提高了人们改造荒漠的信心，为人们在该地区发展农业生产，特别是西部大开发提供了深入人心的范例，可以说这在一定程度上催生了后来的全美大运河计划及其替代方案胡佛大坝的出现。第二次世界大战后美国政府出台了西部大开发战略，更是刺激着几代人前往西部进行探险，开发荒漠。

（3）经济危机后凯恩斯主义的政策刺激。

1929 年 10 月，美国经历了历史上最惨烈的经济危机，大量企业破产，工人失业，世界经济进入连续几年的经济大萧条时期。这种状况与 2008 年起美国开始的金融危机有很强的相似性。

为应对危机，人们纷纷开始质疑西方古典经济学家和新古典经济学家倡导的“自由经济理论”。而一些以英国著名经济学家凯恩斯为代表的经济学家，则开始提倡国家直接干预经济，并引发了世界经济学史上著名的“凯恩斯革命”。凯恩斯主义者认为，走出经济大萧条的最直接而有效的办法，就是国家通过建设大型工程来刺激各行业的消费需求，同时工程建设可解决工人失业问题，增加社会购买力，拉动经济增长。美国总统胡佛对凯恩斯主义非常推崇，他任职时政府大力鼓励政府投资于大型公共基础设施。

（4）筑坝技术进步为胡佛大坝创造了条件。

20 世纪初，世界筑坝技术取得了长足的进展。1870 年以后世界范围内爆发了第二次工业革命。科学技术的发展突飞猛进，各种新技术、新发明层出不穷，并被迅速应用于工业生产。不过，那时大坝的分析理论和计算手段都还是比较落后的。许多复杂的大坝只能依靠近似计算加上模型试验来设计。① 这些技术上的局限给大坝设计带来了一些难以预料到的工程风险。因此，要建造胡佛大坝这座空前庞大的建筑物，的确需要胆识、勇气以及突破工程学极限的远见。

1.3.1.2　胡佛大坝的决策

胡佛大坝在 20 世纪 30 年代是“继巴拿马运河完成后，西半球最大的建筑工程。”② 在当时的情境下，促使美国垦务局做出在黑峡谷（Black Canyon）这样恶劣的自然环境中建造如此规模的大坝的决策是非常来之不易的。

（1）全美大运河方案被否决。

对于科罗拉多河最早的有文字记载的调查发生于 1858 年，当时一位科学家为完成一项科学任务试图沿科罗拉多河溯流而上。尽管一些无畏的先驱者早在南北内战之前就已经涉足西部，但更密集的探险则主要集中于 19 世纪 60—70 年代。照相机是探险队一系列工具之一，因为照片能精确传达西部区域的人文和地理信息。

当时，人们商议的解决方案不是放弃驯服河流，而是应用更严厉的控制方法。帝

① 潘家铮. 千秋功罪话大坝［M］. 北京：清华大学出版社，广州：暨南大学出版社，2001：91.

② Robert D. McCraken, Las Vegas: The Great American Playground, Fort Collins, Colo: Marion Street, 1996: 35.

国灌溉区域（The Imperial Irrigation District），一个非政府组织，提出在全美境内开凿控制河流流向的美国大运河（All American Canal）。主要由于戴维斯（Arthur Powell Davis）的努力，该运河方案被否决了。

与大运河方案失败一事看似矛盾的是，美国政府为开发干燥不毛的西部地区，为方便人们居住和耕种提供水源而专门新成立了垦务局（Reclamation Service）这样一个政府机构，戴维斯恰恰是美国垦务局的长官。戴维斯的理由是，控制科罗拉多河这样一个重要任务不应由私人开发者，而应由联盟政府，特别是他的垦务局来承担。

（2）垦务局的科学调查及胡佛大坝方案的出台。

——选定黑峡谷作为坝址。

为了了解规制科罗拉多河所面临的挑战，美国议会委托内务部对科罗拉多河流域及其支流的状况进行广泛研究。自此，美国内务部下属的垦务局对这一区域进行了大量研究工作。对科罗拉多河和它周围地形的一系列调查显示，科罗拉多河的水流变幻无常，河床地势崎岖，开发商业航运也是不可能的。但是，如果从密西西比河引入足量的水，恶劣的自然环境有可能变得宜人并在农业上获得丰收，创造出一个文明的宜居地。问题就从单纯驯服科罗拉多河转变成了怎样利用科罗拉多河巨大的资源。

政府指示垦务局的工程师提出了一个解决方案。经过三年的调查研究，1922 年出版了《Fall-Davis 报告》。该报告指出，美国应在亚利桑那州与内华达州之间科罗拉多河的“在博尔德峡谷或其附近”修建一座巨型大坝，这座大坝可不是普通的大坝，而是历史上最大的大坝。这座超级大坝不但能控制水患，还能驾驭科罗拉多河的巨大水能，供应成千上万户人家的用电。并将大坝所发电力销售给正在兴起的南加利福尼亚来补偿工程成本①。一旦大坝完工，河流被管理得有秩序，全美大运河就将开工建设。

工程师最终选中的基地不是博尔德峡谷，而是黑峡谷。黑峡谷是科罗拉多河切出的一条 224 米深的峡谷。黑峡谷坐落在沙漠中央，当地没有任何劳工，没有基础设施，没有直接的交通联络通道，不过这个坝址有两个相当有利的条件，即该坝址 48 千米外的铁路穿过一个很小的边境殖民地拉斯维加斯（现在已经成了世界赌城）。拉斯维加斯的铁路将作为最重要的补给线，往上游紧邻着一大片平原，很适合作为全美最大的水库。

——《科罗拉多河协议》协定了利益共享和义务共担问题。

长期以来，关于该河流的水权，在美国与墨西哥之间，在以河流为边界的 7 个州之间，一直存在着激烈的争议。到了 1922 年，各州派 1 位代表与联邦政府开会讨论了

① 引自 Joseph E. Stevens，Hoover Dam：An AmericanAdventure（Norman：University of Oklahoma Press，1988），17-18. Stevens 对帝国山谷的灌溉和定居情况以及立法逐渐导致胡佛大坝的建造的相关情况进行了详细说明，P. 10-19.

河流水权问题，并于该年 11 月 24 日签署了利益共享和义务共担的《科罗拉多河协议》。按照这一协议，怀俄明州、科罗拉多州、犹他州、亚利桑那州、内华达州和加利福尼亚州等七个西部的州均须从河流管理中受益。为了合理分配每年至少 800 万立方英尺的河流径流，七个州被分成两个部分：怀俄明、科罗拉多、犹他和新墨西哥为上游部分，内达华、加利福尼亚和亚利桑那为下游部分。每一部分分享河流径流，个别州得到特殊的量。这样一来，每个州以它各自的方式获得了收益，比如第二次世界大战期间，加利福尼亚洲用大坝所发电力来制造战斗机、炸弹和运输飞机来协助战争。战后，大坝所发电力用来支持南加利福尼亚的飞机产业。①

（3）国会通过胡佛大坝决策。

1923 年《博尔德峡谷工程法案》（也被称为以作者名字命名的《Swing-Johnson 法案》）出台。为了控制这条多灾多难的河流，1928 年 12 月 14 日美国国会通过了《博尔德峡谷工程法案》的修订版，授权建设博尔德大坝（国会于 1947 年永久命名为胡佛大坝）。1930 年 3 月 7 日大坝建设资金得以通过。这样一来，美国政府，尤其是垦务局声称通过在黑峡谷修建大坝来束缚和利用科罗拉多河负责。

得知此消息，一群建筑公司于 1931 年 2 月 19 日聚集在 Delaware，为获得胡佛大坝的建筑合同进行竞标。其中的六个公司——Utah、Morrison-Knudsen，J. F. Shea、Pacific Bridge、MacDonald&Kahn 和 Bechtel-Kaiser-Warren Brothers 联合组建了“六公司”这一实体，来具体负责工程的建设。垦务局于 1931 年 3 月 4 日批准了合同。

（4）充分的舆论宣传。

正因为意识到了工程的复杂性，美国历来有通过摄影对公众进行工程宣传，增强公众对工程决策的支持的传统。如美国农业部使用相机制作了“进步中的图像变换”（transmiting images of progress），它发起的视觉公共宣传运动形成了 23000 张影像，现存于美国国家档案馆中。20 世纪 30 年代，美国还没有电视，摄影就成了最有吸引力的宣传大坝建设进展的方式了。鉴于大坝面临的技术挑战、工程和财政风险，垦务局的领导人在公众对大坝的理解及其政治影响方面也多有考虑。为了证明工程结构的合理性和政府资金正被明智地利用，垦务局有意地雇用了颇有艺术才能的 Ben Glaha 进行摄影，来记录大坝建设过程的细节。Glaha 的照片兼具艺术性和写实性，可作为大坝建造过程的技术资料。此外，本·格拉哈还拍摄下那些极少数的在大坝建筑工地上劳作的非裔美国人，来帮助政府证明大坝工地建筑工人的雇用状况是符合种族平等原则的。垦务局经过小心甄别，将拍摄的照片公布给立法者、媒体和公众。事实证明，这些照片对于促进公众对胡佛大坝的理解和支持起到了不可忽视的作用。

---

① Barbara Vilander. Hoover Dam—The Photographs of Ben Glaha. The University of Arizona Press，p. 8.

1.3.1.3 胡佛大坝工程的建造过程

（1）工程开工及科罗拉多河的改道。

1931年1月，胡佛总统主持大坝开工仪式。施工期从1931—1935年，是美国经济大恐慌的时期，民不聊生。胡佛大坝要开工的消息传出后，很多失业者拖家带口地驻扎在一无所有的莫哈未沙漠上等候招工。当时工地上就招募了5000名员工，每日三班倒昼夜开工，没有节假日。炎热、劳累、肮脏、危险，没有阻止失业者源源不断拥向这里。尽管美国法律规定，只有年满21岁才有资格当劳工，但是，困顿和饥饿已经把人们逼到了极限，许多不满18岁的年轻人隐瞒年龄，甚至冒名顶替，争先恐后来到水库工地。

当时胡佛大坝的总工程师法兰克科洛是公认的修建大坝的专家。修建这种规模的大坝，是他毕生的抱负，因此他决心完成这个任务，不计任何代价。科洛辞去原职，全力以赴投入这项工程，压迫员工日夜不停地工作。当初修建胡佛大坝的时机，最适合科洛这种残酷的做法。截至1932年11月，胡佛大坝的第一期工程完工，通过四条分水渠，科罗拉多河成功改道。

（2）坝体建设过程中混凝土砌块及工程管理办法的革新。

总工程师科洛和他的工人们在打造大坝坝体本身时又遇到了令人头疼的技术难题。胡佛大坝是一座拱形重力坝，这种建筑物有两个基本的工程学原理，首先，光是利用混凝土本身的重量就能迫使建筑物陷入地面；其次，拱形将大坝后面累积的水压转移到峡谷壁上。根据胡佛大坝的设计，该大坝总共要动用340万立方米的混凝土，足以从纽约修一条公路到旧金山。为了满足这个需求，他们在工地上盖了两座巨大的混凝土制造厂。

胡佛大坝全靠一种简单的成分——混凝土建立起来。那时用混凝土盖大坝已经有50几年的历史，但是如何建造胡佛这样规模的大坝，历史上还是第一次，这使得他们面临着一系列的挑战。大坝太大，自然不能用一个混凝土模型制造出来。当初要是这么做，混凝土到现在都还没有凝固。效仿美国舒斯勒大坝和下水晶泉大坝的科洛决定用一系列的连锁扣搭块来建胡佛大坝。但在这样的大坝上连续使用连锁搭扣块是历史上的首度尝试。每个砌块高1.5米，但深度和长度各有不同，最大的砌块宽7米，长18米，块体体积将是舒斯勒大坝的20倍，每个砌块的侧边都刻出垂直的沟槽，和旁边的砌块扣搭起来，每个砌块凝固之后，就在接缝之间塞进砂浆，使结构更加坚固。混凝土内的砂石、水泥、集料和水等成分一经结合就会发生化学反应，在内部产生热气，延缓混凝土固化过程。混凝土浇灌量越大，其固化时间就越久，如果不把热量驱散，就会形成裂纹，使结构弱化。为了让凝固的过程加速，科洛也设计了复杂的管道体系，深埋在混凝土当中，在管道中注入冷水，混凝土拌和料冷却之后固化得更快。

接下来科洛和工人们要和沙漠骄阳作战。沙漠高达40℃以上的气温会导致这混凝土还没定位好就干透了，对此不得不想办法快速解决。为了加速混凝土的运送，他设计了一套精致的上空绳索和滑轮网络，工地正上方的绳索滑过峡谷，吊着大桶的混凝土，用滑轮吊到等待浇灌的施工团队那里，配合集料场源源不断的混凝土，创造出顺畅的生产线，为了让作业更加迅速，科洛鼓励各团队之间的竞争，果然奏效，他们一天就浇灌了高达 8000 立方米的混凝土。为了维持速度，施工队必须年复一年地日夜操劳，浇灌一块块的连锁搭扣块。苛刻的工程进度折磨着工人，他们的家人光是活下去就得打一场苦战。

科洛严苛的管理终于得到回报，第一阶段工程只花了 18 个月，比预定速度提前了 10 个月，科洛无情地压迫工人，让他们冒着生命危险，但也指出了未来大坝的施工方法。

（3）胡佛大坝蓄水，工程竣工。

到了 1934 年，胡佛大坝的建设进展顺利，科罗拉多河成功改道，大量工人夜以继日修建大坝的墙壁，科洛的梦想终于逐渐成形，次年 1 月 31 日，动用了 340 万立方米的拱坝混凝土坝体已经完成，成为一座庞大耀眼的建筑物，横亘黑峡谷。然后，科洛命人放下巨大的钢制挡水闸门，阻断分水渠，让河水在大坝后面慢慢集聚。这时，大坝工程的成败即将揭晓。因为随着蓄水过程中大坝承受的压力渐增，结构中任何重大的弱点很快就暴露出来。一旦失败，后果会难以想象。殊不知，时隔 30 多年后，美国于 1976 年 6 月在爱达荷州修建的泰通 TItang 大坝，大坝建成后才刚达到满水位就戏剧性地溃坝了。溃坝所形成的近 2 尺高的水墙，冲垮了雷克斯堡，造成 11 人死亡和近 10 亿美元的财产损失。事实证明，胡佛大坝坚不可摧！

由于科洛杰出的建筑监理和战略调度天才，1935 年，胡佛大坝提前 2 年 1 个月 28 天完工，此外还节省了成本 1500 万美元，整个工程耗资 1 亿 2539 万 2000 美元，相当于现在的 17 亿美元，这样惊人的成绩，让总工程师科洛赢得了 35 万美元的奖金，几乎等于现在的 500 万美元。1935 年 9 月 30 日，继任的罗斯福总统亲自主持了大坝的竣工典礼，为胡佛大坝揭幕，数千人前往沙漠见证这件历史大事，当亲眼目睹这座令人难以置信的大坝时无不欢呼雀跃。

（4）工程设计中注重功能性与艺术性的统一。

作为伟大的工程奇迹，胡佛大坝前瞻性的和令人赏心悦目的外观设计注定使它成为现代主义的图标。虽然垦务局的工程师们最初的设计具有较强的功能性，但是不平衡的排水口、发电室以及矗立在坝顶路面的塔墩之上的巨大老鹰与胡佛大坝作为现代建筑的印象形成强烈冲突。

来自洛杉矶的建筑师戈登·B. 考夫曼被要求重新设计大坝。他认为，成功的工程应该是实用效能和艺术性的完美统一。或许他提前预见到荒漠中的胡佛大坝会游客如云，当时就把大坝当作风景名胜来进行设计。他把溢洪道设计成流线型，在作为入口的灯塔顶端增加了夜晚的灯光效果，用现代主义艺术家的审美重新设计了发电厂房。

200 多米的拱形大坝如婉约的美女，大坝前的四座灯塔凸显了强烈的美国文化气息。每年近百万到莫哈未沙漠朝圣的访客，无不为大坝的规模和美妙惊叹不已。

1.3.1.4 胡佛大坝的社会评价

至今，这座大坝已经巍然矗立了 70 多年。它再也不是当年世界上规模最大的大坝工程。人们从修建胡佛大坝所吸取的教训，缔造了新一代的超级大坝，后续的大坝大胆挑战了这个先驱的宽度、高度和产能。但是，胡佛大坝至今仍旧堪称历史上最著名、抢眼和伟大的大坝工程，为人们所津津乐道。许多研究者认为，大坝存世的时间也许会与金字塔一样永久。即便美国其他文明创举全湮灭了，当加利福尼亚变成沧海，胡佛大坝依然会如现在这样挺立，成为那个时代不倒的纪念碑。

（1）胡佛大坝的经济社会效应。

1935 年当大坝建成时，美国已经开始走出经济危机的阴影，进入经济起飞阶段。胡佛大坝建成后，科罗拉多河再也没有出现过因洪水泛滥造成的灾难，人们再也不用担心洪水的大浩劫了。而水电站更是产生了强大的经济推动力。仅到了 1939 年，发电厂的容量是 70 万 4800kW，使胡佛大坝成为全球最大的水力发电厂，10 年后才被大古力大坝取而代之。以后的 60 多年里，胡佛大坝每年为美国中西部提供 40 多亿 kW · h 的电力。所增加的大量电力让美国西南部改头换面，强大的电流 56% 输往洛杉矶和南加州，拉斯维加斯和凤凰城成为美国发展最快的城市。离开胡佛大坝大约 1 个小时，拉斯维加斯，沙漠中的奢侈之城，极尽奢华、天堂般的玩乐场所就呈现在了眼前。

胡佛大坝蓄水后形成的水库是著名的米德湖。米德湖（Lake Mead）以大坝建设期间做出重要贡献的垦务局局长艾活 · 米德博士命名。米德湖碧波浩渺，一望无际。它成为胡佛大坝巨大电力储存的来源，是美国最大的水库，深 152 米，长 177 米，耗时 6 年形成，能容纳 2800 万立方英尺的水。它为太平洋沿岸的洛杉矶、圣迭戈等城市提供了清洁的淡水，并浇灌着亚利桑那州和加利福尼亚南面那些富饶的土地，科罗拉多河三角洲地区从此变成了美国著名的蔬菜和水果基地。该工程除了巨大的经济效益外，也是美国的一个著名的旅游景点，据统计，自开放参观以来，到目前已有超过 3500 万人次到此旅游参观。

胡佛大坝的建成极大地振奋了美国人的民族自信心。美国人民当时的自豪之情，从当年面值 3 美分的“胡佛大坝”邮票由美国邮政统一发行可见一斑（见图 1-2）。为纪念 1931 年力主这项工程上马建设的当时的美国总统赫伯特 · 胡佛（第 31 任总统，任期 1929—1933 年）而命名为胡佛大坝。但因胡佛是共和党领袖，因此，民主党人对此耿耿于怀，很不服气。等到胡佛总统下台，民主党人上台执政后，他们便把胡佛大坝以附近城市博尔德命名，更名为“博尔德大坝”。因此，反映在 1935 年美国邮票上的大坝名称为“博尔德大坝”。为尊重历史，直到 1947 年，美国国会才通过一项法案，规定该大坝永久命名为胡佛坝。

图 1-2　1935 年美国邮票上的大坝名称为“博尔德大坝”①

（2）胡佛大坝的工程技术成就。

胡佛大坝在世界坝工技术史上具有里程碑意义。它成为全球最高大最沉重的大坝，也是当时世界上最大的水力发电厂。在此之前，能达到百米量级的就已经很了不起，而胡佛大坝在高度上一举冲到 220 米，不仅当时为世界之最，这一世界纪录还一直保持了 20 多年，直到 1958 年瑞士建成莫瓦桑拱坝才被打破。胡佛大坝使得总工程师科洛先前主持建设的爱达荷州 106 米高的箭岩大坝立即相形见绌，后者曾经是世界上最高的大坝，但现在长度和高度分别是胡佛大坝的一半和三分之一左右。无怪乎 1955 年美国土木工程师学会将胡佛大坝评为美国现代土木工程七大奇迹之一。尽管后来 1958 年瑞士于罗纳河支流上建成高 237 米（1991 年加高到 250. 5 米）——典型的欧洲式双曲拱坝莫瓦桑，意大利于 1961 年建成高 262 米的瓦依昂薄拱坝（后来因水库库面滑坡而报废）。莫瓦桑和瓦依昂坝虽然高，但都建在小河上，所以工程规模、库容和电站装机都远不能与胡佛坝相提并论。人们至今仍叹服于参加大坝建设的 21000 人永不妥协的决心和勇气，和那使大坝从无到有的科洛的杰出才华。

① 图片来自网络，版权不明。

美国垦务局为了攻克胡佛大坝建设的各种难题，就坝体应力的详细分析、试载法的提出和完善、地震时坝体及水库的反应、坝体的温度变化和温度应力、柱块状分缝、接缝灌浆、水管冷却、缆机浇筑、特种水泥研制、大坝的监测和维护等问题组织了大批科学家和工程师进行攻坚。围绕胡佛大坝所出版的大量论文、资料和著作，成为各国坝工工程师的重要学习和参考资料，对世界混凝土坝的发展起到了重要的奠基作用。

（3）理性认识胡佛大坝的不足之处。

时隔 70 多年，以今天的眼光来审视这座庞然大物，它还有很多不足之处。大坝建设中，总工程师科洛总是将工人的时间和精力压榨到极限，工人的居住和生活条件非常糟糕，微薄的工资也常被开发商以各种名义剥削回去。施工中工人的安全措施缺乏，共有 112 人献出了宝贵的生命。后来在征集胡佛大坝纪念标志的比赛中，奥斯卡・汉森 30 英尺高的飞翼造型的雕塑被选中，至今依然矗立在坝前，提醒人们勿忘那些默默无闻的大坝建设者。

这座重力拱坝的断面设计今天看来是过分保守的，现在要能重新设计的话估计至少可节约一半混凝土量，原来开挖四条分水渠的方式也过于累赘，但毕竟是历史上的技术大跨越。① 此外，限于当时人们的思想认识水平，大坝工程对水文等生态环境影响的考虑不足。有人指责胡佛大坝影响了科罗拉多地区的气候环境，甚至将赌城拉斯维加斯的腐化堕落与之相联系。米德湖水的重量还能触发一连串小型地震，水库和大坝的总重量是 370 亿吨，足以让地表往下凹陷 18 厘米。不过，胡佛地处偏远，所谓的移民问题牵涉不多。

1.3.1.5　关于胡佛大坝的若干反思

（1）胡佛大坝的决策表明工程决策是技术、经济和社会因素的复杂结果。

胡佛大坝是人类第一次在酷热和荒无人烟的气候和地理环境下，运用自己的智慧与大自然斗争的产物，集中体现了人类改变自然的勇气、无穷的创造力以及在技术、管理方面的聪明才智，正是科洛这样杰出的大坝工程师以及众多工人的付出让工程梦想成真。同时，作为人类建筑史上第一次全部用混凝土浇筑的如此规模的大坝，其牢不可破的工程质量也令人惊叹。胡佛大坝成了那个时代永久性的纪念碑。在胡佛大坝建设中，非政府组织提出的修建全美大运河方案被否决，不仅是由于大运河方案本身的弊病，更体现了以垦务局为代表的美国联邦政府在河流开发权上的坚定。也就是说，胡佛大坝的决策和建设是在当时具体的历史背景下，自然条件、经济发展需求、社会背景和技术水平各种因素综合作用的结果，具有一定的必然性。

胡佛大坝工程当时的管理模式，可谓开辟了大坝工程现代管理方法的先河。它由

① 潘家铮．千秋功罪话大坝［M］．北京：清华大学出版社，广州：暨南大学出版社［M］．2001：65.

隶属美国内政部的垦务局主持兴建，后期开工建设则采用开发商竞标，后决定由私人集团组成的“六公司”承建。类似胡佛大坝这样大规模的水电工程需要耗费巨额资金、大量人力财力，更牵扯到多方面的复杂的利益关系，大坝工程的效益发挥具有一定的社会公益性，因此由联盟政府的内政部及下属的垦务局进行工程项目的前期调研、立项和决策是合理的。而由六公司承建，可以充分筹集民间资本。美国的垦务局、陆军工程师兵团、田纳西流域管理局这三家水电开发巨头均为政府性质，可以保证工程竣工运行的公益性。这种工程管理模式至今仍有借鉴意义。

与此对照，我国计划经济时代一直采用政府包办调研、立项及建设的模式，到后来才开始采用政府组织前提工作，开发商承建的类似模式，三峡工程可看作这种模式的典型代表。近些年来，我国大坝及水电工程的决策程序似乎对以往“矫枉过正”，核准程序出现了一定程度的无序现象，开发商只要与当地政府搞好关系就可将工程上马，导致近些年来，我国西南地区大坝工程和水电开发中出现了一种奇怪的“跑马圈水”现象。我国水电工程专家陆佑楣院士多次提倡的设立水电开发基金，由政府统一负责大坝工程的前期工作的呼吁，无疑是其充足的合理性。

（2）工程的生态评价和社会评价缺一不可。

大坝工程一旦建成即成为重要的社会基础设施，利用水能发电所形成的社会财富也应由全社会的人共同所有。同时，大坝工程的建设和运行通过改变河流水流的流向和水资源分布，进而打破了流域内自然资源的分布和利用状况，不仅影响了河流生态环境，还导致社会利益分配在时空分布上的失衡。这正是大坝工程不断引发争论的重要和深层次的社会原因。

近些年来，随着人们生态保护意识的提高，工程的环境影响评价已逐步被纳入法律层次，并得到了有效地贯彻。但工程的社会影响评价还不尽完善。工程的社会影响是关系到“工程的社会正义”的重要理论问题，不仅关系到工程本身的前途，更关系到和谐社会的发展。

如何保障水电利益的合理分配，促进社会公平是当前学术界讨论的热点问题。在胡佛大坝开工建设约 10 年前，沿河各州即在联盟政府的组织下开始讨论河流水权及利益分配问题，并于该年 11 月 24 日签署了《科罗拉多河协议》，有效解决了科罗拉多河两岸各州的河流水权之争，不仅保障了流域各地方均能受益，更为大坝的顺利建设和运营提供了保障。胡佛大坝的承建方六公司与工人间的劳工纠纷体现出工程建设共同体之间的分歧。当前我国大坝工程建设中，国家与地方、流域上下游的地方与地方、公司利益与个人的利益分配关系中的冲突与矛盾尤要引起重视，并妥善解决。

（3）以历史唯物主义的眼光看待工程发展。

历史唯物主义是马克思主义哲学的重要组成部分。历史唯物主义认为，社会历史发展有其自身固有的客观规律，即物质存在决定社会意识，社会意识又反作用于社会存在。生产力和生产关系之间的矛盾、经济基础与上层建筑之间的矛盾，是推动一切社会发展的基本矛盾。大坝工程作为一种特定的工程类型，其产生和发展也有其历史生命周期。大坝工程的形态、历史作用都应在特定的社会历史条件下去辩证地分析和看待。

胡佛大坝的建成标志着美国真正迎来了它的大坝时代。以胡佛大坝为代表的大坝工程所提供的水电是美国20世纪上半叶的主要电力来源，为实施西部经济大开发战略，在经济大萧条时期拉动国家经济发展以及在“二战”期间为战略物资生产提供动力均起到了重要而不可替代的作用。许多水资源丰富的国家都曾效仿美国的做法。

当前，我国正处于努力建设现代化的重要战略机遇期，我国水力资源丰富，目前水电开发度仅为30%左右，远远落后于发达国家的平均水平。水电还是重要的清洁可再生能源，是调整我国能源结构的重要电力来源，还可帮助我国有效应对气候变化的挑战。在科学发展观的指导下，大坝工程可有效推动人、自然、经济、社会的可持续发展。但是，近些年来，我国水电开发却陷入了困局，新批准开工的大坝工程很少，且当前大坝工程的生态压力和社会成本会越来越大，这对于正处于工业化初期的中国在内的发展中国家而言，无疑是不太乐观的。如果错过未来二三十年水电开发的战略机遇期，对中国的影响到底有多大，值得我们深思。

1.3.2 伊泰普水电站

举世瞩目的伊泰普水电站位于巴西与巴拉圭之间的界河——巴拉那河上，是人类水利工程史上的一大奇观，还是目前世界上装机容量第二大（第一为长江三峡水电站）、发电量最大的水电站，由巴西与巴拉圭共建和共享收益，为两国的经济发展发挥了重要作用。伊泰普水电站的工程技术、国际合作模式与生态社会效益，既有独到之笔，又有失策之处，值得借鉴。本书特围绕上述问题，对伊泰普水电站的建设过程进行简要回顾，希望能对当今我国大型水坝工程建设与水电开发的国际合作提供点滴启示。

1.3.2.1 伊泰普水电站的准备工作

巴西和巴拉圭两国协商共同开发界河上的水能资源，并合作建设了伊泰普水电站。

巴拉那河（西班牙语：Río Paraná；葡萄牙语：Rio Paraná）位于巴西中南部高原上，由格兰德河和巴拉那伊巴河汇合而成。它全长4880千米，长度排世界第13位，年径流量7250亿立方米，有众多激流和瀑布，在南美洲是仅次于亚马孙河的第二大河，也是世界第五大河。作为一条国际河流，它自东北向西南，先后流经巴西、巴拉圭和阿根廷，最后注入拉普拉塔河。千百年来，尽管巴拉那河蕴藏着丰富的水能资源，然而由于技术和经济因素的限制，却一直未有大的发展。

巴西是个煤和石油缺乏，水能资源丰富的国家。20世纪中叶经济起飞后，巴西先后经历了两次电力能源危机。为了尽快摆脱本国能源危机，满足国家未来经济与社会发展的能源需求，巴西计划以水能逐渐代替石油和其他燃料。1966 年，巴西和巴拉圭两国克服了针对领土和巴拉那河国界的争端，看到了有可能对两国带来的巨大利益，经两国联合研究协商，决定联合建设一个当时世界上最大的水利工程，通过合作来结束历史遗留的边界争端。① 两国共同签署了《伊瓜苏协定》［*Ata do Iguaçu*（Iguaçu Act)］，商定了如何就开发巴拉那河上的水能资源一事，保障两国相互利益。该协定中，两国约定大坝主体工程和伊泰普水电站由巴西与巴拉圭共同建设、管理和运营，建成后的伊泰普大坝左岸属巴西，右岸属巴拉圭，其电厂的发电机组和发电量由两国均分。由于双方存在巨大差距，除了约定在分享电力和该项目所得利益上平等之外，有必要制定政策来允许两国平等利用该项目对科技和工业现代化所产生的动力，此外，尽管两国经济条件有很大不同，也有必要寻求相互满意的财政平衡，这样仍可达成分享风险的协议。其他规定中还具体确定了指导原则，每个国家都拥有一定优先权，能以合理的价格从另一国家获取消费不了的多余电力。②这些基本原则于 1972 年确定后，立即设立了一个共同技术委员会开展可行性研究，形成初步方案。

1.3.2.2　伊泰普大坝建设与管理过程回顾

（1）由两国联合执行委员会组织可行性研究。

鉴于巴拉那河超过 9000m^3/s 的年平均流量与约为 150 米的落差，两国很早就预见到伊泰普水电站工程（不论是一级或多级开发）必属世界最大工程。他们意识到，必须采取科学的工程可行性研究、完善的工程设计和有效的风险管理，才能保障这一庞大工程的顺利完工。

1970 年 4 月，两国联合执行委员会成立，是伊泰普水电站的最高决策机构。1971—1974 年两国执委会聘请由美国旧金山国际工程公司（IECO）和意大利米兰电力咨询公司（ELC）共同组成的 IECO-ELC 咨询公司就两国之间巴拉那河水能资源开发进行可行性研究。两公司研究和咨询项目的具体内容包括：搜集和分析现有的基础资料及坝址情况；列出开发巴拉那河水能资源的可行方案并从中推荐出最优方案；进行可行性研究的准备工作，探索水资源的综合利用途径，包括防洪、居民和工业供水、航运和旅游等。根据之前的讨论，除了位于河中心的发电站外，无论大坝总体布局和附属结构是否对称，建设方案的技术指标应该最佳且成本最优。在此基础上，咨询公司提出了在伊泰普修建高坝的建议。1971 年联合执行委员会据此将伊泰普列为重点调查区域，并要求咨询公司提供在伊泰普建坝的最终方案的四个特别报告——大水轮机

① 贾金生，郑璀莹，袁玉兰，等译．国际大坝委员会编．国际共享河流开发利用的原则与实践［M］．北京：中国水利水电出版社．2009：55.

② 贾金生，郑璀莹，袁玉兰，等译．国际大坝委员会编．国际共享河流开发利用的原则与实践［M］．北京：中国水利水电出版社．2009. 54-58.

技术、巴西和巴拉圭两国不同的用电频率、施工风险和生态学。至1972年2月，两公司完成了四个特别报告。

在可行性研究的最后阶段（1974年），两国执委会认真分析考虑了以下三类潜在的工程风险：一是外在的客观风险，如地质条件的不确定性风险、导流及水库蓄水过程中的水文风险与两国政策性风险；二是技术性风险，如水轮发电机组尺寸与两国电力的频率问题、混凝土空心重力主坝的设计风险、溢洪道的泄洪能力与运行可靠性；三是管理层次的工程进度风险与设计、设备采购和施工等之间不同职能部门的协调性风险。

针对上述重大风险，两国委员会做出了一系列重大管理决策：组建一个协调组，协调、监督由两国工程公司组成的五家联合体的工作；指定三个独立的国际咨询专家组，分别负责土建工程、水轮机及发电机；在两国委员会的技术指导委员会内，组建施工规划、监理及质量控制核心小组，由这些组织及时根据具体情况，及时做出风险决策。正是由于提前预见了各类重大潜在风险，且采取了有效的风险分析与管理方法，才确保了后来工程的按期完工、工程质量的安全性和长期运行的可靠性。①

1974年底伊泰普工程的可行性报告已完成，在伊泰普修建高坝的方案获得再次肯定，坝址定在伊瓜苏市北，阿密斯塔德大桥上游12千米处。坝址处常水位时河宽约400米，枯水河槽宽250米，基岩主要为坚硬完整玄武岩。大坝之名伊泰普（Itaipu），取自坝址附近的一个小岛，在瓜拉尼语（Guarani）中意为“石头之声”。美国作曲家菲利普·格拉斯曾写过一首名为伊泰普的交响性康塔塔（cantata）声乐套曲，来纪念这一奇特的自然现象。

随后咨询公司进行水电站总体规划、导流工程、水轮发电机组选用等关键性设计。在反复斟酌之后，1974年12月，两国委员会最终批准了水电站的工程设计。

（2）成立伊泰普跨国公司来主持工程建设和管理。

1973年4月26日，巴西和巴拉圭正式签订了关于伊泰普水电站的政府间协议。根据该协议，1974年3月17日，伊泰普跨国公司（Itaipu Binacional）成立，被授权主持工程建设和经营管理。伊泰普水电站只受限于国际法规定的行政或金融的内部或外部控制。无论是宪法还是行政法，伊泰普不受国内法律的条例限制。同时还组成了行政管理局和工程局。

这个大坝的修建，曾被誉为是巴西的世纪工程。工程于1975年10月②开工。1978年10月14日人们改变了巴拉那河的路线，部分河床干涸，开始进行大坝施工。1979

① ［美国］G. S. 萨卡里亚，等. 伊泰普工程设计和施工中的风险分析与管理［J］. 中国三峡建设，2000（05）：44.

② 赵纯厚，朱振宏，周端庄主编. 世界江河与大坝·巴西伊泰普水电站［M］. 北京：水利水电出版社，2009：809.

年 8 月主坝混凝土浇筑。1978 年 10 月 20 日实现了明渠导流。1982 年 10 月 23 日水库蓄水至溢洪道高程。工程的主要设备在国际市场上订购，包括巨型水轮机、发电机、变压器、开关站和闸门。当地的工业界大量参与，成为供货商团体的活跃伙伴。同时也大力鼓励本土水泥和钢材供货商参与，为项目实施进行基础设施建设。

工程的总体布置见图 1-3。建成后的大坝主要建筑物自左坝头起有左岸土坝，左岸堆石坝，导流明渠及其控制建筑物（混凝土重力坝及坝内泄水孔）、主坝、发电厂房、右岸翼坝（混凝土大头坝）、溢流坝、右岸土坝等。大坝全长 7760 米，坝顶高程 225 米。主坝为混凝土双支墩空心重力坝，最大坝高 196 米，长 1064 米（含左翼坝）。① 混凝土重力式溢流坝长 390 米，安装 14 扇弧形闸门，最大下泄流量 62000m/s。拦腰截断巴拉那河，坝址控制流域面积 82 万平方千米。大坝的外壁 18 个巨型管道一字排开。这些管道是 18 个发电机组的注水管，每根管道的直径 10. 5 米，长 142 米，每秒注水 645 立方米。大坝的西侧是水库的溢洪道，十几道闸门敞开，库水以 4. 6 万 m^3/s 的流量泻出，飞卷的波浪高达几十米，形成的人工瀑布也蔚为壮观。

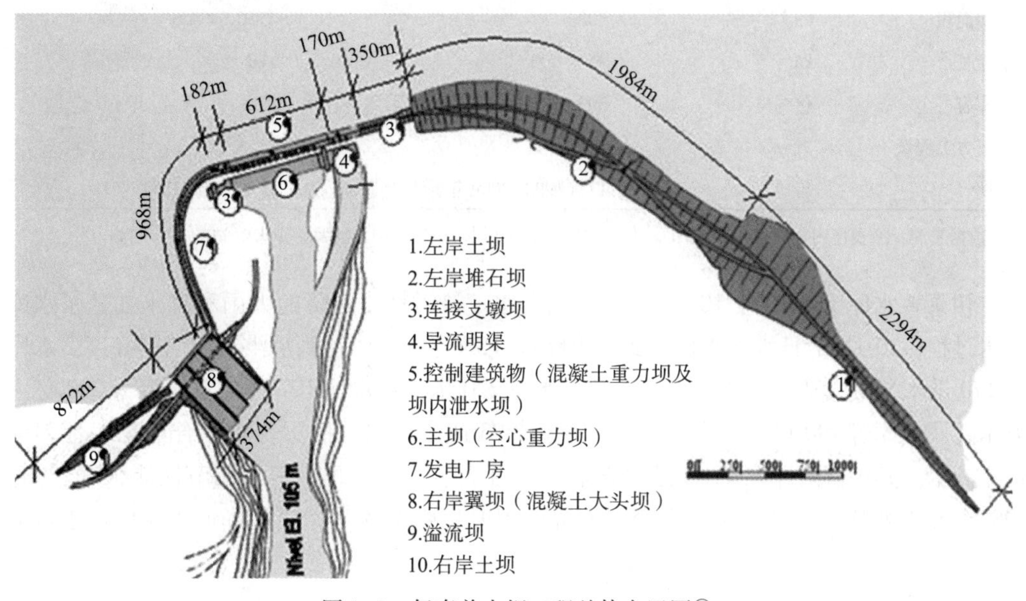

图 1-3　伊泰普大坝工程总体布置图②

大坝的工程量巨大。从坝底仰望，难以窥其全貌。4 万名工人的努力和 200 亿美元

① 赵纯厚，朱振宏，周端庄主编．世界江河与大坝·巴西伊泰普水电站［M］．北京：水利水电出版社，2009：809.

② 图片来源：Itaipu Binacional, *Itaipu Hydroeletric Project*: *Engineering Features*. Câmara Brasileira do Livro, São Paulo, Brazil, 2004.

的资金，历时 7 年的时间，才建成了这座水坝。在施工高潮期间，工地上耸立着 17 个臂长 80 米的起重机。共开挖土石方 9245 万立方米。

表 1–1　三峡工程与伊泰普水电站主要数据

项目	单位	三峡工程	伊泰普水电站
所在国家		中国	巴西、巴拉圭
总发电机组	台	32	20
总装机容量	万 kW	2250（包括增建的 6 台地下机组和 2 台 5 万 kW 的发电机组）	1400（包括 2002 年扩建的 2 台机组）
单机装机容量	万 kW	70	70
年平均发电量	亿 kW · h	882①	900
大坝全长	m	2309	7760
最大坝高	m	181	196
水库面积	km^2	1084	1350
水库长	km	超过 600	170
总库容	亿 m^3	393	290
土石方工程量	万 m^3	13400②	9245③
工期	年	17（1993–2009 年）	17（1975–1991 年）

数据来源：除表格内加脚注的内容外，本表数据来自中国长江三峡集团和伊泰普水电站的官方网站。

伊泰普水库于 1982 年 10 月 13 日开始蓄水。该时期，频降的大雨和洪水加速了水库蓄水过程；10 月 27 日水库水位升到了 100 米（330 英尺），达到溢洪道闸门的高度。水库长 170 千米，最大宽度达 8 千米，正常高水位 220 米，死水位 197 米。总库容为 290 亿立方米，调节库容 190 亿立方米。④ 上游还建成 23 座水库，与伊泰普水库合计总库容 2169 亿立方米，其中有效库容 1265 亿立方米，相当于年径流量的 44%，调节性能很好。⑤ 自 1984 年至今水库水位基本保持不变，维持在 219. 4 ~ 220. 3 米，短期降低水位以便进行泄

① 解析“三峡效应”发电量“点亮”半个中国［N］. 长江日报，2014–12–15.

② 三峡工程的十大世界之最［EB/OL］. 人民网. http://www.people.com.cn/GB/jinji/222/10814/10819/20030528/1002450.html 2015年1月21日最后一次登录。

③ 赵纯厚，朱振宏，周端庄主编. 世界江河与大坝 · 巴西伊泰普水电站［M］. 北京：水利水电出版社，2009：809.

④ 赵纯厚，朱振宏，周端庄主编. 世界江河与大坝 · 巴西伊泰普水电站［M］. 北京：水利水电出版社，2009：809.

⑤ 著名水利工程简介——伊泰普水电站［J］. 水利科技，2011（01）：14.

洪下游维修工程除外。①

（3）伊泰普水电站的资金筹措。

伊泰普联营公司注册1亿美元，两国电力公司各出一半并分别拥有水电站的一半产权。由于巴拉圭陷入经济困境而资金缺乏，只得向巴西方面贷款。建设资金的99%依靠贷款，由巴西负责筹集。实际上，大坝的启动资金，包括巴拉圭后来建设和运营水电站的全部资金，均来自巴西的贷款。

根据双方的规定，到2023年，巴拉圭须还清这笔贷款。此外，由于巴拉圭人口不足600万且重工业发展滞后，该国每年消耗的电量只占电站发电总量的5%，根本用不完伊泰普水电站50%的电量。双方约定，巴拉圭名下剩余的45%的电量，须以成本价卖给巴西，而且只能卖给巴西电力公司，50年后方可自由销售。

在1974年两国委托美国和意大利的两电力咨询公司联合编制的《伊泰普水电站可行性研究报告》中，按1973年11月价格水平估算的工程建设费用（静态投资）为23.49亿美元，加上施工期贷款利息和财务费用7.54亿美元，合计总投资31.03亿美元。由于通货膨胀和利息增长，至1990年末累计工程直接投资107.7亿美元，利息支出121.6亿美元，共229.3亿美元；加上1991年竣工前投资4.7亿美元，合计实际总投资达234亿美元，为过去可行性报告预计投资的7.5倍。②

（4）曾是世界上装机容量和年发电量最大的水电站。

水电站建设和坝体施工同时进行。1975年10月水电站破土动工。发电厂房设在主坝和控制建筑物下游侧，并在左岸堆石坝与导流明渠及其控制建筑物之间预留后期扩建新发电厂房位置。水电站当初预安装18台70亿kW的发电机组，规模在当时无以匹敌，来自伊瓜苏大瀑布的所有水量仅仅能驱动两个水轮机。

1984年5月5日，伊泰普首台发电机组投入运转。经过7年努力后，最后两台机组在1991年运转发电，总工期16年。

由于巴西一度严重干旱，“其境内水电站发电量骤减，但伊泰普水电站仍有充沛的水量，因此决定对其进行增容改造”。③根据巴西和巴拉圭两国政府2000年11月签署的协议，在原电站厂房的预留机坑扩建2台70万kW的机组，安装编号分别为9A和18A。此次增容使得全电站总装机容量从1260万kW增加到1400万kW，从而可使18个发电机组满负荷运行，同时对另两台发电机组进行维修。9A机组已于2006年9月投

① Josiele Patias, Miguel Lopez Paredes. 伊泰普水电站堆石坝工程运行状况与安全监控［D］. 2009年第一届堆石坝国际研讨会，中国成都.

② 伊泰普水电站. 中国水利国际合作与科技网［EB/OL］. http://www.chinawater.net.cn/guojihezuo/CWSArticle_View.asp?CWSNewsID=23687.

③ 伊泰普水电站将进行增容改造［J］. 农村电气化，2003（8）：51.

入商业运行，18A 机组也已于 2007 年 3 月投入运行。至此伊泰普水电站完全建成。①

之前安装的 18 个发电机组，其中 9 台频率 60Hz，经 500kV 和 765kV 高压线送电入左岸开关站，以三回 765kV 输电线向巴西供电；另 9 台频率 50Hz 升压 500kV 后送入右岸开关站，其中一部分直接送巴拉圭，另一部分转变为 60Hz 向巴西售电。2 条 600kV 的高压直流输电线路，均大约 800 千米，它们把分属巴西和巴拉圭的机组所产生的电能输送至圣保罗，在那里终端设备把能量转换成 60 Hz。巴拉圭多余的电量卖给巴拉圭。②

在三峡工程建成之前，伊泰普水电站曾是世界上装机容量最大、单机容量最大的水电站，其年发电量曾经长期稳居全球第一，其 20 台发电机组、14 GW 总装机容量的规模已远远超出世界原居前列的美国大古力水电站（650kW）和俄罗斯萨扬斯卡亚水电站（640kW）。截至 2013 年，伊泰普水电站全部机组可靠出力 936 万 kW，多年平均发电量 900 亿 kW · h。2012 年和 2013 年，伊泰普水电站连续保持了 982. 87 和 986. 30 亿 kW · h 的年发电纪录。2012 年 7 月 4 日，三峡电站 32 台单机容量为 70 万 kW 的水轮发电机组（包含地下厂房装有 6 台水轮发电机组）和 2 台 5 万 kW 水轮发电机组全部并网发电，三峡电厂全面投产，总装机容量达到设计装机容量 2250 万千瓦，成为世界上装机容量最大的水电站。三峡电站 2012 年的年发电量为 981. 07 亿 kW · h，2013 年年发电量为 828. 27 亿 kW · h。但是，2014 年三峡电站的发电量达到了 988 亿 kW · h，刷新了单座水电站年发电量的世界纪录，并首度成为世界上年度发电量最高的水电站；而伊泰普水电站的年发电量仅为 878 亿 kW · h。③

表 1-2　伊泰普水电站年度发电量④

年份	装机（台）	发电量（TWh）
1984	0-2	2. 770
1985	2-3	6. 327
1986	3-6	21. 853
1987	6-9	35. 807
1988	9-12	38. 508

① 巴西和巴拉圭共建伊泰普水电站最后两台发电机组投入运行［EB/OL］. 国际能源网. http：//www. ccei. org. cn/show_ trz. asp？ID=15916.

② Itaipu Dam. http：//en. wikipedia. org/wiki/Itaipu_ Dam#Capacity_ expansion_ in_ 2007.

③ 根据长江三峡集团官方网站列出的 2012 年、2013 年、2014 年年度报告和伊泰普水电站的官方资料［EB/OL］.

④ http：//en. wikipedia. org/wiki/Itaipu_ Dam.

续表

年份	装机（台）	发电量（TWh）
1989	12-15	47. 230
1990	15-16	53. 090
1991	16-18	57. 517
1992	18	52. 268
1993	18	59. 997
1994	18	69. 394
1995	18	77. 212
1996	18	81. 654
1997	18	89. 237
1998	18	87. 845
1999	18	90. 001
2000	18	93. 428
2001	18	79. 300
2004	18	89. 911
2005	18	87. 971
2006	19	92. 690
2007	20	90. 620
2008	20	94. 684
2009	20	91. 652
2010	20	85. 970
2011	20	92. 246
2012	20	98. 287
2013	20	98. 630
2014	20	87. 8
Total	20	2，223. 480

（5）电站的运营管理模式。

伊泰普水电站自 1984 年第 1 台机组投入商业运行后，即已开始了经营业务。至 1991 年预先设计的 18 台机组全部投产后即转入正常的经营管理阶段。

根据两国政府协议，水电站按 50 年（1974—2023 年）还清本息确定电价，允许借新债还旧债。电价按美元计算，并按照容量由各电网负责销售，因电站的发电收益巨大，因而其收入是有保证的。伊泰普大型水电工程的建设得到了巴西政府的大力支持，并给予了一定的优惠政策，包括免征资源税外的其他税，政府对利用外资进行担保，允许伊泰普水电站按照50年还本付息单独核算电价，[①] 其间可借新债还旧债。电站建设资金主要由巴西电力公司负责筹措，并处理借新债还老债的事宜。[②]

在电站的发电成本中，除了必要的贷款还本付息费用、运行维护费用、工资与管理费用外，还需支付下列款项：①每年要给两投资方共1200万美元的利润；②每100万度电要向两国政府交纳2600美元资源税；③每100万度要向伊泰普跨国公司交纳200美元的运行服务管理费；④一方卖电给另一方的转让用电补偿费。[③]

1.3.2.3 水电站投入运营后的影响和问题

伊泰普水电站作为钢筋混凝土浇筑的巨无霸，凭借其庞大的工程量，于1994年被美国土木工程师协会列为当今世界的七大奇迹之一。除发电外，伊泰普水电站还兼具防洪、航运、渔业、旅游及生态改善等综合效益。但是，大坝和水电站投入运营后，也产生了一系列的影响。

（1）为两国提供充足的电力，经济效益亦非常可观。

自从1991年4月水电站投入运营后，伊泰普水电站的电力输送一直畅通，对于巴西和巴拉圭的能源供应发挥了举足轻重的作用。到2002年9月为止，总发电量已超过一万亿kW·h，为南部巴西市场供应了约25%的电力，为巴拉圭电力系统供应了95%的电力，即每年产值平均22.78亿美元。[④] 大量供电取得了巨大的利益，伊泰普水电站因使用巴拉那河水而向两国交税，到目前为止，每个国家已得到大约19亿美元的税款。巴西还根据其宪法规定，将部分税款转移给土地被伊泰普水库淹没或被上游用于调整巴拉那河水流而遭淹没的当地市政府和州政府。[⑤]

然而，2001年、2005年、2007年、2009年均出现了严重的停电事故。2001年1月21日，伊泰普的输电系统出现故障，导致18个巨型水轮机中有13个突然停止运转，电力供应中断。为此，两国组织专家开展研究，并耗费了120亿美元升级输电系统，以防再发生类似的大停电事故。与以往的停电事故相比，2009年11月10日的停电规模非同寻常，是近年来世界上影响较大的大停电事故之一。极端天气引发的多重故障、继电保护缺陷和安稳控制系统策略不当是导致此次大停电的主要原因。[⑥] 暴风雨带来的

---

① 吴敬儒，杨睦九．伊泰普水电站建设资金的筹措及管理［J］．水力发电，1992（08）：66.

② 吴敬儒，杨睦九．伊泰普水电站建设资金的筹措及管理［J］．水力发电，1992（08）：66.

③ 吴敬儒，杨睦九．伊泰普水电站建设资金的筹措及管理［J］．水力发电，1992（08）：65.

④ 贾金生，郑璀莹，袁玉兰，等译［M］．国际共享河流开发利用的原则与实践，2009：57.

⑤ 贾金生，郑璀莹，袁玉兰，等译［M］．国际共享河流开发利用的原则与实践，2009：58.

⑥ 吴小辰，周保荣，柳勇军，等．巴西2009年11月10日大停电原因分析及对中国电网启示［J］．中国电力，2010（11）：5.

闪电导致伊泰普水电站的 5 条高压电线发生短路，伊泰普水电站照常运转，但产生的电力无法通过电网输送。这导致巴西最大的两个城市里约热内卢和圣保罗以及周边地区突然遭遇大停电，5000 万人口（相当于 1/4 的巴西人）受到影响，巴拉圭整个国家黑暗了 15 分钟。①

（2）工程带来了显著的生态和社会效益，但也产生一定的影响。

总体而言，伊泰普水电站是一项与环境、社会相和谐的工程，形成了良好的生态和社会效益。伊泰普水电站从一开始就对环境保护高度重视，且将其列为一项永久性的课题。尽管在水电站的规划设计阶段巴西和巴拉圭两国政府均未出台相关的环境保护法，但早在 1973 年伊泰普两国公司就组织国际专家对坝址进行了勘测调查（图 1-4），制定了工程环境影响报告，并于 1975 年据此开始了环境保护规划。水库蓄水前，伊泰普管理委员会通过了《环境保护基本规划》②，积极保护将受大坝施工和水库影响的自然生态系统和社会文化。后来又陆续制定了《库区总体规划》《伊泰普双边战略计划》。正是这些重要的文献保障了伊泰普工程在水质保护、泥沙控制、生态多样性保护、工程多功能利用的协调上的连续性和成功。

同时，水电站还带来了良好的社会效益。坝内蓄满水后，形成面积高达 $1350km^2$、深 250m③ 的巨大人工湖。水库成为人工饲养鱼类的重要产地，每年产鱼量 40 万吨。此外，伊泰普水电站已经成为当地著名的旅游景点，水电站附近的福斯杜伊瓜苏市也成了巴西继圣保罗和里约热内卢之后的第三大旅游中心。与此同时，两国毗邻地区同样共享着伊泰普水电站所带来的其他好处，特别是旅游业带来的收益，因为发电站吸引了世界各地的游客，目前为止游客约有 1000 万人次。两国还因电站建设和运行中应用高科技而提升了科技能力，在当地建立了高水平教育设备和科技中心，为当地社区提供了培训。

任何事物都有两面性，水电站也产生了一些较为消极的生态和社会影响。水库蓄水，不仅吞噬了方圆几千米的农村田野和雨林，还侵蚀着天然奇观伊瓜苏大瀑布。伊泰普水电站沿巴拉那河下行 10 千米处，便是举世瞩目的伊瓜苏大瀑布（二者的地理位置如图 1-4）。伊瓜苏大瀑布（又名塞特凯达斯大瀑布）是世界上最宽的瀑布，具有 100 多年的历史，位于阿根廷与巴西边界上伊瓜苏河与巴拉那河合流点上游 23 千米处，呈马蹄形，高 82 米。1984 年，被联合国教科文组织列为世界自然遗产。伊瓜苏瀑布鬼斧神工的壮观景象，深深地吸引了世界各地的游客。

伊泰普水电站建成运行后，拦河大坝截住了大量洪水。巴西政府为了使航行更安

① 巴西大停电 5000 万人遭殃．新华网．http：//news. xinhuanet. com/world/2009-11/12/content_ 12437200. htm.

② 胡少华．伊泰普电站的环境保护［R］．中国三峡假设，2004（4）：47.

③ 伊泰普水电站［J］．水利科技，2011（01）：14.

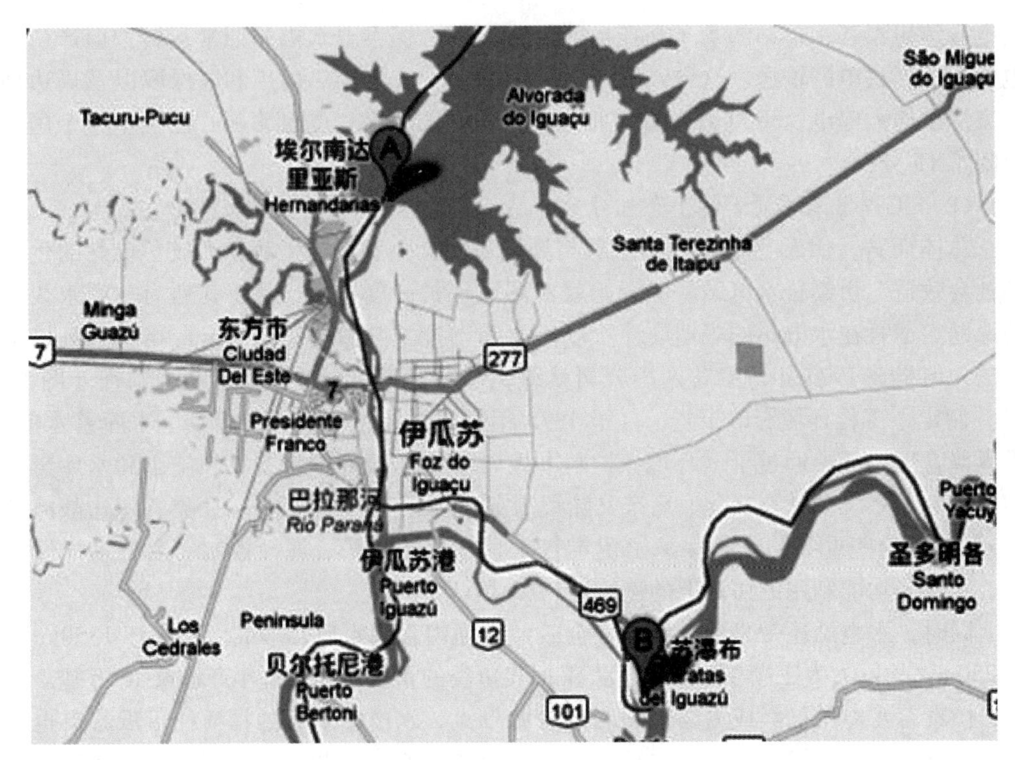

图 1-4　伊泰普水电站和伊瓜苏瀑布位置示意图

注：图中 A 为伊泰普水电站；B 为伊瓜苏瀑布

全，撤销了瓜伊苏瀑布国家公园，炸毁了形成该瀑布的岩石表面，也消除了在未来恢复瀑布原貌的可能性。此外，由于周围多个国家的工厂在用水上毫无节制，浪费了大量的水资源，加之沿河两岸的森林被乱砍滥伐，水土流失严重，大瀑布水量逐年减少。即使在汛期，也难见昔日的雄伟。科学家们预测，伊瓜苏瀑布可能在不久的将来彻底消失。消息传出，人们非常痛心。在水库蓄水的数月前，当游客们想最后一睹大瀑布的风采时，由于桥上过于拥挤而导致 80 人死亡。1986 年 9 月下旬，多名来自世界各地的自然学家来参加伊瓜苏瀑布的葬礼，巴西总统菲格雷特也亲自参与了这一行动，那天，他特意穿上黑色礼服，主持了这个特殊的葬礼。与其说是体现了人们对这一天然景观的深厚留恋，莫不如说是反映了发展中国家发展与环保之间的纠结。除此之外，大坝还导致了数目可观的非自愿移民。涉及伊泰普水电站的移民共 24 个村镇，迁移人口 4 万。①

为了缓解水电站的负面影响，伊泰普水电站积极吸取教训，采取了科学和严格的

① 沈孝辉．旅游和水电到底为了什么——从伊瓜苏、伊泰普到撒尔托［J］．人与生物圈，2007（04）：67.

生态补偿措施。水库由一个大约10万公顷的保护带包围，几乎和13.5万公顷的水库面积一样大。植树造林以及其他环境项目目前仍在进行中。数百种濒临灭绝的野生动植物被精心地转移到专门的栖息地，有效地保护了种群。其中颇具特色的是伊泰普水电站的“鱼道”，全长10千米，其中自然“鱼道”6千米，人工修建的“鱼道”4千米，建成于2002年年底，耗资1200万美元。[①] 每年这条“鱼道”帮助40余种洄游鱼类上溯到大坝上游产卵繁殖，整个系统已成为巴西其他一些水电站的范例。

伊泰普水电站减轻其社会影响的主要措施是给予一定程度的补偿，允许人们在同一地区重新安家，其中约有84%的人成功买下了比自己原有土地大50%的新土地。在巴西，对那些以前在居住地没有土地的人，在本国北部地区为他们提供了土地和资产。[②] 建立了按年代和文化划分的考古勘测点273个，包括遗址、艺术品和遗迹17万处。[③] 也正是基于对自身环境保护工作的自信，巴西将1992年6月联合国环境与发展大会前后来里约的1.5万名各国生态专家和环境专家请到伊泰普参观，敞开听取议论。[④]

（3）根据情势变化调整协议内容，跨国利益纷争暂时平息。

巴拉那河是穿越巴西、巴拉圭和阿根廷三国的共享河流（图1-5）。大坝和水电站的建设和运营，牵涉不同国家各自的利益，不可避免地会引发利益冲突。正是由于三国顺应情势变化，通过平等协商不断调整协商内容，平衡风险和收益，才保障了彼此的长期合作。

如上文所述，大坝和水电站建设和运营所需的所有资金，包括巴拉圭的贷款，均出自巴西，因此，巴西自然希望在最终利益分配上占到更多的实惠。时间一长，巴拉圭发现并不划算。因为2023年以后，巴西不仅拿回成本，而且还以十分低廉的价格一直使用着能源，而巴拉圭则在继续还着贷款。且受制于当初的规定，巴拉圭卖给巴西的电力价格一直没有提高，不能自由支配己方的多余电力。但是，在巴西人看来，巴拉圭不仅通过水电站解决了国内的能源问题，还有巨额的收入，是“空手套白狼”。而现在巴拉圭又想把水电站的收益进一步扩大化，提高供电价格，用巴西人的钱赚巴西人的钱，巴西人自然不乐意了。这就是双方争执的始末缘由。

伊泰普水电站协议的条款将于2023年到期，条款内容已经在巴拉圭招致了普遍不

---

① 巴西伊泰普水电站“鱼道”见闻［EB/OL］. http://news.xinhuanet.com/world/2010-11/05/c_12743497.htm.

② 贾金生，郑璀莹，袁玉兰，等译［J］. 国际共享河流开发利用的原则与实践. 北京：中国水力水电出版社，2009：57.

③ 赵纯厚，朱振宏，周端庄. 世界江河与大坝［M］. 北京：中国水利水电出版社，2000：814.

④ 汪秀丽. “人类第七大奇迹”——伊泰普水电站［EB/OL］. 人民网. http://www.people.com.cn/GB/paper2515/9692/893080.html.

满，但是巴西就重新谈判长期保持敌意。近些年来，双方加快了谈判的步伐。究其原因，一边是巴拉圭总统卢戈（Lugo）在竞选时曾对民众承诺，要将伊泰普水电站的收益进行更合理的分配。为了尽快兑现承诺，他一上台就着手推动与巴西的谈判。一边是巴西总统卢拉希望能够巩固巴西在南美洲的领导地位，树立大国形象，愿意在与邻国的利益关系上做出让步。2009 年 7 月 25 日巴西总统卢拉和巴拉圭总统卢戈，在巴拉圭首都亚松森就两国共同拥有的（现在已不见了）伊泰普水电站达成一项新协议。根据该协议，巴西将大幅度提高从巴拉圭购买电力的价格，并且逐步允许巴拉圭直接向巴西自由卖出剩余的电能，而不受垄断性的巴西电力公司的干涉。至此，长期影响两国关系的伊泰普水电站之争暂时告一段落。

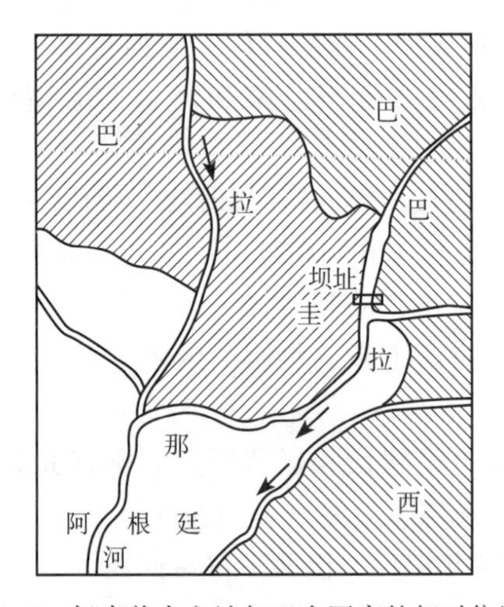

图 1–5　伊泰普水电站与三个国家的相对位置①

除了上述的巴西和巴拉圭，阿根廷也因自身的政治和经济利益而不甘寂寞地参与其中。当时，这三个国家处在军事独裁统治下，始终担心着邻国对本国的军事安全。由于是在三国共享流域上进行水电开发，阿根廷注意到，在发生冲突时，巴西能够打开泄洪闸门，提升阿根廷的港市拉普拉塔（Río de la Plata）的水位，从而淹没阿根廷首都布宜诺斯艾利斯（Buenos Aires）。1979 年 10 月 19 日，在项目实施方案最后确定之前，巴西、巴拉圭被要求与下游的阿根廷签署了一份“三方协议”，三国达成了一个重要的外交解决方案，以不影响下游的航运为条件，制定了未来发电站的详细操作章程。根据该条约，章程规定了发电站正常运行期间的最小流量和最大允许水位波动。

① 朱诗鳌. 世纪奇观——伊泰普水电站［J］. 湖北水力发电，2005（01）：79.

同时，根据协议，不允许同时运行的发电单元的最大数量超过 18 个。

1.3.2.4　经验与启示

伊泰普水电站堪当在国际河流上进行跨国水电开发的先驱。认真吸取该工程的经验，可以为我国进行跨国性质与国际河流上的多国联合水电开发提供宝贵的借鉴。

（1）因工程创新、生态环保和良好的运行状态荣获国际里程碑工程奖。

伊泰普水电站被认为是现代土木工程的一个奇迹。在 2011 年 9 月 28 日召开的“大坝技术及长效性能国际研讨会”上，经过推荐、初评和复评等程序，巴西和巴拉圭的伊泰普大坝与美国的胡佛、中国的三峡、中国的二滩、瑞士的大狄克逊共同荣获国际里程碑混凝土坝工程奖。该奖是国际性的工程大奖，由中国大坝协会与美国大坝协会联合设立，得到国际大坝委员会和有关国家大坝委员会的支持和积极响应。参评工程要求工程本身有创新点，注重生态环保，在国际上有一定影响力，工程完工后运行状态良好，其工程管理经验对于未来同等类型工程的建设具有重要的参考价值和借鉴意义。

（2）从冲突到合作，开创互利共赢的国际合作模式。

伊泰普水电站被视为巴西和巴拉圭“工程外交”的一个杰作，是共享河流国家从冲突（历史遗留的边界纠纷）到合作，最后给双方都创造巨大利益的一个典型案例。两国在协商一致的基础上订立在边界河流上开发水能的协议，约定水电站共享共建共管。后来又根据情势变化不断调整两国在风险和利益上的责任，在两国合作中，还兼顾了国际河流下游国家的意愿，有力保障了国家间的长期合作和水电站的持续顺利运行。非常有创意的是，在伊泰普两国电力公司的监督下，将有争议的领土作为一个两国生物的避难所，用这种创新的思维解决了长期以来的边界纠纷僵局。

（3）环境保护工作颇具成效。

伊泰普水电站的环境保护意识和相关环保措施值得我国水电工程借鉴。自工程伊始，伊泰普水电站就非常重视环境保护工作，通过制定环保相关文件来提供政策保障，且及时吸取环保方面的教训，长期坚持下去。环保工作形成了林业、农业、水利、环境等主要自然要素和政府、企业、社区、人为要素等社会要素有机统一，协调发展的格局，对库区所有小流域都针对性制定具体环保措施，从而对防治泥沙淤积、水质富营养化和可持续发电起到重要作用。相比之下，我国水利工程的环保意识有待进一步加强。在建设大型水库和水电站时，虽然有对环境保护的评价，但环境保护的措施，尤其是综合性的措施，还不是很完善，例如，水源涵养林带和将流域两边的森林划为生态公益林进行保护也还是近年的事。如何保障环保工程的长效性也是我们值得思考的重要问题。

1.3.3　荷兰拦海大坝工程

有句谚语：“上帝创造了世界，但荷兰人创造了荷兰。”这在一定程度上印证了荷兰人创造和驾驭本国领土及其社会的能力。荷兰素来有围海造陆的传统，在恶劣的自然条件下持之以恒地筑堤、筑坝、开垦、排水等水利活动，不仅显示了荷兰人民与大自然顽强抗争的精神，还彰显出荷兰人利用水利工程进行国家空间规划的卓越才能，后者间接推动了荷兰的经济增长和社会发展。

“荷兰”在日耳曼语中叫“尼德兰”（Netherland），意思是“低地之国”，因为它的国土有一半以上基本与海平面持平甚至低于海平面。为此，荷兰一直遭受着海潮的侵袭，人民的生命财产安全时时不得安然。从 13 世纪开始，荷兰的土地面积因海水侵蚀减少了 5600 平方千米。同时，荷兰陆地面积有限，经济发展和人口增长所滋生的各种需求只能通过扩大国土面积来得以满足。

为了防止海水倒灌，荷兰人同大海进行顽强抗争。经过几个世纪的努力，荷兰沿海筑堤的总长度已达 1800 千米，向大海索回了约 7000 平方千米的土地，约占目前全国土地面积的 20%。13—15 世纪每 100 年围海造陆 350 ~ 425 平方千米。17 世纪，荷兰王国进入历史上所谓的“黄金时代”，城市发展导致土地需求猛涨，商人增大了对土地围垦的投资，风车的改进和排水技术也日臻完善，这些因素促使荷兰围海造陆的规模扩大，新增土地的面积达 1120 平方千米。到了 20 世纪，荷兰国力进一步增强，技术进步日新月异，治水和围海造陆事业达到顶峰。20 世纪初到 1970 年止，荷兰新围垦的土地已达 2300 平方千米（未包括新围垦的 1200 平方千米淡水湖和 400 平方千米未开垦的土地）。

总体来看，20 世纪荷兰围海造陆工程的发展大致经历了三个阶段：1953 年以前，为抵御洪水侵袭和增加陆地面积而围垦；1953—1979 年，为保卫生命财产安全，抵御海潮袭击而进行围垦；1979 年至今，出于安全和维护河口生态环境的考虑而进行围垦。荷兰在通过围海造陆增加国土面积的同时，还有效进行生态保护，打造人与自然和谐共存的景象，逐渐构建起一个社会秩序良好、人与自然协同发展的福利国家。

1.3.4 拦海大坝和须德海工程

（1）拦海大坝。

须德海（荷兰语 Zuiderzee，英语 Southern Sea）是原北海的海湾，地处荷兰西北，13 世纪时海水冲进内地，同原有湖沼汇合而成。须德海的内陆常年遭受水灾侵袭，特别是 1916 年发生了一场大规模的水灾，造成严重损失。为了对须德海进行拦潮和排水整治，荷兰政府启动了“须德海工程计划”。拦海大坝（荷兰语 Afsluitdijk）是须德海工程的主要项目之一，也是荷兰近代史上最大的围海工程。

拦海大坝于 1927 年开工。拦海大坝位于阿姆斯特丹以北约 60 千米处，这里曾是北海进入须德海的入口。须德海原是一个深入内陆的海湾。湾内岸线长达 300 千米，湾口宽仅 30 千米。在长达几十千米的海面上修筑大坝需要大量的石头。但是荷兰为平原低地国家，根本没有石头。为解决这一难题，荷兰政府发挥愚公移山的精神，在全国动员了 500 余艘船只，耗巨资从法国和葡萄牙等国进口石头，来满足工程建设的需要。在这一移山填海的过程中，荷兰人民历尽艰辛，战胜了无数艰难险阻。1932 年 5 月 28 日荷兰女王威廉敏娜亲临大坝现场见证了大坝的合龙。大坝的坝基宽 220 米，坝顶宽 90 米，高 10 余米，高出海平面 7 米，全长 32. 5 千米。大坝建成后，把须德海湾与北海大洋隔开。

（2）须德海工程。

如上所述，拦海大坝是须德海大型工程的一部分。须德海工程是一项涉及对须德海（英文：Southern Sea）进行拦潮和排水整治的大型海洋过程。Markermeer 和 Ijsselmeer 原是北海的一部分（如图 1-6 所示）。随着连接 Kornwerderzand 和 Den Oever 的拦海大坝建成，须德海湾与北海大洋被人为隔开，分隔为外侧的瓦登海（Waddenzee，通北海）和内侧的艾瑟尔湖（Ijsselmeer）。荷兰的海岸线缩短了 300 千米，北海海水对荷兰内陆的侵袭大大减少。每年有 50 亿吨的雨水注入原须德海。大坝还联通了北荷兰省（NoordHolland）和弗里斯兰省（Friesland），促进了荷兰区域水资源管理。

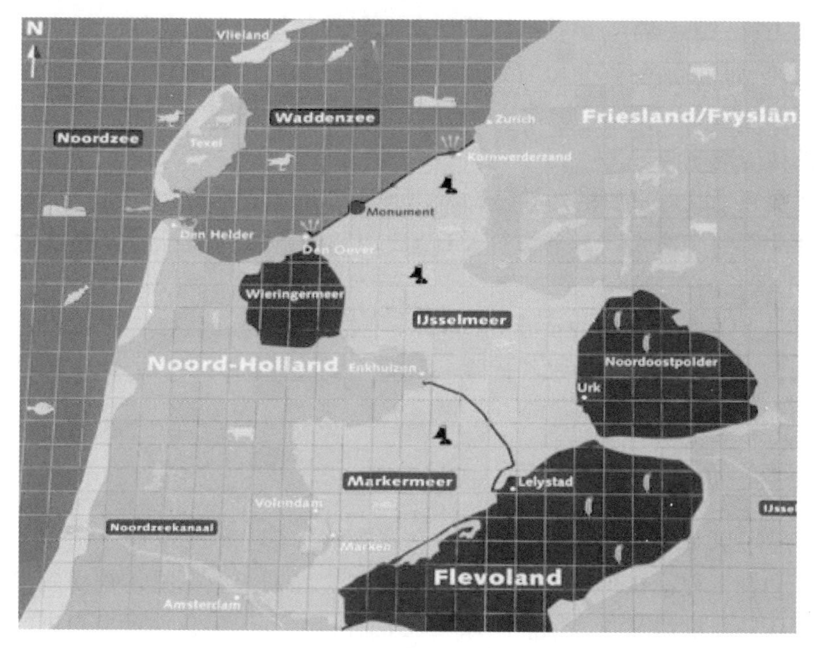

图 1-6　荷兰西北角邻北海局部图①

① 图片来源：来自网络。

此后，人们又建成了连接 Lelystay 和 Enkhuizen 的堤坝，用 6 个月的时间不断地把 Markermeer 湾内的海水抽出，共排出了 6 亿多平方米海水。海底露出后就形成了垦区的雏形。而后，在垦区的土地上播撒芦苇和茅草等植物来稳固地形和吸收水分，经过两三年后海底才逐渐变干。在此基础上，人们进行翻耕轮种，推动土壤的熟化过程，逐步将垦区改造为可以种植农作物的良田。一般来讲，从实施排水、烧荒、开沟和挖掘内陆运河等一系列活动，到将土地改造至正常使用，至少需要 10 年以上的时间。到 1980 年代早期，已经由精心构建的抽水站、海堤、水匣、闸门系统创建了 4 块圩田，共围垦造陆 2600 平方千米。艾瑟尔湖约有一半水面（1620平方千米）得到开垦，留下来大为缩小的水面已逐渐变为淡水湖。荷兰人通过须德海工程获得了相当于国土面积 1/5 的千万顷良田。

须德海工程还改善了农田灌溉和排水条件，还可有效防止土地盐碱化。目前建成的4 个垦区，已迁入约314. 3 万人，形成了繁荣的经济区。原河道用于发展航运，围垦出来的艾瑟尔湖可提供淡水，促进工农业和养殖业的发展，垦区的水网还可发展旅游。

拦海大堤的设计建造者是荷兰著名水利工程师莱利（Cornelis Lely）。他曾多次深入实地勘察研究，但非常令人遗憾的是莱利于 1929 年 1 月 14 日逝世，没有能够亲眼看到这一伟大工程完工。若干年后，为了纪念莱利的功绩，人们将围垦地上新建成的弗列弗兰省（Flevoland）的省会命名为莱利市（Lelystad），在莱利斯达市政厅、市中心和拦海大坝的西端 Den Oever 分别树立了他的塑像。他的塑像眺望着大海，眼睛中凝聚着荷兰人的执着与坚强。

拦海大堤还承载着重要的运输使命，坝顶为双向高速公路，目前已成为连接荷兰东北部和西北部的交通干线。平均每天有超过 15000 车辆往返于那条拦海大堤的顶面铺成的 32 千米长的高速路上。

1933 年人们在最后合龙的桥洞 De Vlieter 上修建了一座纪念瞭望塔。站在瞭望塔上俯瞰大堤两侧平静的海水和湖水，远眺一眼望不到边际的大堤，心中很容易充盈起对荷兰水利的无限感慨。

1.3.5 荷兰三角洲挡潮闸工程

（1）为避免洪水悲剧再发，政府决定实施三角洲工程。

荷兰三角洲工程（Delta Works）位于莱茵河、马斯河、斯凯尔德河三河交汇入海处，主要用于防止洪水及海水倒灌。该工程凭借其独特的工程设计、先进的科技手段和庞大的工程规模而令人印象深刻，获得了“世界第八大奇迹”的声誉。工程建成后对于保护荷兰不受风暴巨浪的袭击和改善当地水资源状况发挥了重要作用。

三角洲地区交错的河网和宜人的气候为海洋生物提供了难得的栖息地，也使得三角洲地区成为荷兰沿海最肥硕富饶的地区之一。然而由于沿海地区地势较低，三角洲地区经常遭受风暴和洪水的袭击。1953 年 2 月 1 日夜晚的那场灾害至今让人难忘。当晚，春潮与风暴同时冲击着日兰德省泽兰的海岸，最终海水冲垮了堤防，导致海水倒灌，淹没了荷兰 5.7% 的国土（14.5 万公顷），10 万人被疏散，1835 人死亡，4.7 万座房屋被摧毁，20 万公顷土地被水淹没，损失高达 10 亿荷兰盾。这次惨痛的创伤激起了公众的社会情绪，政府也决心避免悲剧的再次发生。

为了做好工程规划方案，政府专门成立了委员会。倘若在莱茵河、默兹河、马斯河与斯凯尔德河这些人口稠密的三角洲地区通过加高堤防来防治水患，不仅施工困难而且代价高昂。鉴于已经通过修筑须德海大坝积累了挡潮坝的工程经验，有人提出缩短海岸线长度的方案，即在三角洲各潮汐通道的口没处修筑堤坝，同时将其余部分的海堤进行加高，高度达到阿姆斯特丹基面 5 米以上。当时计划在 4 个潮汐通道的口门修筑大坝，即维尔斯水道（the Veerse Gat）、东谢尔德水道（the Eastern Scheldt）、布劳沃斯水道（Brouwershavense Gat）和哈灵水道（the Haringvliet）。这一方案将使海岸线长度缩短 700 千米，河口地区洪泛降为 4000 年一遇，内陆地区降为万年一遇。西马斯河道和西谢尔德水道仍保持开放，目的是保证鹿特丹港和安特卫普港的正常航运，后两者的河堤高程与三角洲地区的海堤高程保持一致。此外，在三角洲离河口 30～40 千米的上游河段修筑通航、泄洪和为水资源管理服务的其他工程。1958 年，荷兰政府一致通过《三角洲法案》，从而为三角洲工程奠定了基础。

（2）为保护生态，中途调整东谢尔德坝的设计方案。

三角洲工程的大部分项目于 20 世纪 50 年代后期至 70 年代初完工，具体包括：荷兰-艾瑟尔挡潮闸（1958 年）、赞德克里克坝（1960 年完成）、维尔斯坝（1961 年完成）、格里夫林根坝（1965 年完成）和福尔克拉克船闸枢纽（1969 年完成）、哈灵水道闸坝（1971 年完成）和布劳沃斯水道筑闸坝（1982 年完成）等。这些工程的规模和技术难度一个超过一个，建设工期由几年到十几年不等，其中哈灵挡潮闸共用了 14 年。至此，4 条潮汐通道中的 3 条通道的口门已经被拦腰切断（图 1-7）。

余下的那条潮汐通道上要建筑的东谢尔德河口筑坝工程则是三角洲工程中技术难度最大的工程。东谢尔德河口宽 8 千米，最大水深 40 米，平均潮差就达 312 米。按照原先的计划，东谢尔德坝将于 1967—1978 年建成，首先利用河口浅滩抛填出长度为 5 千米的 3 个人工岛，然后修筑 3 千米长的堵口坝将其中两个人工岛连接到一起。到了 1973 年，在河中抛筑人工岛部分已基本完成，按计划利用跨河索道抛填预制混凝土块来进行渡口筑坝。但是 20 世纪 60 年代荷兰日渐高涨的环境保护呼声却使工程被迫停顿了下来。一批科学工作者、自然保护主义者和渔业、水产业的从业主纷纷批评东谢尔德坝的修建将会威胁到当地动植物的生存环境。

政府对有关东谢尔德坝的生态影响的舆论非常重视，专门设立了特别委员会进行调查研究。人们主要担心的问题是，倘若采用堵口筑坝的方式在东谢尔德水坝修建实

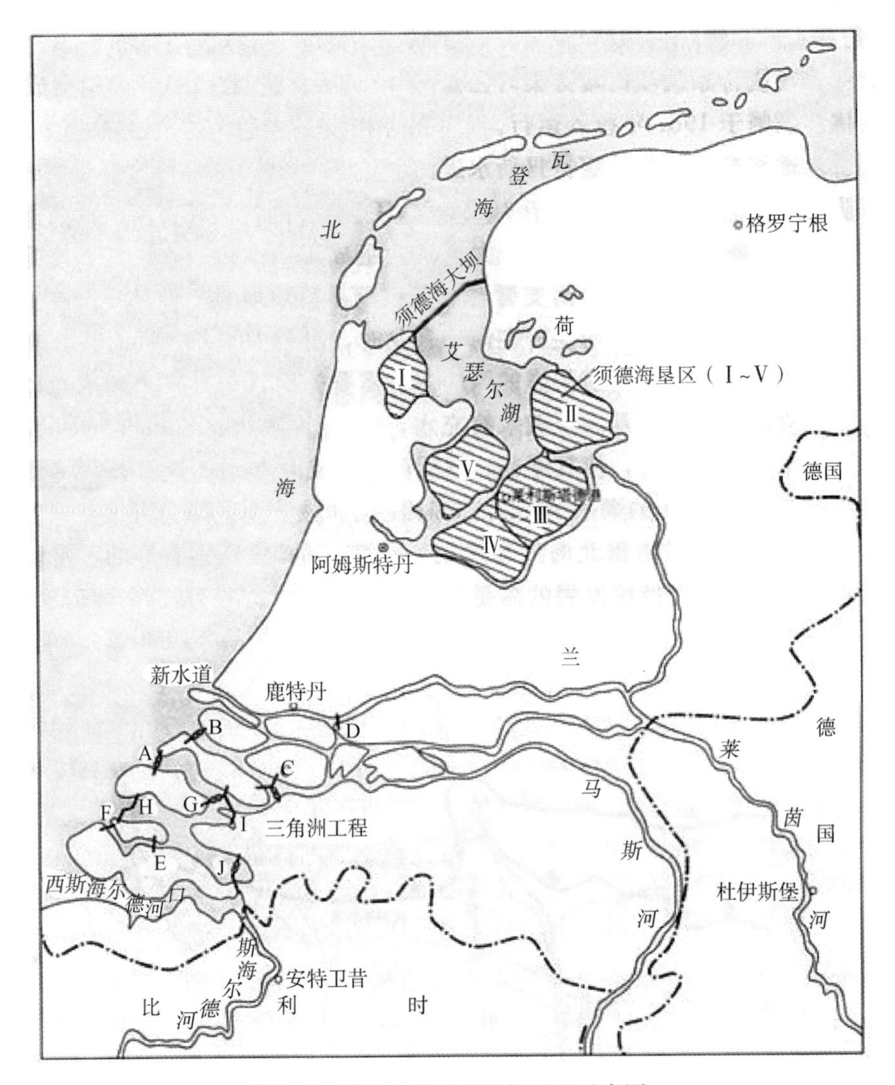

图 1-7　荷兰三角洲挡潮闸工程示意图

A. 布劳沃斯挡潮闸坝；B. 哈灵水道挡潮闸坝；C. 沃尔克拉克闸坝；D. 荷兰-艾瑟尔挡潮闸；E. 赞德克里克闸坝；F. 维尔斯挡潮闸；G. 闸赫雷弗灵恩水道闸坝；H. 东谢尔德闸坝；I. 菲利浦闸坝；J. 牡蛎闸坝

体坝，原有的潮汐水道将消失，不再具有水位变化，坝后的人工湖也将是一潭静水，这些变化将导致当地原有的珍惜鱼类、鸟类和贝类生殖繁衍的环境遭受破坏，这些生物的生存也将陷入绝境。

考虑到东谢尔德地区在生态、经济方面对整个国家的重要性以及相关的国际影响，荷兰政府下令废弃原来的三角洲设计方案，着手设计新的既能防洪，又能保护生态的设计方案。

为了尽量减少消极的环境影响，荷兰工程专家为东谢尔德坝设计了开放式方案，将原来设计的封闭式大坝改为挡潮闸，在 65 个高度为 30 ~ 40 米、重量为 1.8 万吨的坝墩上安装 62 个活动钢板闸门。通常情况下，钢门呈现开启状，风暴来临时，则钢门下降，将疯狂的海水拒之于大门之外，挡潮闸门可以在 1 小时内关闭。尽管闸门开启时留有 14000 平方米的过水面积，但挡潮闸的存在仍然会减少进出河口的潮量，缩小潮差。潮差对某些动植物至关重要。为了使建设闸坝后的潮差能维持在原有水平，新的设计方案还决定在闸坝后的河段中修筑配套的菲利浦坝和奥斯特坝进行分隔，从而减小相应的纳潮面积，保持原有的潮差。在这两个配套的坝后形成了免受潮汐影响的淡水的安特卫普—莱茵航道。这一新方案丝毫没有影响原三角洲工程抗击洪水的能力，又综合地考虑了该工程长远的生态环境效益，有效避免了原来生活在北海浅滩的牡蛎及一些浅海植物因生态环境改变而濒临绝种，保护了贝壳类水生动物的生存，维持了生物多样性，还解决了河海航运不畅的问题。当然，这样做也增加了工程成本，导致工程技术难度大大增加，并把工期整整推迟了 8 年。但这丝毫没有阻挡住荷兰人民将防洪与生态保护相结合的信心，最终荷兰人民也向世界呈上了一个举世无双的杰出工程。由于该项工程难度大，被称为“登月行动”。大坝于 1982 年完工，从此鹿特丹及其附近地区的近百万人民可免遭洪水灾害。

三角洲工程于 1956 年动工，1986 年正式启用，历时已经 30 多年，至今仍未全部完工。该工程采用了世界上水利技术的最新成果，共耗资 120 亿荷兰盾，不但技术复杂，而且施工难度巨大，其中的防洪大坝，建有 65 个高 30 ~ 40 米、重量为 1.8 万吨的坝墩，并安装了 62 个巨型活动钢板闸门。

（3）工程效益良好，生态保护工作仍在继续。

工程建设取得了预期效益。三角洲工程阻挡了海潮长驱直入，使防潮堤线缩短了 700 多千米。提高了防潮安全保障和标准，可有效控制和管理三角洲水道，防止咸水入侵，改善水质和减少泥沙淤积，保护和改善生态环境，在根治水患和增强国家对水资源的调控能力上发挥了重要作用。与此同时，还大大改善了三角洲地区各岛屿间及与鹿特丹等中心城市间的交通联系，对西南部的经济发展起到了积极的推动作用。

尽管荷兰的填海造陆活动是成功的，也确实没有引发较大的问题，但相关的生态影响还是引起了政府的重视：首先，洪灾并不能彻底消除。挡潮闸在抵御潮水入侵的同时，也改变了岛屿的地貌和海岸线，一些天然阻隔逐渐消失。其次，全球气候变化导致水面上升，三角洲地区在雨季时洪灾频发。不断加高堤坝的过程，不仅产生了大量建设费用，其后期维护的成本也相当惊人，但洪灾依旧无法根治。其次，填海造陆使得湿地面积锐减，生物种群和数量分布发生变化，一些珍稀濒危物种濒临灭绝，生物多样性受到威胁。再次，随着填海造陆人类活动的增多，环境污染遭到破坏。河流的水文特征被损坏，鱼群的洄游规律和生存环境被破坏，渔业资源锐减。

针对以上状况，荷兰政府采取了积极的补救措施：1990 年，荷兰政府农业部制定了《自然政策计划》，正式启动了生态环境保护工程，准备花费 30 年来恢复这个国家的“自然”面貌。该计划致力于保护受围拦海的影响而急剧减少的动植物，防止圩田被盐化和海岸被侵蚀，探索人与水和谐共存的新路。位于荷兰南部西斯海尔德水道两岸的部分堤坝将被推到，海水将再次淹没一片通过围海造陆得到的 300 公顷“开拓地”。该计划还涉及“生态长廊”工程，将围海造陆得来的土地恢复成过去的湿地，并建立起南北长达 250 千米的“以湿地为中心的生态系地带”。此外，南弗莱沃兰德垦区的规划为 1/2 的土地用于农业生产，1/4 用于城镇开发，余下的 1/4 自然区域，包括森林和河湖水面。作为自然生态的空间的面积达 1 万多公顷。

1.4 小结

荷兰是世界上填海造陆面积最大的国家之一。须德海工程（20 世纪 20—80 年代）和三角洲工程（20 世纪 50—80 年代）以根治洪水灾害和推动经济发展为长远目标，由政府动用国库大批资金修建。二者都有一整套系统、科学的规划设计，且经历了漫长的建设期。尽管存在着地势低洼、河道纵横等困难，建设过程中抗洪挡潮的任务也极其艰巨，但是荷兰人民从一开始就呈现出了惊人的耐心和毅力。他们以严谨务实的态度，按总体规划，逐年分期地一步一个脚印地付诸实施，有科学有规范有步骤地完成了预期目标。

作为一个长期的动态发展的工程规划，由于人类理性认识的有限性，不可能一开始就尽善尽美，需要根据情势变化不断调整既定方案。在三角洲工程的建设过中，为了较好地适应社会上关于加强水坝工程生态保护的呼声，政府果断停止原来的设计方案，不惜延长工期和追加预算，有效地协调了人力、财力、技术、生态环境保护等问题同防洪总目标之间的矛盾，并尝试将社会保险、保障、财富、福利、意识、制度等与工程收益有机的交融在一起，因而取得了成功。

拦海大坝工程和三角洲工程的规模巨大，难度极高，用到了大量先进的新工艺、新技术和新方法，为其他国家的海岸工程的设计和施工提供了可资借鉴的经验。

这些填海造陆活动取得了非凡的成就，不仅给人民增加了安居之地、劳作之地和休闲之地，提高了国民生活水平，还在推动国民经济快速发展，促进社会稳定进步，维持国民安居乐业和增强公民的国家和民族意识方面都取得了显著的绩效，成为世界各国向海洋发展，谋求海洋开发的典范。难怪荷兰人都由衷地为自己的国家拥有须德海大堤和三角洲工程这样举世闻名的成就而感到自豪和骄傲。

与荷兰的围海造陆相比，我国海岸线绵长，围海造陆活动主要是为经济发展服务。1949 年以来，我国共掀起过三次围海造陆的热潮。第一次是新中国成立初期进行围海晒盐；第二次是 20 世纪 60 年代中期至 70 年代，围垦海涂，扩展农业用地；第三次是 20 世纪 80 年代中后期到 90 年代初，进行滩涂围，发展养殖。我国围海造陆活动对新增土地的需求面积大，工程设计尚缺乏科学性和全面性，围垦用地虽然增长速度快，但是由于相关配套工程还不齐全，在围垦过程中未能充分重视生态环境保护，片面追求经济利益，甚至出现了所谓的形象工程，因此容易导致环境污染、生态破坏和渔业减产等问题。21 世纪以来，我国经济增长速度加快，土地资源又持续紧缩，新一轮大规模的围海造陆热潮正在兴起。

第2章　中国水坝工程的历史发展

中国处在特定的地理环境中，凭借以农业为主的生产方式，中国不仅在政治、经济、思想和文化传统独具一格，还形成了与西方发达国家迥然不同的水坝工程的发展路径。对中国水利历史进行简要考察，有助于了解中国水利发展的特点和规律。

2.1　古代时期中国水利工程发展进程与特点

在古代中国4000年治水活动中，传统水利取得了光辉的成就，在世界水利史上长时期处于先进地位。总体来看，中国传统水利从发生、发展到停滞，基本是同中国封建社会的发展进程相对应的①。

中国古代水利工程大致可以分为远古时期、秦汉时期、三国至唐宋与元明清时期这样三个时段，它们分别代表了中国水利工程的兴起、高速发展、建设普及与系统总结时期。

2.1.1　中国水利工程的起源（公元前22世纪至夏）

中国是世界古老文明之一。公元前6世纪，当中国黄河流域中下游刚刚出现诸侯列国的邦城时，古希腊已经迈入它的鼎盛时期，修建了隧洞和大坝等各种大型土木工程，并驱使大量奴隶建造规模宏大的城市输水工程。在西周及其以前的时期，中国传统水利技术较之古埃及、古巴比伦，特别是奴隶制高度发达的古希腊略逊一筹。

中国独特的地理环境，决定了洪涝灾害频发的自然条件。最初，各部落为求得生

① 本章对中国水利与水坝工程的历史回顾，主要参考：周魁一．中国科学技术史（水利卷）[M]．北京：科学出版社，2002年版；陈绍金．中国水利史[M]．北京：中国水利水电出版社．2007；孙保沭主编．中国水利史简明教程[M]．郑州：黄河水利出版社，1996；姚汉源．中国水利史纲要[M]．北京：中国水利电力出版社，1965.

存，往往逐水草而居。由于古代社会生产力水平极其低下，人们只能被动地逃避洪水侵袭。传说中的共工氏“壅防百川，堕高堙庳”和“鲧作城郭”可以称之为我国古代最早的关于先民被动应付洪水，以“壅”“障”为法的治水实践。根据传说，我国古代最早开展治水实践的是共工氏族和鲧。《国语・周语》云共工“壅防百川”。[①]《尚书》曰“鲧障洪水”。共工及鲧的治水工程都因方法不当，只知一味垒坝筑堰来堵塞洪水，结果导致水害反而更加肆虐。鲧还因治水不利而被尧帝处死于羽山。

大禹治水的传说在公元前2000年前后发生。那时，我国进入了原始社会末期，农耕文明开始兴起，人们也从山区丘陵地带，转移到黄河流域土地肥美的江河中下游平原生产和生活。这时，由于人类居住区域的扩大和农业生产的发展，洪水灾害的威胁也开始增加。相传当时黄河流域发生了一场空前的大洪灾，《孟子・滕文公下》记载“水逆行，泛滥于中国”，久治难息。大禹吸取了前人治水失败的教训，改变治水思路，联合共工氏、伯益、后稷等部落，以疏导为上策，将黄河下游入海通道“分播为九”，疏通河道、宣泄洪水，历经13年“劳神焦思，择行路宿”的奋斗，甚至“三过家门而不入”，终于换得水患大治。治水的成功，为原始农业的发展和人民的定居生活创造了良好的条件，大禹也依靠治水赢得民心，成为中国历史上第一个王朝夏朝的首领。大禹的智慧、勇气和坚毅见长的治水精神，几千年来一直鼓舞着华夏子孙。

我国有关水利的最早的文字记载，是公元前1600—前1100年商代实行的灌溉排水系统——井田制。公元前1000年前后，西周时代已有更多的关于水利事业的历史记载，如《周礼・稻人》中记述“以潴蓄水，以防止水”，说明当时已有蓄水、灌溉、排水、防洪等多种水利事业。

2.1.2　中国古代水利第一次建设高潮（春秋至秦汉时期）

中国古代的春秋至秦汉时期中国水利工程建设在水利科技、防洪、灌溉、航运等方面均有显著进展。自此2000年里，中国水利科技与西方交相辉映，并逐步位居世界水利科技的高端。

（1）防洪治河工程的起源与发展。

春秋战国时代，经济社会发展，人口增长，已不再适宜继续沿用大禹治水所采用的疏导方略，任由河流纵横改道了。在“自然堤”的启示下，祖先们逐渐懂得了通过筑堤防洪来保护农田和居所。这些原始的堤防成为后来堤坝的雏形，早期的堤与坝本难以区分。春秋战国时期，黄河下游沿河诸侯竞相修筑防洪大堤，既为保护本国土地，又是要以邻为壑，水利纠纷增多。公元前221年，秦始皇统一中国，于公元前215年东

① 上海师范大学古籍整理研究所. 国语［M］. 上海：上海古籍出版社，1995：103.

游碣石，刻石记功："决通川防，夷去险阻"，大意是改建不合理的堤防，使旧的险工化险为夷。自汉武帝开始，黄河下游频繁决溢，筑堤和堵口是当时经常性的治河举措。后来，由于河床高耸，防洪条件恶化，单纯依靠筑堤堵口已经无济于事，必须寻求新的解决办法。至西汉末年，由朝廷倡导开展了关于治河理论的辩论。在林林总总的治河方略中，对后世影响较大的主要有疏导、筑堤、改道、水力刷沙、滞洪等。但其中最值得注意的是贾让的"治河三策"。[①] 他认为完全靠堤防约束洪水的做法是下策；将防洪与灌溉、航运结合起来的综合治理是中策；治河上策是留足洪水需要的空间，有计划地避开洪水泛滥区去安置生产和生活。东汉初年的王景治河颇令人称道，其后800年里，历史文献记载中黄河决溢的次数显著减少。但是，王景治河的关键技术措施究竟如何却成为历史悬案。[②]

（2）多种类型的大型灌区兴建。

农田灌溉在中原地区起源很早，在战国人所著地理书《周礼·职方氏》中，已对全国主要自然水体的分布有概括的叙述，并已经出现了"井田沟洫"制度的人工灌溉系统。春秋战国时期兴建了一批气魄恢宏的灌溉工程，"智伯渠"恐属我国已证实的最早的引水坝，它穿晋祠而过，灌溉水渠两岸的良田。历史上的"三家分智"中，"智伯渠"曾被用于军事目的。

无坝引水是中国古代水利工程最基本的建筑形式，也是古代中国最普遍的水利形制。[③] 当时，无坝引水中最著名的是当今成都平原的都江堰与陕西的郑国渠（今泾惠渠的前身），两者均为秦统一六国前为了增加统一战争的战略物资储备而兴建的灌溉工程。

都江堰在中国水利史上具有独特的历史地位。著名的都江堰位于四川省岷江上游，工程因地制宜，采取无坝引水的工程方式，渠首主要依靠鱼嘴分水、飞沙堰溢洪、宝瓶口控制引水，渠首及以下各级渠道均模仿天然河道，组成了集灌溉、防洪、水运与城市供水为一体的渠系。工程建设就地取材，石、木和竹子为主的建筑材料和河工构件均直接来自周围自然，充分体现了工程本身与河流环境融为一体的工程生态观。

都江堰充分体现了水利工程巨大的社会效益。旧时岷江水害严重，每年夏秋汛期洪水大至，泛滥成灾，汛后又河干水枯，形成旱灾，百姓苦不堪言。随着秦国日益强大，征服了蜀国。秦昭襄王五十一年（公元前256年），李冰被任命为蜀郡太守。他详细了解岷江水害情况，经过周密研究，组织人民群众修建了都江堰水利工程，不仅消除了水患，还促进了灌溉和航运的发展，使灾害频仍的成都平原变成了旱涝保收的

① 周魁一. 中国科学技术史（水利卷）[M]. 北京：科学出版社，2002：2.
② 周魁一. 中国科学技术史（水利卷）[M]. 北京：科学出版社，2002：3.
③ 谭徐明. 都江堰 [M]. 北京：中国水利水电出版社，2009：9.

“天府之国”，为秦王朝缔造了一个重要的战略基地。都江堰至今已有 2200 年，经历代不断维修改造，至今仍在应用，新中国成立后经过现代化改造，灌区更扩大到 1100 多万亩，效益愈来愈大。

晚于都江堰 10 年，公元前 246 年秦国又兴建了郑国渠。郑国渠在泾水上，最初是无坝取水，后因河床不断下切，引水口逐渐上移，至民国年间，由李仪祉先生主持，改为有坝取水，即今之泾惠渠。西汉司马迁在《史记・河渠书》中称：“秦以富强，卒并诸侯。”在此后 150 年左右，在郑国渠灌区里又兴建了与郑国渠齐名的白渠。元鼎六年（前 111）又兴建六辅渠，还同时制定了“水令”，我国第一个灌溉管理制度由此诞生。

无坝引水工程的主要特点是规划上的科学性，它充分利用河流水文以及地形特点布置工程设施，使之既满足引水或通航的需求，又没有改变河流原有的自然特性，对自然生态环境的影响较小。但无坝工程本身也有自身的缺陷，即不能根据灌区用水调节需求，每年用于维护的工程量也很大。[①] 近来有环保主义者以都江堰的无坝引水，来反对当前大坝工程和水电开发建设。其实这两者是没有多少可比性的。经过 2000 年的发展，都江堰工程已经远不能满足成都平原的需要，这是后来新修了许多大坝等水利工程的根本原因。

有坝引水工程的代表如漳水十二渠。而芍陂（或安丰塘）则是有史可考的最早的灌溉蓄水堰坝，它利用石质闸门来控制水流存泄，其原理与现代蓄水库相近。芍陂建成后灌溉良田万顷，楚国实力得以增强。芍陂历经后代王朝维护整治，至今仍发挥显著效益。东晋时易名为“安丰塘”，现在仍为安徽省重要的粮食生产基地之一淠史杭灌区的重要水利基础设施。这一时期的灌区建设主要是在黄河以及江、淮流域。随着汉疆域的扩展，灌区建设还远及今天我国新疆、甘肃、宁夏和内蒙古等地。

新疆的坎儿井，是我国人民的独创，它与万里长城、京杭大运河并称为中国古代三大工程。西汉时期在今陕西关中就有挖掘地下窖井技术的创造，称“井渠法”。汉通西域后，塞外缺水且沙土较松易崩，水渠常被黄沙淹没，“井渠法”这一取水方法被传给了当地人民并逐渐趋于完善。坎儿井的清泉浇灌滋润吐鲁番大地，使火洲戈壁变成绿洲良田。现在，尽管吐鲁番已新修建了大渠、水库，但坎儿井在现代化建设中仍然发挥着生命之泉的特殊作用。

（3）运河和水运的开创。

春秋末年吴王夫差为与中原诸侯争霸，开通了著名的邗沟，首次沟通了长江和淮河。此外，灵渠建成于秦始皇二十八年（前 219），沟通了长江支流湘江与珠江水系漓江，在秦始皇统一岭南大业和促进岭南经济文化发展中，发挥了重要作用。这些区域

① 谭徐明．都江堰［M］．北京：中国水利水电出版社，2009：9.

性的运河建设，为日后全国内河航运网的建成奠定了基础。这一时期近海海运也有相当成绩，可以东通日本，南达印度和斯里兰卡。

（4）水利科学基础理论观点的提出和形成。

秦汉水利建设的高潮，为水利成为独立学科创造了条件。春秋战国时期的文献中，如《周礼》《尚书·禹贡》《管子》《尔雅》等书中，有许多涉及水利科学技术的内容，提出了一些基础性的水利科学技术理论，主要反映在水土资源规划、水流动力学、河流泥沙理论、水循环理论等方面。《史记·河渠书》作为中国第一部水利通史问世，确立了传统水利作为关系国计民生的应用学科与工程建设门类的重要地位。

《通典》记载有“魏文侯使李悝作尽地力之教”，表明春秋战国时期已设专门负责水利的官员。从那时起，从事水利工程技术工作的专门人才有了相对应的称呼“水工”，主管官员被称作“水官”。

2.1.3 中国古代传统水利技术的成熟期（三国至唐宋时期）

三国至南北朝时期（约公元3—6世纪），我国经济中心南移，淮河中下游成为继黄河流域之后的又一基本经济区；隋唐宋时期（约公元3—7世纪）长江流域和珠江流域的经济地位突出出来，其中长江中下游已成为全国的经济中心，所谓“苏湖熟，天下足”“国家根本，仰给东南”。

（1）农田水利的发展。

在基本经济区的建设内的水利建设的发展非常显著，以圩田水利与灌溉工程最为典型。圩田是太湖以至长江中下游地区农田的主要灌溉排水形式，至唐末已有相当大的规模。据当时人李瀚的记载，苏州、嘉兴屯田最发达。北宋范仲淹曾描述当年圩田的规模和技术：“江南旧有圩田，每一圩方数十里，如大城。中有河渠，外有门闸。旱则开闸引江水之利，涝则闭闸拒江水之害。旱涝不及，为农美利。”① 类似太湖流域圩田形式的灌排工程，在长江中游的南湖地区称作垸田，在珠江三角洲地区称作基围，它们在当地经济发展中发挥着重要作用。

除圩田外，灌溉工程在全国普遍兴建。创建于唐代浙江鄞县的它山堰是当时著名灌区之一。它山堰是在奉化江支流鄞江上拦河筑坝的引水工程。拦河坝隔断了顺鄞江逆上的海潮，积蓄上游淡水，达到“御咸蓄淡”、引水灌田和向城市供水的目的。唐宋时期，江南一带引水蓄水的灌溉工程相当普遍。这一时期灌溉提水和水力加工机械有很大的发展。用水力驱动的灌溉筒车和用于粮食加工的水碾、水磨等，在黄河、长江、珠江等流域得到了普遍应用。

① 范仲淹．范文正公集·答手诏条陈十事［M］．四部丛刊本。

（2）内河航运网络建设。

三国至唐宋时期运河工程技术达到我国古代的高峰，相应的运河建设与管理也有重大进展。隋代大运河的开凿在历史上占有重要地位，其中最著名的有沟通黄河和海河，北抵涿郡的永济渠，沟通黄河和淮河的通济渠（唐宋一般称作汴渠）。内河航运网形成后，“自是天下利于转输，运漕商旅，往来不绝”，北宋张择端所绘《清明上河图》对汴河两岸繁盛的市井风情进行了形象的反映。北宋时期沟通长江和淮河的邗沟渠体现了相当高潮的运河工程建筑水平。运河上建有许多堰埭、船闸和斗门等建筑物，其中双门船闸的布局和运用，已与近代船闸一般无二，比欧洲船闸约早 400 年。

（3）传统防洪工程技术的成熟。

我国黄河尽管泥沙量素来偏多，但五代以前，少有决溢。五代至北宋时期，黄河河床淤积严重，决溢次数增多。由于朝廷政治斗争激烈，北宋在防洪方略上出现了黄河东流还是北流的争论，黄河防洪之事变得更加复杂。与此同时长江防洪也不得不令人重视。大体来看，传统防洪技术已趋于成熟，宋金元时期纂集的河工技术规范性著作《河防通议》和《宋史·河渠志》中对当时的防洪技术有了详细记载，如河工测量技术的实施方法与经验性的洪水预报方法。

（4）水利科学理论的进步和技术成就。

唐宋时期我国古代传统水利科技已经位居世界前列，这与唐代开放的社会环境与宋代活跃的社会思想不无关系。水利科技的基础理论在水利测量、河流泥沙运动理论以及洪水特征和规律的认识等方面取得显著进步。防洪、航运和农田水利等领域的工程技术普遍有所创新，并达到传统水利技术高峰。例如，我国所特有的传统治河工程中的埽工技术至宋代已经成熟。利用多沙河流的水资源和泥沙资源进行放淤灌溉和改良土壤也卓有成效，宋熙宁年间（1068—1077 年）政府大力推行放淤，短短几年间放淤面积达到 5 万顷以上，并有总结性专著出现。此后放淤和淤灌在北方各省民间流传下来。唐宋两代，在运河工程中，已普遍使用堰埭升船机和船闸，出现引潮闸、节水澳闸和多级船闸等多种类型的船闸。

此外，在秦九韶所著《九章算术》的例题中，有测量降雨降雪量的测量器具和计算方法，可惜到明清时代，这种工程数学未能继续得到重视和发展，致使水利建设和管理在许多方面仍停留在定性或经验性定量阶段。这一时期水利的管理也有长足进步。唐代制定的《水部式》，是现存最早的中央政府颁布的全国性水利法规。北宋王安石变法时期，中央政府曾颁布《农田水利约束》，有效推动了农田水利高潮的兴起。在防洪方面，现存最早的河防法令是金泰和二年（1202）颁布的《河防令》。

2.1.4　中国传统水利技术总结期（元、明、清时期）

元明清时期的社会相对安定，少有长时间持续的战乱客观上为水利的稳定发展准备了条件。但是，由于封建社会后期的政治衰败与管理混乱，元明清三代的水利进步受到阻碍，传统水利及其科学技术发展缓慢，一些方面甚至出现了停滞或倒退，但总结性水利科学著作相当丰富。尽管明清之际和清代末年曾一度引进西方水利技术，但未得到普遍应用。特别是与同时期在欧洲崛起的近代科学技术相比，差距不断加大。

（1）京杭大运河的开凿、贯通与衰落。

这一时期兴建的沟通南北的京杭大运河在史册中显赫一时。元明清三代均建都北京，那么沟通北方政治中心与南方经济重心的交通联系，就成了维护政治安定和经济发展的关键问题。倘若重复唐宋汴河的老路则过于费时费力，尽管元初曾一度奉行海运，但安全却成了问题。于是，开凿和贯通北京直达杭州的运河航线提上了中央政府的议事日程。京杭大运河历经三个朝代才得以完工，大运河南接江淮运河，航船可以跨越海河、黄河、淮河、长江和钱塘江五大水系由杭州直抵北京，并在此后 500 年的时间里成为我国南北交通的大动脉。这条长达约 1800 千米的运河成为世界上最长的一条人工运河，是世界水利史上的一项杰作。不过，京杭大运河后来始终承受着水源问题与穿越黄河的技术困难这两大困扰，成为运河最后中断的主要原因之一。

（2）黄河系统堤防的建设与确保漕运前提下黄河防洪的困境 。

黄河的含沙量之高居世界各大主要江河之首。这种过高的含沙量极易导致下游河床淤积，给防洪带来困难。尽管汉代贾让提出“治河三策”，设想利用黄河自身的水流冲刷下游河床淤积以改善防洪，但后代并未探讨出可施行的工程技术方案。到了明代万历年间，当时主管防洪的总理河道潘季驯总结前人的认识，系统提出“束水攻沙”“蓄清刷黄”的理论，并制定了由缕堤、遥堤和格堤、月堤组成的系统堤防工程。“束水攻沙”和“蓄清刷黄”在理论上的贡献是杰出的，但潘季驯的理论还只限于定性分析，科学化的泥沙运动理论直至 20 世纪才由欧洲科学家提出。他所设计的一系列工程措施，虽然在复杂的黄河防洪中发挥了一定作用，但并未达到刷深河床而改善防洪的目的，“束水攻沙”的实现还有待来日。

此外，确保漕运使黄河防洪工程的建设和管理更为艰难。那时由于向东入海的黄河与南北向的运河交叉，运河一度依赖黄河的水量补助，又惧怕黄河的泛滥和淤积。及至清代道光年间，在今江苏淮阴黄河和运河交汇处，几乎成了航运的一个死结。随着黄河河床的抬高，黄河还一度在淮阴一带夺淮入海，不仅使淮河洪水宣泄困难，还将淮河入海流路淤塞。

这一时期由于南方经济的发展和人口的增长，本来相对平静的长江与珠江的洪水与防洪问题也逐渐加剧。滨海（江）沿岸地区防御潮灾的工程——海塘在明清时期有大的发展，最著名的是浙东钱塘江的重力结构的鱼鳞大石塘，建成迄今 300 多年一直捍卫着浙江东部滨海平原，表现出古代坝工的最高水平。

（3）农田水利的普及与发展。

元明清三代政权相对稳定，农田水利形成平稳发展局面。元代统治阶级的游牧生活逐渐被内地发达的物质文明所同化。当年曾专设“都水监”“河渠司”等水利机构，推动水利建设，并一再颁行《农桑辑要》等农业技术书籍，指导农业生产。明太祖朱元璋大力提倡农田水利。由政府或军队主持的农田水利项目则以畿辅营田（今河北省）声势最大，为的是促进京畿地区农业发展，以减少每年大量的南粮北运的负担。但在北方兴修水田，因受水资源量的限制，难有大的作为。随着巩固边防的努力与沿海地区的发展，边疆水利与沿海台湾、福建，尤其是珠江三角洲基围水利有较大发展。两湖、闽、广等地灌溉更得到前所未有的开发，促成新的基本经济区的形成。

（4）古代水利科学技术的总结性著作大批涌现。

这一时期水利规划理论有所进步。在治黄思想与防洪治河工程技术方面，明代隆庆年间总理河道大臣万恭著《治水筌蹄》，首先提出“束水攻沙”和“以堤治河”的理论认识。之后，四次出任总理河道的治河名臣潘季驯编著的《河防一览》，深化了“束水攻沙”思想，提出“蓄清刷黄”和放淤固堤等策略，比较系统地阐述了多沙河流泥沙运动规律和治理方略，实施了系统堤防工程，使传统的治河堤防工程技术发展进入高峰。①

明清以来大批有关水利工程技术、治河防洪的专著陆续问世。《漕运志》作为新的专业志种在明清的水利专业志中占了相当的比重。海塘工程技术和管理经验的总结在清代也进入高潮，代表作有乾隆年间方观承的《敕修两浙海塘通志》和翟均廉的《海塘录》。农田水利方面的专著中最著名的有元代王祯的《农书》、明代徐光启的《农政全书》以及清乾隆年间官修的《授时通考》，对于各种类型的农田水利工程，尤其是对灌溉和水力机械记述尤详。地方性农田水利专著如清代吴邦庆编《畿辅河道水利丛书》和徐松的《西域水道记》，分别是研究海河流域和新疆水利的重要著作。运河及漕运典籍内容可大致分为以运河河道为主的专业志、以漕粮运输为主、河漕兼容的综合性专著三种。运河与漕运还蕴含许多有关文化和经济方面的内容。

（5）中西水利开始融合。

明清之际的西学东渐在中国科学技术发展史上占有重要地位。明末清初，意大利、法国等欧洲西方国家的耶稣会士大量来华，给长期处于思想禁锢和闭关锁国政策之下的中国社会带来了“西学”，即与中国固有文化完全不同的西方科学、文化、思想和技术知识。《泰西水法》（1612 年，天主教耶稣会意大利传教士、水利专家熊三拔口述，徐光启整理）一书中介绍了先进的机械设计和水利方法，徐光启后来所著的《农政全书》

① 周魁一．中国科学技术史（水利卷）［M］．北京：科学出版社，2002：8.

中的水利部分多借鉴了《泰西水法》。《远西奇器图说》[1627年，王徵与天主教耶稣会士德国传教士邓玉函（Johann Schreck，1576—1630年5月11日）合作编译]是我国第一部系统介绍西方力学和机械知识的著作，书中介绍了西方某些水利知识和技术。已经停滞中的中国传统科学技术在外来潮流的冲击下，出现了短暂的繁荣。但是，由于17、18世纪的西方水利科学技术也正处于奠基期，且这些传入的技术知识没有受到朝廷重视，因此并未对中国传统水利产生什么影响。

清朝末年，伴随着西方资本主义国家的入侵，西方近代水利再次引入中国。鸦片战争后，中国长期以来以小农经济为主要特征的自然经济开始解体，封建主义的禁锢被打破。同时被打破的还有清朝政府闭关锁国的状态。洋务运动是清朝政府内的洋务派在全国各地掀起的“师夷之长技以自强”的改良运动，也是近代中国第一次大规模模仿和实施西式工业化的运动。洋务运动期间引进了大量西方18世纪以后的科学技术成果，大量各类西方著作文献被引介。随着东西方交流的增加，西方水利工程相关的水文、测量、通信以及施工方法和施工机具等陆续传入中国，并逐渐得到推广和应用。戊戌维新之后，清政府推行新政，大量引进的西方科学技术推动了中国传统水利科学技术的变革，开始逐步与西方近代水利融合。

民国时期是社会的剧烈变革期。尽管战争和社会动荡阻碍了科学技术的发展，但其间水利科学技术被大量引入。我国水利科技的社会建制发生了重大变革：1915年，河海工程专门学校（后来的河海大学）在南京成立，用近代的科学内容培养水利专门技术人才。1931年4月22日，中国水利工程学会正式成立，它是我国历史上第一个群众性的水利学术团体。我国著名水利专家认为，中国水利工程学会的成立，标志着近代水利科学技术在中国站住了脚。1934年，中国第一水工试验所在天津奠基。1935年，中央水工试验所（后来的南京水利水电学院）在南京成立，水利科学研究逐步开展。东方传统水利与西方水利科技的融合，为中国水利事业的发展提供了条件。①

2.2 近现代时期中国水利工程建设的奋起追赶

虽然我国古代时期水利工程曾经取得辉煌的成就和世界领先的地位，但在近代时期却明显地落后于西方了。当西方在水坝工程领域连连取得令人称道的成就时，近代中国在水坝工程领域在很长时期都只能望洋兴叹，望尘莫及。

中国在水坝工程建设方面落后的状况在中华人民共和国成立后发生了根本性的变化。新中国成立以前，我国国内尚无一座上规模的水坝工程。我国第一座可发电的水

① 郑连第，谭徐明，蒋超．中国水利百科全书（水利史分册）[M]．北京：中国水利水电出版社，2004：4.

坝是 1912 年建于云南滇池的石龙坝，而同年美国已拆除有史记载的第一座水坝。1949 年，我国水电年发电量仅居世界第 21 位。[①] 1950 年，国际大坝委员会所统计的 5268 座水坝中，中国 15 米以上的大坝仅有 22 座。

中华人民共和国成立以后，特别是改革开放后，中国的大坝建设和坝工技术有了突飞猛进的发展。据国际大坝委员会统计（如图 2-1 所示），1951—1977 年，世界其他国家平均每年建坝 335 座，中国为 420 座。1982 年全世界 15 米以上大坝为 34798 座，中国为 18595 座，占总数的 53.4%；1983 —1986 年，中国建坝速度有所下降，到 1986 年年底，全世界大坝共有 36226 座，中国有 18820 座，占 52%。2005 年年底，世界共有 15 米以上大坝 50000 多座，中国有 22000 多座，占 44%。[②] 60 年来，我国水坝工程发展迅猛，一跃晋升为世界上水坝数量最多的国家。

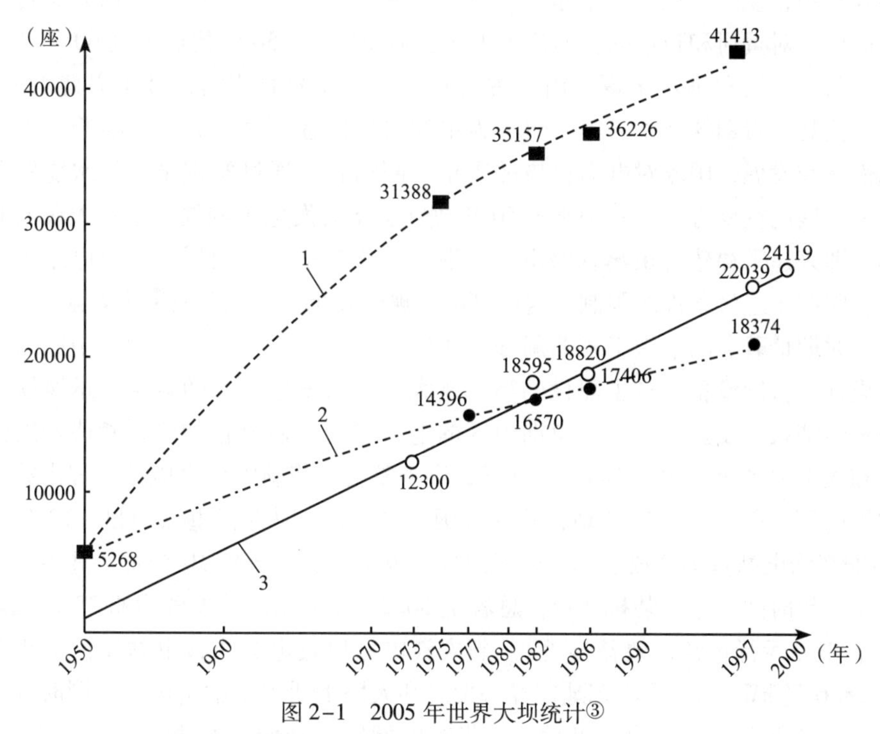

图 2-1　2005 年世界大坝统计③

1. 全世界大坝总座数；2. 除中国外其他国家大坝总座数；3. 中国大坝座数

① 陈宗舜. 大坝. 河流 [M]. 北京：化学工业出版社，2009：27.

② 中国大坝委员会秘书处贾金生，袁玉兰，马忠丽. 2005 年中国与世界大坝建设情况 [EB/OL]. http://www.hydropower.org.cn/info/shownews.asp? newsid=48.

③ 中国大坝委员会秘书处贾金生，袁玉兰，马忠丽. 2005 年中国与世界大坝建设情况 [EB/OL]. http://www.hydropower.org.cn/info/shownews.asp? newsid=48.

回顾历史，我们可将中华人民共和国成立后的水坝工程发展历程大概分为以下四个阶段。

2.2.1 水坝工程建设稳健起步

中华人民共和国成立初期，我国水灾频繁，先后经历了1949年的长江大水和1950年的淮河水患，给刚刚起步的中华人民共和国带来了沉重的打击，因此，通过治水来保障人民生命财产安全就成为党和国家的重要任务。1949—1957年间，以毛泽东为核心的党的第一代领导集体，结合国情实际，制定和实施了一系列重大治水战略。国家重点通过大规模修渠筑坝，对水灾频发的淮河、长江和黄河进行防洪规划和全面整治。20世纪50年代起，国家率先在淮河及其支流上修建了佛子岭、梅山、响洪甸、磨子潭等一系列水坝，坝高均在七八十米，这些工程使得连年泛滥成灾的淮河开始得到全面整治。此后，对黄河和长江的全面治理工作也随即展开，50年代后期到60年代，为整治开发黄河、汉江和满足宁夏、内蒙古、北京供水及灌溉之需，开工兴建了三门峡、丹江口、固县、青铜峡和密云等以防洪为主的水坝工程。另一方面，随着工农业生产的迅速恢复和发展，国家对电力供应的需求不断增长，通过筑坝来开发水能资源成为国家经济发展的重要方式。我国于1950年成立了水力发电工程局。中华人民共和国成立后不久即兴建了福建古田溪梯级电站、浙江黄坛口电站、四川狮子滩电站等第一批水电站。因技术经济条件的限制，这些电站的规模较小，水电开发能力有限。

这一时期最著名的水坝工程非新安江水电站莫属，该电站被誉为新中国成立后我国自行设计、自制设备、自主建设的第一座大型水力发电站。随着生产迅速恢复与发展，原本经济相对发达的长江三角洲地区的电力供需矛盾日益加剧，亟待发展区域性大电站和大电力系统。1956年6月20日，国务院批准将新安江水电站工程由第二个五年计划提前调入第一个五年计划，并列入国家“156”项工程重点项目。1960年4月22日新安江水电站基本建成、第一台机组投产发电，历时3年10个月，其中主体工程施工仅用3年时间，电站装机9台，总容量66.25万千瓦，总投资为4.23亿元。投产50年来，电站运行正常，效益显著①。新安江电站以发电为主，电站设计多年平均发电量为18.6亿kW·h，为华东地区经济发展和人民生活提供廉价电力，同时在电网调峰、调频、黑色启动方面功不可没，为华东电网安全稳定运行做出重要贡献。此外，电站还发挥了防洪、灌溉、航运、渔业、林果业和旅游业等多种综合性社会效益。但是，由于当时移民工作规划不当，千岛湖的移民工作遗留问题严重，到现在仍未能很好地解决。

① 《新安江水电站志》编辑委员会编．新安江水电站志［M］．杭州：浙江人民出版社．1993：12（1）．

这一时期我国水坝工程明显存在些某些“先天不足”的情况，例如，国力贫弱，筑坝技术水平低；对苏联依赖性较强，工程技术上仰仗苏联专家的援助，技术规范、教科书也多半翻译自苏联；工程建设机械化程度不高，以人扛肩挑为主，等等。但是，这一时期同时也是中华人民共和国治水事业稳健起步的大好时期，不仅在筑坝实践中培养了我国技术人员自主设计和修建水坝工程的能力，还初步扭转了我国人民在水患灾害面前逆来顺受的被动局面，安定了人民生产、生活，有力地配合了国民经济的恢复和“一五”计划经济建设的顺利进行，为推进了中国经济和社会的全面进步做出了重要贡献。①

2.2.2　1958—1959 年期间的曲折及其后复建

自 1958 年起，在“愚公移山”“人定胜天”“改天换地”等口号的鼓舞下，我国坝工建设也无例外地出现了“万马奔腾”的局面。依靠革命运动式的全民动员体制，在“三主”方针的指导下（即以蓄水为主、以小型水库为主、以社办为主），我国集中建设了从稍早时开工的流溪河、新交江工程，到后来黄河上的刘家峡、盐锅峡、贵州猫跳河梯级和云南的毛家村大坝等众多水坝。

我国现有的近 9.8 万座水库，这些水库表面上似乎使我国坝工建设“跃进”了一步，但也产生了一些不可忽视的负面影响：

一是，中小型水坝的质量问题严峻。很多中小型水坝的前期工作没有做好，缺乏规划、设计、勘测和清基，甚至没有泄洪设施，盲目施工，甚至完全凭长官意志决定，遗留隐患较多。1959 年 8 月，辽宁锦州地区的一场暴雨引发洪水，冲毁了六股河上在建的 10 座中型水坝，冲断了当时的交通命脉京沈铁路，全国震动。目前我国几万座中小水坝的除险加固工作形势依然严峻。不过，大型水坝的建造相对符合技术规范，如形成北京地区现有的密云水库、十三陵水库的大型水坝都是在“大跃进”时期建造的，至今仍在发挥作用。

二是，由于基建战线太长，与当时国力不相适应，资金和物质材料严重不足，不少工程被迫下马，停建缓建，造成很大的经济损失。② 当时局面的混乱导致有些坝中途停工数年，后来才复工建成，例如刘家峡水电站和浙江的湖南镇（乌溪江）水电站。

三是，一些水坝的修建中出现了破坏生态环境的现象。以河北为例，盲目建坝过程中，大量砍伐森林使地表植被严重破坏，山土到处堆积，加剧了山区水土流失。华北地区今天的水资源危机与当时超采和深采地下水不无关系。

① 高峻．新中国治水事业的起步［EB/OL］．http：//www.readannals.com/forum/thread-56126-1-1.

② 编辑部．中国水力发电大事记［J］．水力发电，1990（5）：56.

这些水坝对推动国家工农业的历史发展起到重要作用，经过多年演变，已经与当地的自然环境和社会发展紧密联系在一起。

2.2.3 20世纪70年代的混乱局面

1970年开始兴建万里长江第一坝——葛洲坝枢纽，在1972年底停工后，又于1974年复工。1970年起在贵州乌江上开始兴建乌江渡工程。1975年前后似乎又迎来了第二次建坝高潮，先后开工了甘肃白龙江上的碧口和陕西的石头河等超百米的土石坝等。其中黄河上的龙羊峡重力坝（高178米，库容247亿立方米），号称黄河龙头水库，为当时中国最高的坝和最大的水库。

“七五八”噩梦给人们留下了深刻的记忆。1975年8月河南省汝河上的板桥水库与洪河支流滚河上的石漫滩水库在特大暴雨中溃决，灾难之惨重，震惊了整个中国水利界。这两座水库均为50年代启动治淮大业时修建的土坝。1975年7月雨量稀少，人们一度在抓紧抗旱斗争。8月起，在当年3号台风的作用下，淮河流域南部普降特大暴雨。洪水漫过板桥和石漫滩两座土坝，导致水库垮坝，下游其他多处水库溃决，给下游造成了毁灭性的灾害：遂平、西平等七座县城被洪水淹没，平地水深可达2～4米。这场惨剧给人们带来了巨大的生命财产损失和心理创伤。事隔多年，在遵从新的设计理念和建筑标准下，1993年和1997年板桥水坝和石漫滩水坝分别复建竣工。复建后的水坝均以碾压混凝土坝来替代了原来的土坝，防洪标准达到千年一遇，并具备更大的综合效益。

“七五八”噩梦无疑是大自然对人类的无情报复，深究这场悲剧的原因，大致可归为以下几个方面：规划时的水文资料欠缺，工程设计的抗洪标准严重偏低，不符合实际情况；尽管后来曾提出过对大坝加高加固的建议，但并未得到重视；在选择坝址和确定坝型时，刻板地只为遵循已有规范和教科书的要求，不能辩证地考虑具体工程的特性；特别是没有深刻认识到土坝不能抗御坝顶洪水；特定技术经济条件下，单一追求造价低、施工快，对工程的应急管理和险情处置准备不足，暴雨一来，束手无策。这场悲剧给人们带来了血的教训和沉痛的代价，水利界进行了深刻的反思，并在设计理念与工程建设、维护等诸多方面做出了长足的改进。

2.2.4 改革开放后高坝大库的飞速发展

1978年我国开始改革开放，我国的坝工建设迎来了新的机遇。纵观这一时期，不仅水坝数量和规模不断升级，新的坝型也不断涌现。1978年后，我国水坝工程建设遍地开花，那时开工和建成的较大工程几乎遍布了中国各主要河流，代表性的有长江上的三峡混凝土重力坝、红水河上的岩滩重力坝、白龙江上的宝珠寺重力坝、浙江的紧水滩双曲拱坝、澜沧江上的漫湾重力坝等。我国于20世纪80年代初开始引进混凝土面板堆石坝技术，湖北清江上游建成的水布娅电站即为混凝土面板堆石坝。这种技术具有投资省、工期短、安全可靠、就地取材、导流简易、适应性广的特点，一经引进即在国内广泛采用。

三峡工程是中国有史以来建设的最大型的工程项目，也是当今世界上最大的水利枢纽工程。大坝为混凝土重力坝，大坝坝顶总长3035米，坝高185米，设计正常蓄水水位枯水期为l75米（丰水期为145米），总库容393亿立方米，其中防洪库容221.5亿立方米。

早在民国初期，孙中山先生在《建国方略》里就预想过建设三峡工程。1992年4月3日，七届全国人大第五次会议以1767票赞成、177票反对、664票弃权、25人未按表决器的投票结果，通过了《关于兴建长江三峡工程的决议》。三峡工程采取“一次开发、一次建成、分期蓄水、连续移民”的建设方式，水库淹没涉及湖北省、重庆市的20个区县，累计有110多万移民告别故土。三峡工程分三期，从1994年开工，到2009年竣工，总工期15年。2008年10月29日，右岸15号机组投产发电，至此，三峡水电站26台机组全部投产发电。

三峡工程在工程规模、科学技术和综合利用效益等许多方面都堪为世界级工程的前列。她不仅为我国带来巨大的经济效益，还为世界水利水电技术和有关科技的发展做出了有益的贡献。建设长江三峡水利枢纽工程是我国实施跨世纪经济发展战略的一个宏大工程，其发电、防洪和航运等巨大综合效益，对建设长江经济带，加快我国经济发展的步伐，提高我国的综合国力有着十分重大的战略意义。

2.3　水坝工程的演化机制与合理性剖析

在中外历史上，水坝工程都是不断发展演化的。虽然已经有学者在水利工程的“历史学”研究中取得了许多成就，出版了多部《水利史》著作，但对于水利工程的“演化论”研究却还是一个学术空白。

最近，我国学者开始了在“工程演化论”领域的开拓工作。这是我国工程哲学领域的新进展和新动向。殷瑞钰说：“工程活动是人类依靠自然、适应自然、认识自然和适度改变自然、构建美好家园、不断提高生活水平和质量的实践活动。工程是不断演化、不断发展的，工程的“演化性”决定了必须研究“工程演化论”问题。工程哲学要想深入发展，如果不同工程史的理论研究结合起来，工程哲学的水平就无法继续提高，视野就不能更加开阔。于是，这就要求从工程哲学角度进行工程演化论研究。”①

① 殷瑞钰．工程演化论初议［J］．工程研究，2009（1）：78.

通过对中外水坝工程发展历史进程的回顾，我们可以从中受到许多启发，可以从中分析和总结出许多经验教训。但本书无意也无能力全面分析水利工程的演化论问题，以下仅着重于“水利工程演化论”中的两个问题——世界水坝工程历史发展的不平衡现象和演化动力问题——进行一些简要分析和讨论。

2.3.1　中外水坝工程历史演化进程

虽然本书以上在回顾历史时已经谈到了中外水坝工程发展历程的“不同步性”“不平衡性”，但由于这是一种重要的演化现象，有必要进行一些更具体的分析和论述。

（1）世界水坝工程进程的总体图。

水利工程的建设是为了满足人类可持续发展的需要。因自然界的水资源的时空分布状况不能完全适应人类的需要，世界各地都采取了修渠建坝的工程活动，以防治水旱灾害，满足工农业生产、交通运输与日常生活的需要。尽管世界各地的水资源分布状况、民族文化风俗与生态地理环境各不相同，但是总体上呈现出一种协同共进的趋势。但正如李约瑟所言，“就水、土和目次等技术要素而言，世界上不同地方的人们都会完全按他们自己的独特方式去很好地开发利用”。① 如果暂不考虑地区差别，可以把世界水坝工程演化历程概要总结如表 2-1。

表 2-1　世界水坝工程发展总体图②

水坝历史分期	史前工程	古代工程	近代工程	现代工程
持续时间	人类起源—1 万年前	1 万年前—15 世纪末	1500 年—20 世纪初	“二战”后至今
水坝科学史	—	经验	经验—科学	科学
社会经济形态史		农业社会	工业社会	信息社会
水坝技术史	……手工水坝……机械建坝……—自动工程—智能工程—			
关键水坝技术		防渗心墙	水轮机	
水坝材料史	（旧）石器时代	铜/铁时代	钢铁/混凝土时代	高分子混凝土、堆石
工程社会史	个体工程—简单协作工程—系统工程—大系统与超大系统工程			
新增水坝功能	防洪	灌溉和引水	动力用坝、发电	多功能
水坝动力形态	……水车—矿山用坝—水轮机发电—水磨坊			
工程方法史	个性化、经验化 —共性化、单一化—智力化、知识化—			
工程自然观	敬畏、顺从自然—征服利用自然—人与自然和谐相处—			
对水坝消极影响的关注	……生态影响、贫富差距、文化问题			

① 张惠英，等编译．世界大坝发展史［M］．北京：五洲传播出版社，1999：43.

② 殷瑞钰，汪应洛，李伯聪．工程哲学．关于工程发展的一般分期和工程特点部分参照［M］．北京：高等教育出版社，2007：62.

（2）水坝工程演化的表面失衡现象。

由于自然环境、社会条件和其他复杂因素作用的结果，世界不同国家、不同地区的水利、水坝工程在发展演化过程中，不可避免地会出现一定的不平衡现象，而其最突出的表现则是，水坝工程发展速度上的不平衡现象与世界建坝中心多次转移的现象。

虽然水坝工程发展速度上的不平衡现象与世界建坝中心多次转移的现象二者并不全然是一回事，但由于二者有极其密切的联系，以下就把二者结合在一起进行分析和论述。

在世界水利发展的开端期，古埃及、两河流域、印度河流域的发展占据领先地位。《世界科学技术通史》中说："关于人类跨入文明的具体过程，一直是考古学家和人类学家研究的课题，至今尚无定论，不过许多学者都强调了水文地理和生态因素的重要性。他们指出，依赖于大规模水利工程的集约化农业乃是形成大型的、高度集权化的官僚国家的关键性要素，要知道，那些原始文明都产生在水文环境恶劣的地区——也就是说那里要么缺水，要么水太多，要成功实施集约化农业，必须要有水利工程"。[①] 考古材料证明，在早于中国夏代的时期，在古埃及、两河流域和印度河流域都已经建设了复杂的水利工程系统，成为了那时地球上水利工程系统最发达的地区。中国水利工程不仅起源较晚，在西周及其以前的奴隶制国家时期的水利发展水平也低于古巴比伦、古埃及等文明古国，特别是较奴隶制高度发达的古希腊略逊一筹。

古代中国水利工程世界领先。青铜工具特别是铁器的广泛使用，推动了中国较早地完成了向封建社会的过渡。这种生产关系的变革有力地推动了水利工程的建设。在今安徽寿县的芍陂、河北临漳县的漳水十二渠等大型灌溉工程；沟通长江、淮河的邗沟、沟通淮河和黄河的鸿沟等大型运河；黄河大堤等防洪工程以及光耀千秋的秦代三大水利工程——都江堰、郑国渠和灵渠都是这一时期的代表工程。[②] 春秋战国以后，中国水利科学技术开始占据世界领先地位，且"一直持续到 15 世纪"[③]，达 2000 年之久。

中世纪时期，欧洲建坝处于低潮，东方迅速发展。"中世纪"一般是指公元 600—1500 年这一时期，意指处在辉煌的古希腊-罗马文明和与现代文明之间的昏暗时期。受基督教与神圣罗马帝国的影响，那时欧洲的科学研究受到极大阻碍，水坝等工程建设也陷入低潮。可谓"西方不亮东方亮"，那时的东方却出现了许多大坝。除中国修建了

---

① ［美］麦克莱伦第三，［美］多恩著，王鸣阳译．世界科学技术通史［M］．上海科技教育出版社，2007：44.

② 周魁一．中国科学技术史（水利卷）［M］．北京：科学出版社，2002：17.

③ 周魁一．中国科学技术史（水利卷）［M］．北京：科学出版社，2002：11.

举世瞩目的都江堰等水利工程以外，日本最古老的大坝蛙股池坝，位于奈良附近，高17米，长260米，大约建于162年。17世纪末，日本15米高以上的大坝有30余座，截至19世纪中期日本共建成了500多座。12世纪，斯里兰卡修建了著名的帕德维耶（Padawiya）土坝长达18千米。印度、巴基斯坦在中世纪曾出现过数万座水坝，至11世纪时发展到最高峰。中世纪末，波斯的坝工建设也开始兴起。

近代时期西方水利工程的蓬勃发展与东方的衰落。文艺复兴时期的思想解放运动，为科学技术的发展扫清了道路，水利基础科学开始奠定，从封建社会到资本主义社会的变革，带来了经济社会发展的明显复苏，以西班牙为代表的欧洲坝工又重新发展起来。此后，欧美又先后于18世纪末、20世纪初期出现了两次建坝高潮，分别是英国和美国为主导。

这个时候，以中国为代表的东方国家却从整体上发展缓慢，被远远地抛在西方国家的后面。元明清时期，虽然水利建设进一步普及，但技术水平一般并未超越唐宋；建设规模和速度更难以与秦汉时期相比。明清水利著述虽然丰富，但资料性居多，理论概括较少。近代中国水坝工程落后的原因，是值得我们深思的。谭徐明、蒋超曾经分析归纳出了几点综合性的社会原因：长期的农业自然经济，自给自足，变革动力甚微；战乱频繁，发展与破坏交替；封建统治者的保守与短视，对水利发展任其自然，忽视防灾减灾。[①]

（3）20世纪末在大坝工程领域“世界重心”再次发生新转移。

20世纪后半叶，西方发达国家的建坝情况普遍放缓，进入所谓的“后水坝时期”。发展中国家的水坝建设却进入了蓬勃发展阶段。于是，世界水坝建设中心在20世纪90年代左右经历了一次大转移，即从发达国家转到中国、印度、南非、巴西等发展中国家。这一阶段，我国水坝工程技术大步跨进。20世纪90年代，中国陆续开工建设了长江三峡工程、雅砻江二滩双曲拱坝、红水河天生桥一级坝、沙牌碾压混凝土拱坝、黄河小浪底土石坝等一批举世瞩目的高坝大库。20世纪初，我国完工、在建的大中型水坝仍不断增加，如洪家渡、龙滩、瀑布沟、宜兴等电站都是举世瞩目的大型工程。除此之外，各地还修建了大量以土石坝、砌石坝为主的地方性工程。三峡工程的胜利竣工标志着中国水坝工程技术已经实现了赶超“西方发达国家”的目标，甚至“走在世界的最前面”，[②] 水资源的开发利用能力大大增强。值得注意的是，这些项目都是以往经过审批的“存量”，新批准的项目大为缩减。

综上所述，如果把全球水坝发展看成一个整体，那么我们清楚地看到世界水坝工

① 郑连第，谭徐明，蒋超．中国水利百科全书（水利史分册）［M］．北京：中国水利水电出版社，2004：4.

② 马国川，钱正英．从近代水利走向现代水利［J］．经济观察报，2009-9-18.

程的演化过程中，由于多种因素作用的结果，出现了水坝工程发展速度不平衡和世界建坝“中心”多次转移的现象。

导致出现这种现象的原因是十分复杂的，而要想深入揭示这种现象的深层原因，必须考察水坝工程演化的动力因素和制约因素问题。

2.3.2 中外水坝工程历史演化的因素分析

工程是人们有目的、有计划地集成各种要素，创造性地构建人工实在的实践活动过程及其结果。工程的本质是集成和建构。需要指出的是，“工程并不是单纯的技术应用或技术‘集成’，同时也是对工程进行社会选择或建构的过程或结果。”① 具体说来，工程就是由工程的技术可行性、资本市场、资源供应、环境承载力、经济条件、政治需求以及文化和管理等诸多技术要素与非技术要素，在一定的历史条件和边界环境下，进行相互影响和相互制约的过程和整体效应。从系统的角度看，工程演化可以相应地理解为一定边界条件下，在内外动力的共同作用下，工程系统的他组织与自组织协同演进的过程。当某一要素适应工程发展的需要时，它就表现为工程的推动力，反之，则会阻碍或牵制工程的发展。当工程系统的动力总和大于制约力时，工程就会发展进步，当这股推动力足够强大时，就会出现工程建设的高潮。反之，工程建设就会停滞不前，甚至衰落。

2.3.2.1 工程演化过程中经济社会条件的作用

技术创新对工程演化的一个重要影响是开拓了工程在技术发展方向上的“可能性空间”。② 而工程活动究竟具体地向何种方向演化，则还受制于社会、经济、政治等其他因素。

社会需求的强弱是水坝工程发展的最直接的外在影响因素。综观人类历史上四次筑坝高潮，无一不是在社会发展的强大需求的推动下出现的。

18 世纪后期，工业革命的机器大生产，刺激了经济社会的快速发展，欧洲、美洲的一些国家已先后进入了资本主义社会。新兴工业的兴起，需要大批各类资源和生产用水，城市人口增加刺激了城市供水业的发展，大规模荒地的开垦对灌溉提出了大量需求，在这些因素的带动下，西方国家的近代水利取得了显著进展，出现了第一次建坝高潮。

在第二次科技革命的推动下，水轮机诞生，水电与煤炭等新能源开始大规模应用，直接促进了重工业的大踏步前进，也使得这些工厂对方便廉价且持续有效的动

---

① 殷瑞钰，汪应洛，李伯聪．工程哲学［M］．北京：高等教育出版社，2007：353.

② 李伯聪．工程创新：创新空间中的选择与建构［J］．工程研究，2009（1）：51-57.

力供应有着巨大的需求。20世纪30年代，美国发生了严重的经济危机，新任美国总统罗斯福为帮助美国摆脱困境，决定实施“新政”，而美国西部大开发战略的实施，又为人们探索西部资源带来了热情。于是，在加强公共基础设施的政策刺激与西部“淘金”梦想的双重推动下，美国掀起了第二次建坝热潮，波及英国、意大利、挪威等多个国家。

第二次世界大战后到20世纪70年代中期是主要资本主义国家经济迅速腾飞的时期，也是水坝工程建设发展的高峰期。伴随着世界人口的急剧增长、水资源供应短缺的矛盾日益紧张。这一时期西方国家不断建设大型水坝工程，水库的数量、库容量都大幅增长，主要河流流域的综合开发利用量达到很高的程度。水力发电作为清洁可再生能源，产生了巨大的社会和经济效益。随着人们对生活质量的追求，水库游览休闲的功能日益重要。

20世纪后半叶起，西方发达国家水坝工程建设之所以放缓，与其国内的水坝建设需求饱和关系很大。经过近一个世纪的开发，主要发达国家进入后工业化时期。随着社会经济结构的转型升级，这些国家逐步形成了第三产业为主，现代工业与农业为辅的产业结构布局，相对于仍实行粗放的农业灌溉管理、工业化大举扩张的发展中国家，他们对水资源的需求量已显著缩减。这时即使停止建坝，对西方国家的水资源需求也没有太大影响。相反，中国、印度等发展中国家，却在庞大的社会需求下，开始了史无前例的水坝工程建设。

2.3.2.2 科学技术发展对工程建设的推动

工程是在当前的技术所能提供的可行性基础上进行社会建构的过程和结果。技术要素是工程演化的最重要力量，技术创新是工程演化的直接推动力。“从知识角度看上，工程可以看成是以一种核心专业技术或集中核心专业技术加上相关配套的专业技术知识和其他相关知识所构成集成性知识体系。”① 没有技术支撑的工程是不可能建立起来，没有技术创新就没有工程的发展演化。“通过技术创新，新的技术被输入（嵌入）工程中，推动工程系统社会选择或建构的过程或结果，及内部结构的集成与优化。”② 从宏观的历史视野来看，正是这三次科技领域的革命对坝工技术的推动，使得人类历史上的前三次建坝高潮成为可能。人类历史先后出现四次建坝高潮，前三次世界建坝高潮的时间与建坝主体分别与第一次工业革命、第二次工业革命和第三次科技革命高度契合（见表2-2）。

① 殷瑞钰，汪应洛，李伯聪．工程哲学［M］．北京：高等教育出版社，2007：7.
② 蔡乾和．哲学视野下的工程演化研究［D］．东北大学博士学位论文，2010：92.

表 2–2　科技革命与建坝高潮

事件	时间	科技革命	建坝主体与中心	典型科技创新
第一次建坝高潮	18 世纪 60 年代到 19 世纪 60 年代	第一次工业革命	英国主导的新兴资本主义国家	动力用坝启发下的水力纺纱机
第二次建坝高潮	19 世纪 70 年代到 20 世纪初	第二次工业革命	美国主导的发达国家	水轮机、发电机
第三次建坝高潮	20 世纪 40—50 年代至今	第三次科技革命	美、英等资本主义国家	计算机
第四次建坝高潮	20 世纪 80 年代以后	酝酿中的第四次科技革命	中国、印度等发展中国家	—

三次科技革命时期，均为关键性的坝工技术创新集中出现的时期，只是不同时期科学与技术的关联度有所不同罢了。具体说来，第一次科技革命期间，科学与技术相对分离，尽管出现了蒸汽机，但却并未成为工业发展的主要动力源，反倒是工匠们在日常实践经验的基础上，将动力用坝与英国传统纺纱业相结合，发明了珍妮机与水力纺纱机，极大地推动了纺织业的发展。第二次工业革命中，电力的广泛应用为后来水轮机的出现准备了条件，在筑坝理论与建筑材料的推动下，水电以其独特的优势开始造福人类。尝到了水电开发益处的人们，对水电开发爆发出极大的热情。第三次科技革命中的信息科学指导下的电子信息技术，为坝工提供了更新的发展动力。

相比之下，中国传统科学技术由于其本身的缺陷，不但自身发展缓慢，还错失了世界两次工业革命的成果，导致坝工建设落后于世界其他国家。具体说来，中国传统科学技术重实践经验、轻理论概括、定性分析与实验观测的特点，使得坝工技术少有突破，是水坝工程建设落后的直接原因。经学家阮元在编写古代科学家传记时也认为，传统科学“但言其当然，而不言其所以然”。① 我国古代，尽管水利文献记载较多，著述丰富，但多停留在现象观察上，少有实验观测的事例和数据，也少有水利的定量分析，而多局限于定性分析和趋势描述，即使类似潘季驯《河防一览》、靳辅《治河方略》这样的大家著述也是如此，故而未能将工匠间言传口授的传统与实践经验上升到理论水平，更没有形成完整系统的理论体系。此外，古代的坝工建筑材料和水工结构也少有更新。我国与世界上其他国家的水坝工程领域的技术交流，虽零星开展过一些，但时断时续。在近现代历史上，中国错失了世界两次工业革命所带来的发展机遇。

① （清）阮元．畴人传（卷 46）［M］．北京：商务印书馆．1955．转载自周魁一．中国科学技术史（水利卷）［M］．北京：科学出版社，2002：9.

技术革新都要经历艰难的实验性的研发、充满活力的成熟期和逐渐衰落期。在一项技术的所有可能性均已实现后，它就会因边际效应递减而让位给新技术。但是，与其他工程相比，水坝工程的技术发展有一定的延续性，传统技术在经过技术创新的改进后，又可能重新获得新生。例如，填筑坝是世界上最古老的坝型之一，因可就地取材、设计施工简便等优势，一直在传统水坝中受到青睐。英国工业革命后出现的第一次建坝高潮中，新建的水坝几乎全部是填筑坝。后来，在重力坝和拱坝得到迅速发展，填筑坝一度沉寂。不过，随着施工机械化的发展，振动碾的压实效果的改进以及防渗心墙堆石坝、混凝土面板堆石坝的出现，填筑坝又重新流行起来。“二战”后所建造的填筑坝的数量大大超过了拱坝和重力坝。

科学技术是促进工程发展的基石，反之，也正是工程建设的需求不断推动着重大技术创新。在中华人民共和国成立初期，水坝工程建设首要的限制条件是技术水平和装备水平。那时我们只修过几座几百千瓦到几千千瓦的小水电，施工机械极缺，甚至连混凝上的振捣器都没有，加上经济实力薄弱，要修建大水电站简直近于做梦。之后，经过水利专家的不懈奋斗，状况已今非昔比。例如，在葛洲坝工程和三峡工程建设过程中，实现了围堰发电、高土石坝围堰施工技术、低温混凝土生产技术、三峡船闸高边坡锚固技术、爆破技术（包括微差爆破技术、预裂爆破、保护层快速开挖技术）等重大技术创新，保障了大规模工程建设的能力。现在许多国外权威都认为中国工程师“能够在任何江河上修建他们认为需要的大坝和水电站”。[①] 此外，三峡工程还充分发挥国家重大工程对技术创新的带动作用，开创了捆绑招标和技贸结合开辟技术引进新途径，不仅确保能引进当今世界最先进技术和装备，确保核心技术完全到位，而且坚持引进技术的消化吸收再创新，显著提升中国本土水电装备制造企业的技术水平和生产能力，提高国家水电产业整体技术水平，从而在技术引进消化吸收再创新上成功创建了独特的“三峡模式”，实现了中国水电装备技术水平和自主创新能力的新跨越。

2. 3. 2. 3 水利工程的演化过程受到社会制度的推动或制约

社会制度的运行状况是决定社会需求大小的深层次原因。一般来讲，社会制度的大变革时期或国家安定统一的局面往往会对水坝工程发展产生积极作用，反之，社会制度的腐朽没落或战乱频繁则会阻碍水坝工程的发展。我国水利工程从兴盛到衰落的历史，就是对这一理论假设的深刻验证。

春秋战国时期是我国由奴隶制社会向封建制过渡的时期。这种社会大变革为生产力的发展提供了契机，典型标志就是铁制工具的出现和使用。特别是战国时期生铁柔

① 潘家铮. 老生常谈集［M］. 郑州：黄河水利出版社，2005：100.

化等技术的发明，比欧美各国约早 2000 年以上。[①] 铁制工具的使用，一方面使大面积开垦荒地成为可能，进一步提出了大规模农业灌溉的需要，另一方面，为修建大型水利工程提供了条件。秦汉时期的国家大一统的社会局面与政权组织形式，是需要大规模的社会组织才能得以进行的水利工程建设的重要支撑，春秋战国时期“百家争鸣”，思想解放，为传统水利科学技术的发展创造了适宜的环境。因此，我国水利工程进入了一个辉煌的历史时期。

到了封建社会后期的明清时期，由于政权统治的昏庸腐败，加之封建小农经济的自给自足的特性，很难在维持民众基本生活需求之外再创造剩余需求，因此，中国水利的发展受到了制约。清代乾隆年间钱泳在分析水转筒车在社会上难以推广的原因时说：“一（水）车需费百余金，一坏即不能用。余谓农家贫者居多，分毫计算，岂能办此。”[②] 这就体现了小农经济对水利发展的制约。

2.3.2.4　环境承载力与安全保障等因素的作用

随着水坝工程的生态负效应日益显现，人们对环境保护意识的提高以及对移民政策与现实困境的关注，水坝工程开发建设遇到了新的挑战。美国、英国等发达国家之所以水坝工程建设趋缓，除了国内优良的坝址基本开发殆尽，水电需求基本饱和外，生态压力的加大是一个重要方面。汪恕诚认为，“水电事业在走出技术、资金、市场等因素的困扰后，又面临新的问题，即如何看待水电开发对生态带来的影响”。[③] 在今后一个时期，生态问题将成为我国水电建设乃至整个水利事业进一步发展的重要制约因素。生态问题处理好了，水利水电事业的发展可能会更快、更好，如果处理不好，就可能会遭受挫折。

水坝工程的质量安全是工程的重要方面。由于水坝工程往往建在河流中上游，通过拦蓄水源来发挥作用，一旦发生溃坝，影响往往极其惨重。1975 年 8 月，特大暴雨引发的淮河上游大洪水，使河南省驻马店地区包括板桥和石漫滩两座大型水库在内的数十座水库漫顶垮坝，73 万公顷农田受到毁灭性的灾害，1100 万人受灾，超过 2.6 万人死亡，经济损失近百亿元，成为世界最大的水库垮坝惨剧。[④]

实际上，水库垮坝的“悲剧”早就多次“上演”了。以下就是人类自进入“工业革命”时代以来的水坝重大悲剧的记录：

1864 年，英国戴尔戴克水库在蓄水中发生裂缝垮坝，死亡 250 人，800 所房屋被毁。

---

① 杜石然，等．中国科学技术史稿［M］．北京：科学出版社，1982：91.

② （清）钱泳：履园丛林（卷3），笔记小说大观第 25 册［M］．江苏广陵古籍刻印社，1984.

③ 汪恕诚．论大坝与生态［M］．水力发电，2004：2.

④ 驻马店水库溃坝事件．http：//baike. baidu. com/view/1058936. htm.

1889 年，美国约翰斯敦水库洪水漫顶垮坝，死亡 4000～10000 人。

1959 年，西班牙佛台特拉水库发生沉陷垮坝，死亡 144 人。

1959 年，法国玛尔帕塞水库因地质问题发生垮坝，死亡 421 人。

1960 年，巴西奥罗斯水库在施工期间被洪水冲垮，死亡 1000 人。

1961 年，苏联巴比亚水库洪水漫顶垮坝，死亡 145 人。

1963 年，意大利瓦伊昂拱坝水库失事，死亡 2600 人。

1963 年，中国河北刘家台土坝水库失事，死亡 943 人。

1967 年，印度柯依那水库诱发地震，坝体震裂，死亡 180 人。

1979 年，印度曼朱二号水库垮坝，死亡 5000～10000 人。

溃坝带来的不仅是巨大的生命财产损失，还给人们的心头造成了挥之不去的巨大阴影。应该强调指出的是，对水坝安全的关心和担心所起的作用和影响正在愈来愈大。例如，1949 年中华人民共和国成立以来，人们不断总结以往溃坝的经验教训，坝工技术也不断取得新的进展，我国还加大了对病险水库的除险加固工作，大坝安全质量明显提高。不过，围绕在西南地质不稳定地区是否适合建设高坝，水坝工程师与范晓等一些地质专家的观点并不一致。少数地质学家的担心经过一些媒体扩大后，在普通公众那里产生了更大程度的担心，其多方面的影响是不可轻视的。

此外，自然地理环境的变化、水坝工程观的变化、社会文化政治氛围等，也都是影响水坝工程发展的因素。

总而言之，水坝工程的演化历程和演化规律都是非常复杂的。以上仅简要就水坝工程演化中的不平衡现象及其原因进行了一些简要分析，至于水坝工程演化规律问题的比较全面的分析和阐述就只能留待将来分析和研究了。

第3章　水坝工程论辩及其价值论与方法论

人们对水坝工程的认识是在实践中不断深化与发展的，所谓水坝工程论辩就是指由于人们对水坝工程有不同认识和观点而出现的激烈交锋。进入21世纪以来，国内水坝工程论辩此起彼伏，“主上派”与反对派针锋相对，在各种场合、利用多种渠道发表观点，构成了一幅五彩斑斓的水坝工程论辩的画卷。本章将侧重以“第三方”的视角，来尽量客观地审视水坝工程论辩的发展脉络、论辩原因与现实意义，剖析工程论辩中的某些缺陷，以期从中得到一些启发。

3.1　国内外水坝工程论辩的过程和概况

3.1.1　欧美国家水坝工程论辩回顾

相比发展中国家，欧美发达国家的水坝工程建设率先经历了发展—高潮—放缓的过程，这些国家的水坝工程论辩也随之不断演变，并可大致分为以下阶段。

第一阶段：强调荒野保护，注重美学价值

20世纪以来，全球围绕水坝工程的反对声音增强，一些有名望的科学家、律师和其他人员在其中发挥了重要作用。那时的论辩内容主要是美学上的，强调对荒野与丛林中的美丽景点进行保护。瑞士北部山区的第一座水电站Porjus于1914年竣工，该坝主要用于将铁矿石通过铁路运到挪威。时隔数年，在Porjus上游建设了另一座水库，该处坝址曾于1909年被列为国家公园，为此反坝力量进行了较为强烈的抗议。

1961年在瑞典进行了一场提倡保护河流、反对水电开发的大辩论。通过辩论，瑞士国有电力公司与一家自然资源保护者所形成的组织通过协商达成了“Sarek和平协议”。协议约定，如果瑞士国有电力公司放弃一些河流上最有价值、开发成本过高的水电工程，作为交换，自然资源保护者将不再反对其他水坝工程。

第二阶段：水坝负面生态影响扩大化，考虑多种替代方案

20世纪60年代，“人工湖”（即水库）对生态环境与社会发展的负面影响已经引起科学家与工程师的关注，学术共同体内对水坝工程的负面影响进行了深入研究 。1965年，伦敦皇家地理协会举办了人工湖座谈会，专门讨论在热带建造人工湖可能引发的环境、公共卫生与社会经济问题。

后来，这些关于水坝工程的学术资料经过一定渠道“扩散”到非政府组织（NGO）手里，某些以“环保”面目出现的NGO不满足于仅仅讨论水坝工程的生态影响，他们将水坝工程的影响范围扩展到经济、社会、人口健康等领域，甚至与人权联系起来，反对水坝工程建设。他们强调，建造大型水坝不仅在热带地区会产生消极影响，在其他地区乃至全世界皆是如此。《生态学杂志》上发表的多篇文章直接引发了将水坝工程的可能影响“扩大化”的潮流。后续一批持有类似论点的书籍相继问世，如Pearce的《建坝：河流、水坝和未来世界水资源危机》（1962）等。

在对水坝负面影响不断了解的基础上，科学界已开始积极寻求水坝工程的替代方案。1966年，美国科学院水资源协会的国家研究协会主席发表了题为《水资源管理的多种选择方案》的报告。报告认为，为推动地区经济增长，除建造人工湖外，可以考虑实施多种水资源开发方案。1972年，国际科学委员会下属的环境问题科学委员会作了报告《作为改良生态系统的人工湖》，该报告以“人工湖的多种选择方案”作为首章，认为与其他主要改良方式相同的是，建造水库的影响只有少数得到了详细评估。同年，Farvar和Milton编写了著名的《忽略的科技：生态系统和国际的发展》一书，其中有10点涉及灌溉和水资源开发问题。他们同时也承认，为满足某些特定需求，修建水坝是众多积极因素中唯一可行的方案。这一阶段工程师们对水坝工程生态影响的关注停留在学术研究层面，认识有限，更没有付诸实践。

20世纪80年代后，水坝工程论辩的新趋势

20世纪80年代至20世纪末，在一定程度上受后现代主义的影响，水坝工程论辩表现出明显的技术批判色彩。反坝人士认为，水坝工程的负面影响是水坝工程技术异化的必然结果。这种技术异化不仅表现为自然异化，还包括社会异化。换言之，水坝技术的反自然性和反人性是招致水坝工程消极影响的“罪魁祸首”。与此同时，水坝论辩的内容也全面扩展。20世纪60年代左右，水坝对当地旅游价值与民族文化保护的影响仍处于被忽略的状态，到80年代已经引起重视。

20世纪80年代开始，反坝运动呈现出了鲜明的国际化特征，主要表现为以下几点：

一是反坝客体的国际化。从反对当地具体水坝到反对全球一切水坝工程。1984年，环境保护主义者高尔德史密斯（E. Goldsmith）和希尔德亚德（N. Hildyard）合作出版了《大坝对社会和环境的影响》，首次较全面综合了水坝的反面观点，把水坝的技术、经济与社会影响相结合，提出了“No Dam Good”的口号，这标志着全球反坝浪潮的开始。①

二是反坝阵地的国际化。21 世纪以来，发展中国家成为反坝运动的主要阵地。泰国计划在缅甸的萨尔温江上兴建 7 座大坝，由于反坝运动，2006 年后所有坝址被搁置，在任期内积极推进该项目的前总理他信也遭到驱逐。泰国于 1998 年获得建设缅甸 Tasang 坝的特许权，但 10 年内未取得任何进展，原因是这座大坝因缺少合适的环境和社会研究评价而广受批评，直到 2008 年泰国才正式开工建设这座有争议的 228 米高的 Tasang 坝。②

三是各国反坝人士开始联合，反坝主体国际化。1997 年 3 月，在巴西的库里替巴城，举行了第一次水坝受害者国际会议，彼此交流各国反坝经验，讨论水资源状况与利用议题，支持保护河流生态与可持续利用水资源。此后，每年 3 月 14 日定为世界反水坝日。

四是正反两派国际组织尖锐交锋。国际大坝委员会（ICOLD）与世界水坝委员会（WCD）分别代表着对水坝工程持有支持与反对意见的国际组织。他们之间的尖锐交锋，标志着水坝工程论辩达到顶峰。国际大坝委员会（ICOLD），长期以来一直努力促进坝工知识和筑坝技术的发展。近年来，在面临外部环境压力的情况下，通过审视各国工程实践中的失败教训与不足之处，日益重视贯彻环境与可持续发展的坝工建设理念。世界水坝委员会（WCD），倡导工程决策前要在建坝的利益相关者之间进行正式的多阶段磋商，提倡寻求评价水资源和能源开发的替代方案。WCD 代表着反坝和主张拆坝的一方。世界水坝委员会是一个临时性的组织，受世界银行和国际自然保护联盟支持，成立于 1997 年，结束于 2000 年。世界水坝委员会的目的是回顾大型水坝的开发成效，评价水资源和能源发展的可替代方案；制定国际可接受的用于大坝规划、设计、批复、施工、运行、监测和拆除的准则、导则和标准。

20 世纪 90 年代初，美国学者麦卡利《沉默的河流》问世，堪称世界水坝论辩的转折点。国内学者有意将这本书翻译为《大坝经济学》，并贴上了“高等院校经济学教材”的标签。麦卡利历数以往人类在“控制”和“驯服”江河的传统思维下所导致的消极影响。筑坝被定性为利益集团“分肥政治”（pork-barrel politics）的产物。水坝、水电被描绘成万恶之渊薮，人权、污染、腐败、贫困、浪费……所有的社会丑恶甚至经济危机都和水坝扯上了干系。

1997 年 4 月，世界自然保护联盟（IUCN）和世界银行（WB）联合邀请了 38 位代

① 潘家铮．千秋功罪话水坝［M］．北京：清华大学出版社．广州：暨南大学出版社．2000.

② 泰国继续进行有论辩的缅甸大坝建设［EB/OL］．2008-3-20. http://www.dlyqw.com/info/detail/35-27325.html.

表，于瑞士格兰德共同研讨水坝工程的负面效应。这些参与者分别来自政府部门、非盈利性研究所、大坝的设计、建设和运营公司及咨询代理机构等多个领域。国际大坝委员会主席（ICOLD）、国际排灌委员会主席（ICID）等挺坝组织以及瑞士 Berne Declaration、美国的国际河网、巴西的 Movinemto dos Atingidos por Barragens、印度的 Narmada Bachao Andolan 等强硬的大坝“反对派”机构均派代表参加。

世界水坝委员会（WCD）于 2000 年 11 月发布了《水坝与发展——一个新的决策框架》（简称 WCD 报告，下同）。这一报告掀起了空前的全球水坝论辩。报告中对全球水坝的效用采取总体肯定，具体否定的做法，整体强调其负面作用，提倡让河流自由流淌，实现水坝利益均衡和自下而上的新决策框架，呼吁各国应充分补偿每一个受影响人的利益。报告引起了广泛反响，各界反应大相径庭，反坝者（anti-dammers）据此建议停止水坝工程建设。发展中国家与从事水能开发的国际机构对报告态度消极，认为报告低估了水坝的利益，侵犯了国家主权，会阻碍和放缓落后国家的坝工建设。世行等金融机构迫于压力，曾一度中止了对发展中国家的水坝工程贷款，到 2004 年才开始逐渐恢复。本研究认为，WCD 的报告是水坝工程论辩高峰的阶段性成果，它提出的基本导则对于启发人们深刻理解水坝工程是有益的，但对于推动全球水坝工程可持续发展而言，存在着不少缺陷。

3.1.2 国内水坝工程论辩的主要过程

中华人民共和国成立后，我国开展了大规模的水坝工程建设，在半个多世纪历程中，围绕水坝工程也出现了激烈的论辩，特别是三门峡、三峡等工程的论辩格外激烈。以下就主要依照时间线索划分为几个阶段进行一些概要式介绍。

第一阶段：计划经济体制下的论辩（20 世纪 50 年代初—1978 年）

20 世纪 50—60 年代，正当美国等发达国家的水坝工程建设迎来建设高峰时，我国的水坝工程才刚刚起步。1956 年开始兴建的新安江水电站，作为建国初期的“156”项工程之一，是第一座我国自主设计修建的水电站。新安江水库大移民因规划和工作不当，历史遗留问题较多。不过在当时的历史条件下，并没有出现较大的论辩。

刚开始，我国的水坝工程论辩主要集中于一些比较典型的水坝工程，如三峡水库、三门峡水库。三门峡水库在工程规划阶段即遭遇了“三起三落”，在决定工程是否上马时又经历了三次主建又三次放弃的过程。1955 年 7 月 30 日全国人大一致通过《关于根治黄河水害和开发黄河水利的综合规划的决议》，标志着三门峡工程确定上马。不过在工程设计阶段又引发了激烈而复杂的争论。围绕工程设计方案，分成了高坝派、低坝派和反坝派等三种不同意见。清华大学水利系教授黄万里与青年学者温善章曾提出了对苏联方案的不同意见，坚决反对工程上马，前者还被划为“右派”，表明当时的工程论辩带有很强的政治色彩。

三峡工程决策无论在中华人民共和国已经过去的历史上，还是在现在的政策分析和评估中，都显得地位紧要，意味深长。中华人民共和国也从来没有哪一个工程像三峡工程一样遭遇到如此之多的争论与质疑。从 1918 年孙中山提出建设三峡的设想以来，论辩时间跨越近一个世纪。在三峡大坝全线到顶的前一天，在由中国三峡工程开发总公司（中国长江三峡集团的前身）组织召开的媒体见面会上，记者提问的大多数问题依然围绕着质疑和论辩而展开。在中华人民共和国，也从来没有哪个公共政策像三峡工程那样，允许那么多的党内与政府领导、专家学者参与论辩，采用的方式又是那么公开、平等。就是在西方国家的公共政策实践史上也堪属罕见。

值得注意的是，虽然这时还没有出现三峡工程上马的具体时间表，但关于三峡工程的学术争辩却已经开始了。表 3-1 就是对当时争论双方的代表性论点的概括。

表 3-1　1956 年学术论辩观点汇集

	正方	反方
要不要建	要	不要
主要理由	长江流域规划首要是防洪问题，三峡具备防洪、发电、通航、调水的综合效益	（1）现在不能建，技术问题无法解决。应先干后支，待时机成熟后再修建三峡 （2）不需要建。三峡与国民经济发展包括电力需求不相适应
防洪	在 235 米正常高水位时，有效库容可达 1150 ~ 1260 立方米，可根本解决两湖平原的水灾	保持 230 米高蓄水位可保武汉，但会淹没重庆和沿江十几个城市。防洪必须采用综合利用的河流规划总方针和总原则，重视堤防作用。防洪标准必须逐步提高，以与国家经济技术发展条件相适应。先开发小水电同样有防洪效应
发电	世界上最大的水电站，向川东、华东、华中等经济最发达而能源短缺的地区输送电力	全国经济发展程度有限，用电量较小，无法消耗三峡所发电力，会浪费资源与国家投资
航运	明显改善川江航道，万吨级船队直达重庆，可大大降低运输成本	五级船闸，并不能提高航运效率，如果任何环节出了问题，都将导致航运中断，损失巨大
技术	不应坐等所有技术问题都解决再去建设三峡，而是积极主动地去解决困难	三峡工程的修建将面临世界上未曾经历的技术问题

资料来源：本表系作者根据有关资料整理而得。

1958 年 3 月 28 日，成都会议召开，周恩来总理做了《关于三峡水利枢纽和长江流域规划意见》的报告，报告再次强调现在应该采取“积极准备和充分可靠”的方针。同年 4 月 5 日中央政治局会议批准了该《意见》，强调指出三峡工程是需要修建而且可能修建的，关于正常水位要“控制在 200 米，不能再高于这个高程；同时在规划设计中还应当研究190米和195米这两个高程。”① 由此可见，中央并未明确三峡工程立刻上马。

20世纪50年代后期到60年代初，国际国内政治经济形势发生重大变化，由于“大跃进”的失误和3年自然灾害，国民经济大幅下滑，其后中苏交恶、备战备荒，三峡工程也无从谈起。1960年8月，周恩来总理在北戴河主持召开长江工作会议，传达中央放缓三峡工程建设步伐的指示，同时提出“雄心不变，加强科研，加强人防”。

三峡工程虽然缓上，但各项科研准备工作并未完全停止。1958年成都会议后，根据周恩来指示，由国家科委、中科院和原水利电力部的领导组成三峡科研领导小组，总体负责三峡工程的前期科研工作。他们“组织全国近200个单位和近万名科技人员，针对三峡工程的重大科学技术问题，进行了200多项课题研究，为工程的规划设计提供科学依据。同时，长办也全面部署开展了勘测设计工作。”② 期间，围绕泥沙问题、战争安全问题有所进展。60年代末，有同志向毛主席提出分期修建三峡工程的建议，得到“备战时期不宜作此想”③的答复。随后发生的文化大革命，三峡工程被暂时搁置，争论也陷入了停滞期。

70年代，水利部提出改而修建三峡下游的葛洲坝工程，作为在长江上建坝的实战准备。围绕要不要上葛洲坝，正反双方也展开了论辩，见表3-2。

毛泽东主席批准了这一计划，葛洲坝工程于1970年12月30日破土动工。在10年浩劫期间仓促上马的葛洲坝工程，在1年多后由于问题重重而不得不停工重新做设计，1974年夏，葛洲坝工程才重新开工。由于修建葛洲坝是为三峡做长期准备，所以，“长办”的人就想到，是否要在葛洲坝蓄水前就开始在三峡坝址处做一部分纵向围堰的问题。否则，一旦葛洲坝蓄水，三峡工程的纵向围堰就只能在深水里面做，困难大大增加。而这一问题又牵扯到三峡工程是否上马的问题以及三峡工程的选址问题。三峡争辩再次发起。

表3-2　1970年葛洲坝决策论辩内容概览④

正方：先上葛洲坝	反方：后上葛洲坝
为三峡工程做实战准备	葛洲坝工程本是三峡工程的反调节航运梯级，先建葛洲坝是违反程序的。若先实施三峡工程第一期方案（115米方案），除发电时间较长外（最迟7年），其他优点远远大于葛洲坝

① 李锐．直言——李锐60年的忧与思［M］．北京：今日中国出版社．1998年：191.

② 杨溢：论证始末［M］．北京：水利电力出版社．1992：13.

③ 潘家铮．千秋功罪话水坝［M］．北京：清华大学出版社，2000：166.

④ 苏向荣．三峡决策论辩：政策论辩的价值探寻［M］．北京：中央编译出版社：115.

续表

正方：先上葛洲坝	反方：后上葛洲坝
工程可行性较高：地质情况清楚，造价不高，仅 13.5 亿元，预计 3 年半开始发电，5 年左右竣工。保证不淤塞、不断航。坝高仅 69 米	葛洲坝技术问题比三峡工程还复杂，当时设计不完备
电力紧缺，工程装机 204 万千瓦，年发电量 120 亿千瓦·时	

第二阶段：三峡工程论证中的论辩成为焦点（1978—90 年代末）

（1）1977—1984 年，三峡选坝会议与蓄水位争论。

1977 年 10 月起，中央对三峡工程的态度大变，开始频频造访葛洲坝工地，透露出中央高层领导“主上”三峡工程的指导思想。① 1978 年，党的十一届三中全会以后，为了加速“四化建设”，党中央十分重视解决国民经济的交通、能源问题。由于三峡工程的指标特别优越，自然成为优先考虑的目标②，当时的水利部已经开始为三峡工程上马进行了一系列努力。

1979 年 5 月，选坝会议在武汉召开，讨论三峡工程选址问题。尽管这次会议的召开已然将三峡工程上马当作一个“自然的前提”，但是会议期间对三峡近期上马的质疑之声不断。部分代表在会上提出：三峡工程到底该不该建？三峡工程的作用到底有多大？……建议中央推迟三峡工程上马。争论中主上派因为与中央高层领导的意见一致而占尽优势，反对派声音微弱，且与会议主题不符，没有引起重视。本次会议没有就三峡坝址得出结论。

1979 年水利部根据国务院指示，主持召开长江三峡水利枢纽选坝会议汇报会，由参加上述选坝会议的各组组长和专家进行汇报，邀请国家建委、电力工业部、交通部、工程兵等部门的代表到会讨论，会议代表围绕是选择将太平溪还是三斗坪作为三峡坝址展开激烈争论。讨论中，反方提出三峡工程的建设周期长，在国家经济条件有限的情况下，会挤压其他工程的投资，莫不如先修建支流中小水电工程；反方则强调三峡工程的荆江防洪、发电和航运效益巨大。11 月水利部向国务院提交了报告，建议按三斗坪坝址开展三峡工程的初步设计工作，争取在 20 世纪 90 年代建成。

（2）20 世纪 80 年代初，关于水坝蓄水位的技术争论。

1980 年 7 月，邓小平同志到三峡参观调研，表示出支持三峡工程上马。1982 年 11 月 24 日，邓小平在听取国家计委“关于 20 年工农业生产总值翻两番汇报”时说，对

① 苏向荣．三峡决策论辩：政策论辩的价值探寻［M］．北京：中央编译出版社：69.

② 林一山．震撼历史的抉择——三峡工程决策的科学性与民主性［J］．水利世界，1994（02）：9.

于三峡工程“我赞成搞低坝方案。看准了就下决心，不要动摇”。[①] 考虑到对三峡工程各方面尚有异议，为了寻找更强的说服反对派的证据，并使工程被各方接受，1982—1983 年“长办”研究编制出正常蓄水位 150 米的《三峡水利枢纽可行性研究报告》。1983 年 5 月国家计委组织审查，“这次会议是在确定了 150 米坝高的前提下展开讨论的”。[②] 1982 年 2 月中央财经领导小组开会决定三峡工程上马。1983 年 5 月国家计委邀请了 350 位专家参会来审查“150 方案”，多数代表认为“与其坐而议，不若起而行”。1984 年 4 月“150 方案”经国务院批准。

（3）1984—1986 年，围绕“150 方案”展开争论，三峡开始重新论证。

此后，三峡工程并没有依照“150 方案”立即上马，对这个方案的反对声音不断，主要来自两个派别：一是一些政协委员、社会知名人士和个别领导同志仍然反对修建三峡工程，他们并不只是反对“150 方案”，而是仍然认为三峡投入太大，问题太多，效益可疑。1985 年 3 月召开的全国政协六届三次会议上，167 位政协委员单独或联名提出 17 件议案，要求三峡工程缓上。会后，政协经济组委员们对三峡地区进行了为期 38 天的考察，其后以考察组名义向中央提交了报告《三峡工程近期不能上》，至少“七五”期间不能建。对于这一意见，正方积极回应，全面论证三峡工程不仅应该上马，还应该尽快上马。二是重庆市和交通部直接反对“150 方案”的蓄水位，认为这样会导致重庆港淤积。1984 年 6 月，重庆组建了长江三峡工程影响及对策研究小组，研究表明，150 米方案非但不能改善重庆至长寿段航运，使万吨船队直达重庆，还会因泥沙淤积导致重庆成为死港。一时间，各种形形色色的反对意见形成了相当的气候。

1986 年 4 月，国务院领导偕有关部门、地方政府领导对三峡进行现场考察，倾听三峡库区和中下游地区基层群众等各方意见。同年 6 月，中共中央、国务院联合发出了《关于三峡工程论证工作有关问题的通知》，要求水利电力部组织全国专家进行深入研究论证，重新提出可行性报告，三峡工程被再度搁置。

（4）1986—1992 年，三峡重新论证和决策上马惹争议。

这一阶段是三峡工程争议最广泛最激烈的阶段，主要的论辩事件有两个：一是水利电力部组织重新论证过程中仍然存在不同意见的交锋，互不相让；二是 1992 年三峡工程提交全国人大七届五次会议决策期间的论辩。

三峡工程的重新论证期间是从 1986 年 6 月—1989 年 2 月，历时 2 年 8 个月。三峡工程重新论证工作分为 10 个专题，由 14 个专家组分头负责，共聘请了 40 多个专业的 412 位专家与 21 位特邀顾问，他们分别“来自国务院所属 17 个部门、单位、中国科学

① 魏廷铮．我参与三峡工程论证的经过［M］．三峡文史博览．北京：中国文史出版社，1997：57.

② 中国科学院成都图书馆、中国科学院三峡工程科研领导小组编．长江三峡工程争鸣集·总论［M］．成都：成都科技大学出版社，1987：58.

院所属的 12 个院所，28 所高等院校和 8 个省市，其中水电系统以外的占大半，还有 20 余位全国政协委员”。[①] 争辩贯彻三峡重新论证工作的始终。水利电力部组织的三峡工程论证领导小组先后召开了 10 次研讨会，全国政协等其他部门也不断召开各类会议。各次会议上专家的两种意见均针锋相对。主流媒体开始成为论辩平台，《人民日报》《光明日报》《中国水利报》等都开始刊登双方的争论性文章。此外，各种公开出版物陆续出现，例如，1987 年 1 月中国科学院成都图书馆、中国科学院三峡科研领导小组办公室编的《长江三峡争鸣集 · 总论》及《长江三峡工程争鸣集 · 分论》由成都科技大学出版社出版，这是第一种全面反映三峡工程决策论辩的两本合集。

1992 年初召开的全国人大七届五次会议上讨论并审议国务院提出的兴建三峡工程议案。在一些省市代表团的分组讨论会上，尽管没有专门安排辩论环节，会场上的双方还是展开了激烈的论辩。

（5）1992 年至今，三峡上马乃至竣工后，争议仍未停息。

举世瞩目的三峡工程，在连续施工 17 年后，已经全线竣工并投入使用，进入“后三峡时代”（图 3-1）。直到今天，争论仍然此起彼伏，主要集中在移民安置、环境保护、地质灾害防治的责任分担以及水力和电力资源收入分成等方面。湖北和重庆均强调，三峡工程带来的移民、生态、地灾等诸多遗憾，给当地造成巨大压力。[②] 2009 年全国“两会”上，重庆的提案、议案和建议多达 13 个；湖北省也提出五个提案、议案，重点要求改变有关三峡工程的现行利益格局。由于三峡工程是当今世界上规模最宏大的工程之一，其经济、社会、生态问题非常复杂，看法分歧也就更大。关于三峡工程的功过是非的论辩，“可能还将持续 100 年，由实践来做出结论”。[③]

第三阶段：围绕标志性工程出现辩论高潮（21 世纪初）

几乎与世界水坝委员会（WCD）的报告《水坝与发展：决策的新框架》(*Dams and Development : A New Framework for Decesion-Making*) 发布的同一时间，中国水坝论辩也走向高潮，并在 21 世纪的头几年出现了集中爆发之势。紫坪铺、杨柳湖、三门峡、怒江等水坝工程论辩一再吸引了人们的目光。

（1）“都江堰保卫战”——世界文化遗产遭遇“画蛇添足”。

都江堰是中国水利史上的一座丰碑。2000 年 11 月，都江堰被联合国教科文组织列入“世界文化遗产”，成为世界人类共同的瑰宝。也就在这时，投资规模达 78 亿元、距离鱼嘴这一都江堰的核心部位仅 6 千米的紫坪铺水库在“不同的声音”中开工建设

① 杨溢．论证始末［M］．北京：水利电力出版社，1992：29—30.

② 三峡工程引发的争议犹存［EB/OL］．http：//cn. reuters. com/article/wtNews/idCNChina-4336320090427?pageNumber=1&virtualBrandChannel=0. 最后一次登录 2010-1-22.

③ 潘家铮．千秋功罪话水坝［M］．北京：清华大学出版社，2000：195.

了。2003 年有关部门计划在距离鱼嘴仅 1310 米处，加修一座高 23 米、长 1200 米的大坝——“杨柳湖水库”。消息一出，论辩群雄烽烟再起。论辩焦点集中于都江堰世界文化遗产保护问题，并再次涉及紫坪铺水库决策的规范性问题。

2003 年 4 月 28 日，都江堰管理局组织了一次增建坝选址论证会。论证会上，因大坝的选址会破坏都江堰的自流引水功能和周围的文化遗产，选址计划遭到了很多专家的反对。6 月 5 日，都江堰管理局再次组织了一次论证会，前次论证会上持反对意见的专家此次均被排除在外。这一决定引发了人们对决策程序规范性的质疑。6 月 18 日，联合国教科文组织驻北京办事处文化官员埃德蒙·木卡拉，针对此事向中国联合国教科文组织全国委员会和建设部提出询问。7 月 7 日，都江堰市人大常委会在向四川省人大递交的针对此事的一份报告中称：“我们不能以牺牲一个 2260 多年的中国文明为代价，去建设一座任何一条江河上都可以建设的水库……”面对各方面的反对，都江堰管理局的理由是：杨柳湖工程是正在建设中的“国家西部大开发十大工程”之一的紫坪铺水库的配套工程。杨柳湖工程的主要作用在于缓和紫坪铺泄洪时对都江堰鱼嘴的冲刷，同时配合紫坪铺来综合发挥防洪、灌溉、发电等效益……按照规划，2001 年开工的紫坪铺工程到 2005 年建成后将同期发电。如果杨柳湖工程 2003 年不上马，紫坪铺工程的综合效益就无法有效发挥，不仅国家巨额投资无法收回，而且财政还要背上沉重的负担。

此后，各媒体发动了广泛的舆论攻势，形成了强大的社会舆论冲击，对决策结果构成压倒性攻势。2003 年 7 月 9 日记者张可佳在《中国青年报》上发表《世界遗产都江堰将建新坝　原貌遭破坏联合国关注》一文，指出杨柳胡大坝可能破坏都江堰遗址。此后，中央人民广播电台的《新闻背景》和《南方周末》头版纵深和调查版面以及近 180 余家国内外媒体对杨柳湖大坝进行了报道，这些报道最终使四川省政府于 2003 年 8 月 29 日否定了杨柳湖电站建设项目。在四川省政府第 16 次常务会议上，前后仅几分钟时间，杨柳湖电站建设项目被一致否定，“保卫都江堰”行动告一段落。

（2）三门峡水坝工程的去留——设计反思及利益博弈。

2003 年，围绕三门峡水库的去留问题爆发了激烈的论辩。2003 年 8 月下旬，陕西渭河流域连降秋雨，酿成渭河连续洪峰，最高流量 3700 立方米/秒，形成了规模“五年一遇”的洪水。区区三五年一遇的流量，对水利工程界来说本已是司空见惯，却意外地导致了 50 年不遇的大洪灾，渭河下游群众只身逃出者近 20 万，受影响者达数百万，这是典型的“小水酿大灾”。事故发生后，中国两院院士张光斗，中国水利部前部长、全国政协副主席钱正英同志认为祸起三门峡水库，并强烈要求立即废弃三门峡水库。二人曾是三门峡水库设计方案的重要参与者与主管部门负责人，此话一出，在社会上引起轩然大波。由此，关于三门峡这一公共工程的论证、设计、决策、失误、改建与调整运行方式的历史与逻辑，在各方激烈的争论中重出水面。

关于事故原因，三门峡水库上游的陕西认为是由于河南对水库的运行方式不当，过分关注自身利益所致；而下游的河南则归咎于上游水土流失严重，致使渭河形成“地上悬河”。关于三门峡水库的去留，曾有废除、炸坝、敞泄、停运等多种方案。水利部后来选取了改变水库运用方式这一措施，三门峡水库焕发新生，争论暂告平息。

如果说都江堰附近的紫坪铺与柳条湖争论是“炮轰水坝”的第一炮，那么三门峡水坝争论则彻底掀起了水坝建设争议厚重的幕布，生态问题、社会问题、移民问题、决策规范性与民主性问题等一一上场。水坝，这一传统的“兴利除害”的利民工程，竟然可以导致如此严重的生态与社会灾难?！举国愕然之余，社会上对水坝工程利弊得失的评论全面升级。

(3) 怒江水坝工程论辩——经济发展与生态保护的权衡。

几乎在杨柳湖水坝论辩发生的同时，怒江水坝决策一石激起千层浪。2003 年 8 月 14 日，由云南省怒江州完成的《怒江中下游流域水电规划报告》通过了国家发展与改革委员会主持的评审。该报告规划是以松塔和马吉为龙头水库，丙中洛、鹿马登、福贡等梯级组成的两库十三级开发方案，全梯级总装机容量可达 2132 万千瓦，年发电量 1029.6 亿千瓦时。消息传出后，各方围绕怒江究竟要不要上马争论热烈，争论焦点集中于经济发展与环境保护的关系，对此政府官员与专家学者也意见不一。关于怒江水坝的争论，规模之大，参与人数之众，“不敢说后无来者，起码是前无古人”。[①] 从这场争议开始，环境记者开始走向前台。除此之外，众多之前只涉足宣传教育领域的环保 NGO（非政府组织）开始成为一股独立的力量。此前环保 NGO 鲜有参与工程论辩和扭转工程决策的力量和机会。

(4) 金沙江中上游水电开发多次紧急叫停。

就在西南地区是否适合建设高坝，多年来争论不休。1999 年 12 月，金沙江中游河段梯级开发方案确定为“一库八级”，即龙盘（原名虎跳峡）、两家人、梨园、阿海、金安桥、龙开口、鲁地拉和观音岩。金沙江水电开发是继三峡水电工程后，长江干流上又一巨型水电开发计划。2004 年，虎跳峡水电站引发的论辩再次震惊了国人。水电工程的未批先建，成为环保部与 NGO 批驳金沙江水电开发的主要缘由之一。在工程的“可行性研究报告”尚未通过审批的情况下，多座水电站的“三通一平”（即通电、通水、通路）以及平整场地工作已经开始。金安桥电站在未经批准的情况下，不但三通一平早已开始，围堰等主体工程也在如火如荼的建设中了，甚至两个导流洞也已成型。环保力量对于这些水电站开发不符合决策程序的指控，最终使得金沙江上规划中的虎

---

① 魏刚．谁是大坝背后的利益方［EB/OL］．中国投资，2005－07－11. http：//www. cass. net. cn/file/2005073137149. html.

跳峡项目悬置至今，溪洛渡电站也一度停工，2009 年 9 月龙开口和鲁地拉两个项目被国家环保部紧急叫停。

（5）中国援外水电站引发论辩——技术援助与“资源掠夺”。

中国援建与承接国外水坝工程建设项目的历史由来已久。1964 年 7 月—1966 年 6 月完工的几内亚金康水电站是中华人民共和国成立后第一个大型援外项目，全部由中方出资，汇集全国水电精英，不惜工本建设而成。20 世纪 60—80 年代，中国又相继援建了刚果布昂扎水电站、塞拉利昂多多水电站等大型水电项目。由于这些项目工期长、投资大、管理效率低，在 80 年代末、90 年代初中国调整援外政策后，这种“全包”性质的外建水坝逐步减少。20 世纪末以来，欧美各国的水电大坝建设处于搁置甚至负增长状态，世界银行也一度中止了对发展中国家的水电投资。近年来随着中国经济的发展，BOT 模式的援外水电建设开始盛行。

近年来，一些国外学者和舆论纷纷批评中国在东南亚、南亚、非洲等地建设水坝工程、开发水电的现象，认为在当地建设水坝工程将会造成无可挽回的生态灾难，以及其他负面效应。一些发达国家在公开场合抱怨中国的低息贷款“给非洲国家带来更多的债务风险”，而他们本身则一直是这种债务风险的最大制造者。一些水坝建造国的地方组织和民间团体因担心境外实力会危及该国政治经济安全而不遗余力地攻击大坝，例如，湄公河下游数国强烈反对中国在上游建坝。专家亚历山德罗·帕尔梅里就认为，这些大坝如果出现问题，就可能导致生态灾难和当地动乱，从而影响整个水电行业的声誉。IRN 主席彼得·博斯哈德也认为，中国公司在境外兴修水坝，所依据的分析资料“并未指出这些项目所需付出的真正代价”。[①]缅甸萨尔温江观察联合会专门致信中国政府，批评中国水电企业在缅甸境内筹划、融资、修建或运营的 20 个大型水坝会威胁到当地生物多样性和居民生活。他们督促中国政府要求水电企业遵守中国和国际相关法律，增加决策的群众参与度和透明度。但是，国内一些部门的专家、学者多认为，援助不发达国家建设水坝和水电站是造福当地、促进友谊的好事。

3.1.3 水坝工程论辩进程的特征

3.1.3.1 国外倒 U 形演进与国内论辩的集中爆发

受学术工具的限制，本研究未能通过科学计量将欧美国家水坝工程论辩的发展态势进行直观显现。但是，我们仍能大致勾勒出欧美水坝工程论辩的倒 U 形发展曲线。具体而言，在欧美国家工业化的过程中，水坝工程的论辩与水坝工程建设几乎

① 陶短房．光明使者或生态杀手？——中国援外水电站引发的论辩［EB/OL］．http：//wenxinshe. zhongwenlink. com/home/blog_ read. asp？id=296&blogid=25041. 2008-1-17.

是同步发展的，水坝工程建设如火如荼的时段，同样也是水坝工程论辩的高峰期。水坝工程论辩先是逐渐升级，再达到高潮，继而逐步改善，渐渐消落。这与西方著名的环境库兹涅斯曲线颇有些类似。借鉴西方关于环境曲线的经济规模效应、社会结构效应、环境服务需求与政府管制之类的理论解释，水坝工程论辩倒 U 形时间规律可以解释如下：

第一阶段，在欧美国家工业化发展初期，人均收入水平较低，社会关注的焦点是如何摆脱贫困与获得经济增长，加上那时新兴的现代水坝建立不久，生态环境尚未充分显现，民众对环境服务的需求比较低。该时期，人们对水坝工程的关注局限于荒野开发与美学价值的保护。

第二阶段，资本主义国家工业化进程加快，资源消耗速度超过资源恢复与增长速度，大量废弃物排放到环境中，导致严重的环境污染。随着经济增长，到 20 世纪下半叶，物质条件不断改善，环境服务不再是奢侈品，而成为人们的关注焦点，反对污染成为人们的头号大旗。这一时期，水坝工程论辩开始升温，工程的负面生态影响开始引人关注，但“污染”的帽子显然还没有被扣到水坝头上，这里明显有一个“时间差”。

第三阶段，当经济发展到更高水平，环境的负面效应凸显，产业结构逐渐从能源密集型的重工业向技术密集型与现代服务业转变。科学技术的进步也使得那些污染严重的企业被清洁技术与能源所替代，环境质量较为改善。经过几百年的发展，西方国家水资源已基本开发殆尽，进入“后大坝时代”。这一时期，也是欧美国家后现代反思期。曾经作为工业化象征的水坝工程，成为激进环保主义者批判的对象。就连工业生产所导致的水质污染也与水坝工程挂上了钩。在气候变化的大背景下，“水电是否清洁能源”的争论也不断升级。

在水坝工程论辩的进程上，国内进程与国外进程表现出了不同的特点。在这方面，国内的突出特点是，虽然在计划经济体制下也出现了关于某些水坝工程的论辩，但相对而言，论辩并不激烈，论辩范围也不算大，可是，由于多种原因的汇聚，我国关于水坝工程的论辩在 20 世纪末和 21 世纪初集中爆发。国内水坝工程论辩无论在论辩形式还是论辩的范围和内容上，都受到了国外水坝工程论辩的强烈影响。

3.1.3.2　工程论辩的常态与非常态

围绕大型公共工程的政策论辩，已经成为西方标榜民主的资本主义发达国家的一种常见的政治现象，一种成熟的政治机制和程序安排，构成了西方国家民主政治的基本要素。[①] 近现代各国的发展历史表明，民主社会的建立与发展的过程，也是公共政策论辩逐步成熟的过程。美国学者布鲁斯 · 米诺夫（Bruce Miroff）这样描述了公共论辩

① 苏向荣．三峡决策论辩：政治论辩的价值探寻［M］．北京：中央编译出版社，2007：17.

在民主社会中的重要地位：“在民主社会里，我们确认没有任何人有独占真理的权利，辩论对于民主来说不是附带的，次要的，它实际上是民主的核心与灵魂。同意‘不同意’是民主的本质所在。”[①]在西方民主政治的发展历程中，始终伴随着关于水坝工程的公共政策论辩的身影。

相比之下，当前，我国民主政治的制度正在发育成长，还不成熟。水坝工程论辩尽管由来已久。但这些论辩还没有切实融入国家政治传统，论辩的发生往往是由特定工程争议所触发，论辩的开展只是当前工程决策制度下的“场外论辩”，没有自己独立的形式，缺乏成熟的制度设计与保证机制。那些所谓的听证会，也因论辩开得不充分、不规范等问题，其公正性和合法性屡屡遭到质疑。甚至现有制度或主流意识形态都显得“羞于提起”，[②]论辩本身对工程决策与国家社会经济发展的意义，还没有得到广泛理解与认同。

3.1.3.3 论辩的生态导向

欧美国家的水坝工程论辩一直以水坝工程的生态维度为中心，并且是与生态中心主义伦理学的发展一脉相承的，这或许与生态论辩的价值中立性相关，它距离政治相对较远，不易受到干涉。而我国的水坝工程论辩中，除了生态问题，接近2000万的水库移民问题也一直是争论的焦点。

3.2 当前中国水坝工程论辩的特点与语境

3.2.1 当前我国水坝工程论辩的基本特征

3.2.1.1 论辩主体的多元性与派别化

自三峡工程开始，水坝工程论辩主体的多元性逐渐增强，相互之间也有了一定的协调。在三峡、都江堰柳条湖、怒江等水坝工程争议中，参与者既有组织又有个人。作为个人的论辩主体，下至部分水电站移民和普通公众（尽管声音还很稀少）；中至水利界、生态学界、社会学界、地质学界等各行各业的专家学者，新闻记者、网络与媒体；上至各级政府官员，乃至国务院总理、中共高层领导人，涉及范围非常广泛。水坝工程建设问题都远不是只有少数精英才关心的，而是上至最高层，下至广大环保NGO和社会公众都积极关注的问题。

---

① Bruce Miroff, Raymond Seidelman, Todd Swanstrom, Debating Democracy, Boston, New York: Houghton Mifflin Company, 1999, 2.

② 苏向荣．三峡决策论辩：政策论辩的价值探寻［M］．北京：中央编译出版社，2007：19.

根据人们对水坝工程所持的支持与反对的不同态度，本书将国内外水坝工程论辩的不同群体分为“主建派”与“反对派”两种。尽管我国围绕水坝工程的反对声音大多来自民间环保组织，但他们显然并不愿接受“反坝人士”这一“头衔”，而自称为“慎建派”。因此，若按照对水坝工程的反对程度的不同，“反对派”还可进一步细分为“慎建派”与“反坝派”两种立场。

“主建派”对水坝工程持积极态度，对水坝促进经济社会发展的积极作用信念坚定，对中国当前水电开发的困境忧心忡忡。他们强调，在社会工业化发展进程中，建坝是综合利用水资源和开发水电的必不可少的工程性措施，是其他工程与非工程措施不可替代的。当前，我国正处于社会主义现代化建设的关键时期，建坝有助于我国实现应对全球气候变化，实现能源战略转型，保障经济社会的可持续发展。只要科学规划、慎重决策，建坝的负面影响可以尽量削减，建坝利大于弊，未来中国需要继续建坝。

从主建派的群体构成来看，他们多从业于水利部门，水利水电工程专业背景出身，并长时期甚至毕生从事水坝工程建设与水电开发活动。例如，有关专家主张“争取 30 年内，把中国水能资源开发完毕”。

与主建派相对应的是“反对派”，反对派总体上对水坝工程持反对态度。他们认为，建坝破坏了河流的自然条件，影响了生态平衡，还产生了较为严重的经济社会影响，产生大量水库“非自愿移民”。他们积极提倡采取水坝替代措施，如有的学者就认为中国防洪要以堤坊为主，不应该建坝。反对派内部有着“慎建派”与“反坝派”的区别。由于受到某些失败的水坝工程实践，抑或国外反坝思潮的影响，与“主建派”相比，国内“慎建派”对水坝工程的态度较为消极，他们在国内外能源与水资源形势压力的大局下，基本上支持发展中国家要继续建设水坝，但是主要将建坝当作一种没有更好的选择时的无奈之举，强调建坝要科学研究、民主决策，从而改善以往的缺陷与不足之处。与“慎建派”不同，“反坝派”则将对水坝工程的反对态度推向极端，旨在反对一切水坝工程建设。在我国当前的政治与社会环境下，激进的反对水坝工程建设的组织和人士比较稀少。

近些年来，水坝工程论辩主体的多元化是一个明显趋势。三门峡工程论证时，还局限于水利部专家与水电专家的不同意见之间的争论。在三峡工程论辩中，除了水坝工程共同体外，地质、生态等科学研究领域的专家也参与进来。到 21 世纪初，民间环保组织开始参与论辩，并通过各种形式的社会活动对水坝工程决策施加影响。近些年来，伴随社会结构转型，水坝工程活动中的利益相关者日益增多。

3.2.1.2　论辩内容的广泛性与层次性

（1）论辩内容日益广泛。

从横向来看，水坝工程论辩的大部分内容分属于不同的领域，大致可分为水坝工程的技术安全、生态影响、水库移民安置补偿与后续发展、水坝工程决策这四个相对独立的问题域。

论辩中，因国内水坝工程技术已经跃居世界前列，技术争论并非主流，但环保人士对我国新近不断建设一批 200 米、300 米高坝的安全性问题有所担忧，在 2008 年汶川地震后，关于水库大坝是否诱发地震的问题成为焦点，由此引发了对西南地区是否适宜建设高坝大库问题的大讨论。

生态论辩在国内外水坝工程论辩中的比重最大，这或许与生态的全球性与非政治性有很大关系。国内水坝工程生态争议中的焦点问题主要有“水电是否清洁能源”“国外拆坝浪潮风波”“水坝工程是否会产生长期难以逆转的生态影响”，等等。总体上看，挺坝派强调水坝工程生态影响的正外部性；反坝派强调水坝工程生态影响的负外部性。

全球范围内来看，发达国家、国际社会与发展中国家对“水电是否清洁能源”这一问题，立场各有不同：发达国家一般反对水电是“清洁能源”的说法，激进的环保组织更是如此。经过一番曲折，2004 年联合国水电可持续发展高层论坛等一系列国际会议逐步重新确立了水电的清洁能源地位，特别是强调，对于那些水资源丰富，而经济落后、人口众多的发展中国家来说，开发水电无疑是减少贫困、促进经济发展的一条捷径。我国官方基本承认水电是可再生能源，但是“挺坝派”“反坝派”和“慎建派”等不同派别对水电是否是“清洁”能源有明显的意见分歧（详见表 3-3）。对于这些国际会议上达成的宣言和结论，国内挺坝派经常“引经据典”，来支持水电的清洁能源论；不过，反对派对此却似乎并不“买账”，不仅正面宣传较少，质疑会议组织的程序，还于 2003 年掀起了一波又一波的反坝浪潮，与国际社会背道而驰。

1949 年以来，我国水坝工程建设取得重大成就的同时，原本潜伏的水库移民问题也浮出水面。水库移民作为一个“特殊群体”，其搬迁后的生存、生产、生活状态受到了全社会和全世界的极大关注，甚至成为检验水坝工程成败的试金石和分水岭。如今，新安江、漫湾水电站的水库移民遗留问题依然没有完全解决，受到人们的持续关注。

论辩中有对水坝工程决策过程的科学性与民主性的反思，如三峡工程决策，有人将其誉为民主与科学决策的光辉典范，也有人认为这是打击异己、压抑反对意见、“政治支配科学”的糟糕典型[①]；也有论辩中不同观点的是非评论。论辩既围绕着论辩程序的合法性而展开，如论辩的公开性、论辩的平等性等；也围绕着论辩本身是否被公平对待而展开。

---

① 苏向荣．三峡决策论辩：政策论辩的价值探寻［M］．北京：中央编译出版社．2007：55.

表 3-3　水电是否是清洁能源的论辩①

序号		支持	反对
1	总体判断	水电又是目前唯一能够大规模开发利用的可再生清洁能源	水电不是清洁能源
2	对水坝与水电的态度	支持水坝与水电。反对派反水坝其实就是反水电	（1）反对水坝，但并不反对水电。（2）既反大坝又反水电
3	水坝的生态影响	（1）承认水坝具有一定的生态影响。但可通过工程措施与非工程措施加以解决 （2）贫穷是破坏环境的重要原因。工程移民与生态移民相结合，可为异地搬迁创造条件，逐步取消当地落后低效的耕作方式，从根本上消除对生态环境的破坏，并为生态保护与修复提供资金上的保证	开发水电会引发“对生态环境的灾难性破坏”②改变地形地貌，在相当程度上加剧和诱发滑坡、坡面泥石流等地质灾害 建坝导致水土流失，道路和房屋等建筑受损 破坏水质，减少流量，改变水环境 水库是诱发地震的原因之一
4	温室气体排放	开发水电，减少燃煤，有助于减少碳排放	加剧全球温室效应
5	景观	高峡平湖的人文景观	美景佳境因大坝而逝

（2）论辩内容的层次性。

从纵向来看，提出的问题域都有一定的层次，从事实层面到价值层面不断延伸。具体而言，水坝工程的生态论辩，例如水电是否“清洁能源”的讨论，并非仅限于水坝的地质、生态、水文影响等具体事实的是非判断，还涉及水坝工程的生态风险问题，在价值观层面则是水坝工程中经济发展与生态保护的关系问题。水坝工程的社会影响，既包括水库移民补偿安置政策是否合理、移民的现实生存境遇问题；又牵扯到水电开发的利益分配与社会公正问题。对水坝的决策程序的争议，从决策程序的具体实施状况，到水库决策的科学化与民主化等价值诉求。现有网络、报纸杂志为载体的争论多集中于对水坝具体事实问题，对价值论层面的讨论较少，且比较零散。

也有一些问题属于更高层次的范畴，比如中国的水电开发度到底多少才是合理的？中国未来是否需要建坝以及怎样建坝等问题。这些问题都需要运用系统思维去进行综合考虑。但总体来看，国内水坝工程论辩以生态争论为主，如定位于国民科普的《大坝·河流》③ 一书，对移民问题未有任何提及，通篇多为对《大坝经济学》等国外反

① 本表为作者根据网络上的数据资料汇总归纳而得。

② 范晓．质疑“水电清洁能源论”［EB/OL］．人民网．http：//www. people. com. cn/GB/paper2742/10559/960470. html 最后一次登录时间 2010-1-15.

③ 陈宗舜．大坝·河流［M］．北京：化学工业出版社，2009.

坝著作中的观点进行评价。国内有学者认为，代表环保主义者反对建坝的高尔德史密斯（E. Goldsmith）和希尔德亚德（N. Hildyard）及其《大坝对社会和环境的影响》，“并不仅仅反对建坝，实际上他们反对一切开发利用水资源的工程。说到底，他们反对发展经济的努力”。①

（3）反对派内部的多样性。

“反对派”的观点本身有其多样性，要具体分析。从对象来看，有的是反对所有水坝建设，有的则是反对其中某些具体的水坝。从反对的理由来看，有的是反对水坝的负面环境影响中的某些因素，有的是反对水坝相关的社会不公现象。从主体反对观点的局限性来看，有的是逻辑错误，有的是观点错误，有的是事实错误。对这些不同情况需要详细加以区分。

“反坝派”则是把对水坝工程的反对推至极致。他们往往不加分析地反对一切水坝工程建设，典型代表就是美国学者麦卡利及其《大坝经济学》。一些具有相当影响力的报刊甚至把当前经济高速发展、人口增长过快、过度浪费资源所造成的生态变化和环境恶化都归罪于大坝。近来，反坝主义者不满足于反对建新坝和开发水电，还要拆除已建大坝，并提出了颇具诗意的借口——“让江河自由流淌”，宣称“大坝时代已经结束”，“世界进入拆坝时期”。

3.2.1.3 论辩的阶段性与间断性

论辩的阶段性首先是指，在不同时期，受水坝工程发展水平与社会政治经济条件的影响，水坝工程论辩内容有所变化，具体体现在两个方面：

一是宏观关注对象的转移。国内水坝工程论辩对象从20世纪关于水坝的是非纠葛，转移到了21世纪对水电开发合理性的质疑。水能，几乎成为中国最受质疑的能源项目。在某些环保主义者心目中，水能的破坏力甚至会超过公认污染环境的火力发电②。来自社会各界的压力，使中国水电产业，特别是西南地区水电开发面临着超乎寻常的阻力。

二是微观关注焦点的变迁。建国初期，国力贫弱，工程技术的可靠性与工程项目的资金来源是坝工领域的重点问题。考虑到水电投资大、周期长、移民安置任务艰巨，水电工程项目往往会让位于火电。后来，随着科技进步和社会经济发展，技术与资金问题已基本解决，市场问题成为建坝论辩的主要问题，“水火同价，竞价上网”成为水电界的主要呼声。21世纪以来，尤其是2003年以后，水坝工程的生态、

---

① 潘家铮．千秋功罪话水坝［M］．北京：清华大学出版社，2000：195.

② 水电还是环保．是一个问题［EB/OL］．2005年11月21日．http：//news. sohu. com/20051121/n227553063. shtml.

移民影响与风险问题，成为水坝工程论辩的主要议题。值得一提的是，随着环保组织与社会媒体对水坝工程的认识加深，“水电是不是清洁能源”“国外是否已进入后水坝时代、拆坝时代”以及“中国究竟要不要继续建坝，怎样建坝?”等一般性问题开始登上论辩舞台。

论辩的阶段性还包括，对单一水坝工程的论辩，在工程决策的不同阶段，论辩的内容也会有很大的区别。在工程决策前，论辩各方主要是对工程的技术、经济、社会、生态等各方面的问题进行讨论，论证工程上马的必要性与可行性；而当工程上马已成定局，工程进入建设、运行期时，论辩的中心即转向工程建设的具体问题以及对工程决策的科学化与民主化问题的评估。

工程决策论辩具有一定的时空延续性，例如，自 1919 年孙中山先生在《实业计划》中提出建设三峡工程的设想以来，工程论辩贯穿了三峡工程决策过程的始终。1992 年全国人大正式决策三峡工程上马后，论辩也并未间断，甚至三峡工程完工交付使用后，论辩仍在持续。

不过，这种延续性并非绝对，而是在总体上呈现出一种间断性。由于工程所处的社会政治经济生态环境在不断变化，决策主体的思想观念也时有起伏，而论辩主体命运的沉浮具有无法预料的性质。因此，工程论辩既可能一时间绵延不绝、争讼不已，也可能偃旗息鼓而沉默经年。

3.2.1.4　工程论辩与决策和官员“意愿”的联系性

工程论辩与决策紧密相连。水坝工程论辩往往发生在工程决策前后，而在其他时间则论辩相对淡化；论辩主体与决策主体也多有重合。

参照有关资料，我们可以把三峡工程决策按照关键节点划分为六个阶段：

第一阶段：1953–1955 年，三峡工程进入政治局视野，提上议程。

第二阶段：1956–1960 年，三峡工程第一次缓上。

第三阶段：1960–1975 年，三峡技术问题论证与葛洲坝争论。

第四阶段：1977–1986 年，中央力主上马，确定三峡重新论证。

第五阶段：1986—1992 年，三峡重新论证和决策上马惹争议。

第六阶段：1992 年至今，三峡开工建设，争议依旧持续。

上述六个阶段也是工程论辩发生相对集中的时期，通过观察，可以发现 1953–1956 年、1975—1977 年都是工程论辩的间断期。

论辩的开始或中止经常受到政府官员意志的影响。如上所述，1970 年，三峡工程被暂时搁置后，水利部提出先修建葛洲坝工程作为三峡工程的先期试验工程。正反双方出现了不同意见。12 月 26 日，毛泽东做了批示：“赞成兴建此坝。现在文件设想是一回事。兴建过程中将要遇到一些现在想不到的困难问题，那又是一回事。

那时，要准备修改设计[①]”。此言一出，即发挥一定导向作用。在工程设计没有报批的情况下就于12月30日自行开工建设，造成局面严重失控。施工中工程设计的严重问题开始显现，1972年11月，周恩来总理在听取专家们对葛洲坝工程的讨论意见后，果断决定立即停工，重新设计，待设计批准后再复工。1974年底工程重新开工，此后一直进展顺利。20世纪三峡工程重新论证时期正面意见铺天盖地的场景，与当前水利界“无处发声”的境遇迥然不同，其主要原因就是国家政策对水坝工程的态度有了变化。

3.2.2 水坝工程论辩的原因和语境分析

关于水坝工程论辩的产生原因，三峡工程副总经理林初学曾经提出过精辟的见解：导致建坝意见严重分歧的原因是复杂的。一般来自几个方面：如对基本事实和实际数据了解的差异或运用之进行专业分析的技能差异，不同学科从不同角度考察问题的差异，不同利益主体间的损益不平衡所形成的歧义，还有水坝建设的失败案例或在某些方面处理失当所遗留的技术、经济、社会影响，等等。从哲学根源上看，最基本的分歧植根于自然观和价值论上的差异，反映着不同哲学思想的碰撞。本研究认为，除上述原因之外，改革开放以来，我国社会民主政治环境不断改善；在市场经济的推动下，多元利益格局日渐形成；随着科技的迅猛发展，水坝工程的规模日益庞大，影响也更加广泛；而国外声势浩大的环保运动与反坝思潮也涌入国内。这些条件聚合在一起，在一定程度上促成了近些年来怒江水电开发等水坝工程论辩的集中爆发。

3.2.2.1 社会民主政治氛围不断改善

1949年以来，我国致力于建设一个富强、民主、文明的社会主义现代化国家，民主成为国家建设的重要目标之一。中国改革开放的总设计师邓小平先生曾在1992年南巡中指出：“不搞争论，是我的一个发明。”[②] 邓小平先生对以前给国家和人民造成巨大灾难的意识形态争论果断地进行了悬置与淡化，但这一做法的结果却意外地催生了人们参与公共工程的决策与论辩的热情。[③] 改革开放后的三峡工程的论辩中，政府吸取了三门峡水电工程中将技术论辩政治化的这个教训，允许不同的声音表达出来。即使面对某些激烈的言辞，也没有任何人受到处分。这一结果使得知识分子在三峡论辩中敢于去发表自己的声音，并为21世纪水坝工程论辩的蓬勃发展开

① 林一山．高峡出平湖［M］．北京：中国青年出版社．1995：78.

② 邓小平．邓小平文选（第3卷）［M］．北京：人民出版社，1993：374.

③ 苏向荣．三峡决策论辩：政治论辩的价值探寻［M］．北京：中央编译出版社．2007：14.

启了一个良好的开端。

近几届政府“新民本主义”的执政理念与关注民众疾苦、倾听百姓意见的主流文化价值取向，为21世纪以来的国内水坝工程论辩注入了一支有力的强心剂。2003年3月，胡锦涛主席在十届人大一次会议上明确表示“忠于祖国，一心为民，坚持国家和人民利益高于一切，做到权为民所用，情为民所系，利为民所谋，始终做人民的公仆。”温家宝总理在新一届国务院第一次讲话中也曾指出，“我们政府的一切权力都属于人民，必须自觉接受人民的监督，确保权力真正用于为人民谋利益。”新一届“胡温”政府在社会政策上更加注重公平，进行了一系列公共政策的制定与调整。

北京时间2008年5月12日，在四川汶川县发生7.8级地震。地震发生后，胡锦涛总书记立即做出重要指示，要求尽快抢救伤员，保证灾区人民生命安全。温家宝总理亲自赶赴灾区指导救灾工作，给人民增添了应对地震灾难的勇气。党中央、国务院要求，各级领导干部要站在抗震救灾第一线，身先士卒，带领广大群众做好抗震救灾工作，发扬不怕牺牲，不怕疲劳，连续作战的作风，一切想着人民，一切为了人民，一切为人民的利益而工作。这一切，使得不同民意的表达受到社会尊重与认同，汶川震后关于在西南地区建设高坝是否诱发地震的争论一度进入白炽化。

3.2.2.2　工程日益巨系统化，对社会的影响程度加深

现代社会中，科技进步日新月异，自然被人类加速改造，经济、社会结构也发生剧烈变革，工程系统也日益复杂。三峡工程、胡佛大坝等大型公共水利工程，已经成为人们难以全面了解的复杂巨系统。钱学森等系统论专家提出只有用从定性到定量的综合集成方法[①]才能有效应对这一新兴变化趋势。由于工程活动具有外部性，这些工程对自然与人类社会的影响的广度与深度也随之增强：

一方面，工程共同体在工程实施过程中会与其他利益相关者产生交互影响。在一定意义上，工程就是一项社会建构性的活动。工程活动的建设是由工程活动共同体组织实施的，并与共同体外的社会成员、社会因素密切互动。水坝工程活动共同体成员间有明确的分工，要相互合作，同时，他们之间因具有不同的价值诉求而容易引发冲突。另一方面，水坝工程还会对工程共同体外的生态与社会环境产生影响。如水坝建设会产生大量非资源性水库移民，公众有权在工程活动的全生命周期通过合法的渠道，监督公共工程的实施，向工程共同体表达自身意愿。政府、媒体和NGO也都在通过各种制度与非制度渠道发表自己的声音。此外，工程还会对周围环境产生影响，例如，水坝工程建设施工会对坝址当地的居民产生噪声、废水，改变当地的地表地貌。

① 钱学森，于景元，戴汝为．一个科学新领域——开放的复杂巨系统及其方法论［J］．自然杂志，1990，13（1）：3-11.

3.2.2.3 社会不同利益群体不同利益的诉求

水坝工程论辩的主体，同时也是工程决策的行动主体，他们既包括政党组织和政府部门的政策代理人，也包括社会行动的主体，如社会利益团体、大众媒体、专家学者与公众。无论在市场经济下，还是在以往的计划经济的模式下，不同工程决策的行动主体之间所代表的利益与对未来利益的预期都不可能相同。这是水坝工程决策论辩之所以产生的根本原因。只不过不同的社会条件，不同的民主政策氛围下，水坝工程论辩的开展程度与实现方式会有所区别。因此，中华人民共和国成立初期的计划经济体制下，水坝工程论辩较少，且多局限于技术问题的讨论。

当代社会不同群体的价值冲突已经成为一种生活景观，工程决策中多种利益相关者的价值冲突也日益明显。一般而言，“人们依靠什么获利生存，人们就会信仰他所依靠的生存价值体系，即经济地位决定生活态度”①。改革开放以来，社会阶层分化的加剧，利益集团的形成以及不同群体各自不同的利益诉求，是当前水坝工程论辩蓬勃发展的社会结构条件。所谓社会分层，是指“一种隐藏在社会结构内部的关系，它反映的是社会资源在各群体之间的一种分配。当资源有限时，各社会群体之间的关系就比较紧张，这往往导致不平等程度的提高，于是，社会群体之间的差距就比较大”。② 中华人民共和国成立以来，我国社会阶层结构几经变迁，特别是改革开放的不断深入，出现了社会利益主体多元化、利益结构复杂化、利益差距扩大化、利益冲突明显化的态势③。这样一来，公众、媒体、环保人士、水利工程师等不同人群之间以及不同人群与政府之间的意见交流变得尤为重要而迫切。这样一来，关于水坝工程的政策论辩就有了其客观必然性与深厚的社会文化背景。由于水坝工程相关的不同群体的损益状况相差较大，他们对水坝工程的意见可能截然相反。

3.2.2.4 发达国家反坝思潮的影响

国家在工业化发展中所处的阶段差异性，是发达国家与发展中国家在对待水坝的态度差异上的根本原因。大部分发达国家的水电资源已基本开发殆尽，他们目前的新兴水电项目的发展速度放缓，而将其主要精力转向对现有水电站进行改造升级以及兴建抽水蓄能电站上。随着这些国家的民主制度的完善以及民众的环保需求和移民成本大幅增长，人们关注水坝越来越多，“让江河自由流淌”的反坝呼声也日益高涨。又因为生态环保的“政治中立性”，发达国家的反坝势力得以将这种生态关注扩展到国外的

---

① 潘自勉．社会转型中的价值冲突与价值整合［EB/OL］．人民网，2006 年 06 月 17 日，http：//theory. people. com. cn/GB/49154/49156/4484214. html.

② 李强．转型时期的中国社会分层结构［M］．哈尔滨：黑龙江人民出版社，2002：57.

③ 杜是桦．中国社会利益格局的历史变迁［EB/OL］. 2008-7-29. http：//hi. baidu. com/%B9%F9%B5%C2%BA%A3/blog/item/5a5912eeed3f1c2f2df53450. html.

发展中国家。

3.3　当前中国水坝工程论辩的价值论分析

3.3.1　当前水坝工程论辩中价值冲突的存在

18世纪英国哲学家休谟提出了著名的“休谟问题”：其一是逻辑学或认识论意义上的“归纳问题”，其二则是价值论意义上的“事实—价值”的关系问题。在休谟看来，价值判断不可能从事实中推导出来，从“是”不能推出“应当”。因为事实与价值各分两域，事实是理性的对象，存在于对象之内；而价值（道德）则不是理性而是情感的对象，它存在于对象与主体内心的天性结构之间。[①] 尽管价值在休谟层面上是不可能的，但在人们长期的工程实践中，事实与价值并不相互割裂，而是密切联系的。作为具有主观能动性的高等生灵，人类从水坝工程具体的生态、社会影响出发，上升到对水坝生态价值、社会价值的思考，并阐发自己的见解。

如本书第3章所述，水坝工程争论主要是围绕工程决策而展开的。工程决策又包括价值因素与事实因素。当代工程决策中，随着民主观念日益深入人心，价值因素的地位与作用日益突出。拉尔夫·L．基尼在《创新性思维——实现核心价值的决策模式》一书指出，“任何决策情况中，价值都是极为重要的。有几种选择方案之所以事关重大，只是因为它们是实现价值的手段。自然在明确价值和制定选择方案之间应当常常有一种翻来覆去的过程，但原则却是‘价值第一’……对一个决策问题来说，价值观念比起选择方案来说更为基本。”[②]因此，工程争论中价值论往往占了非常重要的比重。时至今日，关于水坝工程的各类论辩，与往年相比，稍有平息，但仍在持续。从表面上看，随着争论的深入，环保主义者和水利界似乎就水坝工程建设达成了一定的共识。不过，各类价值论问题仍然是长期困扰着人们的基础性问题。

美国人本主义心理学家马斯洛的需要层次论将人的需要分为五个层次。相应地，价值也是分层次的，工程活动中的不同价值往往形成具备一定深层次结构的工程价值体系。我们据此将工程决策活动的价值从低到高分为自然—物质价值、社会价值、精神价值、人的价值四个层次，还区分为整体价值（国家、社会、区域价值）与个体价值，长远价值与狭小价值（如图3-2所示）。

首先，水坝工程论辩中的价值争论主要表现为不同利益群体之间的价值追求之间

---

① 孙伟平．事实与价值：休谟问题及其解决尝试［M］．北京：中国社会科学出版社，2000：8.

② 拉尔夫·L．基尼．创新性思维——实现核心价值的决策模式［M］．北京：新华出版社，2003：2-3.

的冲突，见图 3-3。

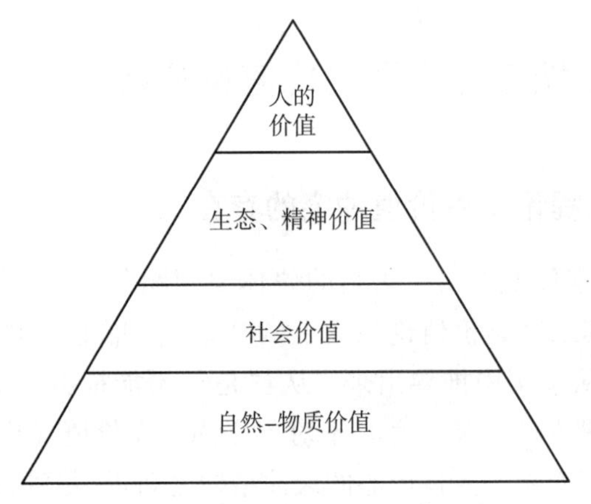

图 3–2　工程决策活动的价值层次

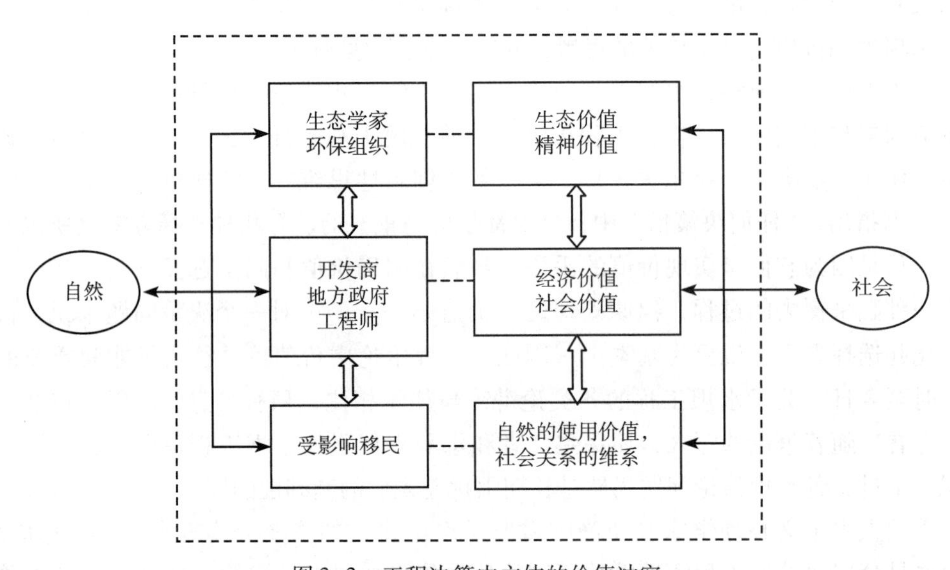

图 3–3　工程决策中主体的价值冲突

马克思在《政治经济学批判》中曾对历史唯物主义做了如下经典描述：“物质生活的生产方式制约着整个社会生活、政治生活和精神生活的过程。不是人们的意识决定人们的存在，相反，是人们的社会存在决定人们的意识。[①]”工程决策活动中主体的价

① 马克思．1844 年经济学哲学手稿［M］．北京：人民出版社，2000，32.

值追求作为一种社会意识形态，是由该主体的社会物质生活条件及地位决定的。移民们主要从自身生存角度考虑，比较重视水坝工程对当地自然资源的使用价值与地域亲缘关系的影响，比如被水库淹没的耕地与房屋是否能得到充分补偿，亲朋故友是否再难相见？同时，在工业文明充斥一切的情况下，移民们强烈希望能够走出大山去享受美好生活。水坝专家长期接受系统的水利水电专业教育，以建坝为职业，相信通过改造自然为人民造福，多追求的是水坝工程的经济价值与社会价值。而环保主义者则多为城市白领，他们人文感性色彩浓重，而科技素养相对薄弱，希冀在忙碌的都市生活之余在“原生态”净土中欣赏当地居民简朴而“浪漫”的生活。这样一来，如同钱钟书笔下的“围城”困境①，不同群体因持有的价值观迥然相异，故而形成价值冲突。

当然，即使那些坚持“原生态”的原教旨主义者，也是既有其自身利益，也有超乎他们群体自身的利益诉求。前者主要是指他们希望有可供观赏的自然环境、保护区域生态；后者则是指社会的可持续发展，这既是水坝工程活动中不同利益相关者的共同利益，也是彼此进行合作的基础。

其次，工程决策本身是追求科学性与民主性的，决策的民主价值与科学价值是相互独立、互不相属、互相对待、相辅相成的，也正因此，才有可能给决策主体带来价值困境。当前，在水坝工程决策中，水利专家的地位却受到了普遍的质疑。环保人士与大众媒体的参与，尽管可以增进工程决策的民主性，却因工程的科技素养不足，而有可能与决策的科学性发生冲突。

3.3.2　当前水坝工程争论中的价值观之争

由于水坝工程所涉及的社会移民问题、决策问题等，具有一定的政治敏锐性，受到社会政策环境的限制，关于这些领域的价值观争论比较稀少，尽在网页上的一些评论中若有若现地提到。而生态价值观的争论却是非常热烈。究其原因，主要有以下几点：近些年来，可持续发展理念深入人心，中国公众的环保意识有了很大提高，而我国政府将环境保护列为国家的基本国策之一，先后出台了《环境影响评价法》等一系列法律法规，也极大地刺激了公众参与环境保护的热情。

印度尼西亚海啸发生后不久，2005 年左右我国爆发了关于“是否该敬畏自然”的争论。这场大辩论由多家媒体掀起，涉及院士、学者、环保人士、普通市民、中学生、记者等社会各界人士，争执的核心就是人类要不要敬畏大自然。面对暴露无遗的大自然的凶残，一些活跃的环保主义者感叹人类必须要敬畏大自然。而争论的另一方是被

① 中国水利水电科学研究院副总工郭俊多次用“围城”来借喻水电开发中不同派别的争论，此处借用她的观点。

称作“科学原教旨主义者”的某知名中科院院士和新语丝网站主持人方舟子等。这场争论并非局限于理论论争，而是关系到中国是否需要通过建坝开发水能，修建水电站这一现实问题。

国内反对派往往将水坝建设归为高消耗、低产出的落后生产方式，以西方生态中心主义伦理学为理论依据，认为建坝是河流污染的始作俑者，中国不需要建设更多的水坝，怒江争议中提出“为子孙后代保留一条生态江”的强有力的口号。民间环保组织“绿家园”的创建人汪永晨曾经说道，“如果在这个大自然家庭中，所有的存在都只是为了人类一个孩子，这是不公平的”。“自然之友”会长梁从诫认为，“对自然的价值判断，是人类在脱离了单纯把自然看作生存依托之后，才有可能产生的高级理性思考”。相反，挺坝派则坚持人类中心主义观点，认为人是自然的一部分，同时，人的利益是价值存在的前提和基础，中国需要继续建坝，满足国民需求。如中国科学院院士何祚庥认为，“如果在人和自然的问题上，是以环境为本或以生态文本的话，那么水库就不能建设。遇到这样的情形，权衡利弊得失的标准就应该是以人为本。”而水电专家则往往强调，水电是大自然赋予人类的宝贵资源，它在人类发展的进程中具有其不可替代的作用。

后来争论更加升级，朝着敬畏大自然是不是“反科学”、是不是“反人类”的方向发展开去。方舟子认为敬畏、敬仰、崇拜大自然，是一种非理性的、蒙昧的观念，是号召人类即使在灾难来临之前也对自然不作为，与科学思想格格不入，不仅是反科学，而且是反人类。反方则不同意敬畏大自然就是“反科学”的观点，认为以环境为本、以生态为本其实就是以人为本，而且是以全人类为本。当人用科学手段支配一切、掌控一切，盲目建坝，就会犯“科技决定论”和“唯科学主义”的错误。

争论难分胜负，彼此不能“说服”对方。但是，在中国出现这种话题的争论本身就代表一种进步，代表了人们价值观念的更新过程。毕竟，与以往相比，保护自然作为一种观念，已开始深入人心。

3.3.3 当前水坝工程论辩的生态价值观的评析

环境伦理学的流派之争一直贯穿在水坝工程的生态论辩中。“挺坝派”中某些人士的强人类中心主义似乎总能令对方抓到“把柄”；而“反对派”高喊的“保留最后一条生态江”的口号，恰恰是以西方生态中心主义为理论依据。

挺坝派的观点体现了较强的“人类中心主义”。人类中心主义认为，只有人具有理性，只有人才能成为道德关怀的对象，也唯一具有内在价值。在以往的水坝工程设计、建设过程中，水利工程界过多地追求了工程的技术、经济效益，而对生态环境的考虑不足，造成了一些“生态后遗症”。在双方论战中，“挺坝派”又一直在强调建坝的防洪、发电、灌溉等综合效益，强调建坝是为了满足社会发展的需要，其哲学上的“人类中心主义”特征明显。例如，何祚庥院士 2005 年 6 月在参观了建设后的三峡工地后表示，“争取 30 年内把中国水能资源开发完毕”①。潘家铮、陆佑楣、中国水力发电协会副秘书长张博庭与学者方舟子、司马南也大致持有相似的观点，某些人的语气与态度在常人看来甚至有些激进。

相比之下，“反坝派”的生态中心主义非常明显。当今反坝主力军中的一些学者专家、环保人士和媒体记者，基于对科技和工程主导的现代化发展模式所持的强烈“批判意识”，以非人类中心主义生态伦理学为武器，抨击水坝工程的语言极其尖锐。西方非人类中心主义伦理学包括动物权利——解放论、生物中心论、生态中心论等多种流派。该理论认为，人并非自然界中至高无上的统治者，人与自然界中的其他成员是平等的；并非人类才有内在价值，自然界也同样有内在价值；人类中心主义凸显了人的狂妄自大和狭隘的物种利己主义，是生态危机的根源。在水坝论辩中，水坝工程的“反对派”“慎建派”认为，正是由于以往水利界人士深受人类中心论的影响，把自然视为只可由人开发和攫取的客体，忽视河流生态系统和自然界的内在价值，才导致水坝工程严重的生态影响，甚至由此来从根本否定水坝的积极作用；他们认为，河流、鱼类、一草一木都有其内在价值，并在国内兴起了河流生命伦理学。

反坝人士所秉承的西方非人类中心主义伦理学，特别是生态中心主义伦理学，固然有他的进步性，不过理论缺点也很明显——它将生态学整体主义原理扩展到包括人类社会在内的整个自然界，预设了“凡是自然的都是好的”这一前提，由此必然得出“存在即合理”“自然有其内在价值”等结论。于是也就难怪反坝人士提出“让河流自然流淌”，人应该为洪水让路的悖论了。

对于伦理学中的人类中心主义和非人类中心主义的争论，我国伦理学家甘绍平有尖锐深入的分析和评论，他认为：“自然中心主义体现着一种颠倒人类中心主义图景，建立一种广泛和全新的形而上学世界观的强烈意图。但从它所提供的论据里，可以看出它很难赢得公众的同情并在社会中达到一种共识。作为一种苍白的、理想化的伦理学理论，它很难进入人类的实践，很难通过发挥适用性而实现其存在的价值。”他又说：“那种以生态环境危机为借口，将人类中心主义看成是生态罪恶之源，从而呼吁彻底扭转人与自然的关系的反人类中心主义论，是非常荒谬的。人类中心主义并不是邪恶的，而是人类在与神秘主义、反智主义斗争中取得的一项伟大成就。它的精神实质是人道主义。”②

当然，我们也应承认环保组织也有超出其团体组织利益之外的价值诉求，比如他

① 周双超，徐爱民，彭宗卫. 争取 30 年内把中国水能资源开发完毕——访中科院院士何祚庥［J］. 中国三峡建设，2005（2）.

② 甘绍平. 应用伦理学前沿研究［M］. 南昌：江西人民出版社，2002：156、160.

们对生态系统服务功能的重视以及对人类可持续发展的追求。追求可持续发展也是人类的共同利益，这正是不同派别进行合作的平台与基础。

只能透过现象才能看到水坝工程论辩的本质。即使水坝工程的生态影响这样一个单一的问题，也并不能简单地运用数学运算而直接得出结论，而只能试图从价值判断中找到突破口。目前比较公认的结论是：如果采用人类中心主义，服务人类发展，建坝是利大于弊；若从生态中心主义出发，则是弊大于利。上述对人与自然关系的伦理学观点的论争，其实本身已经涉及对发展与保护关系的博弈，后者恰恰是水坝工程论辩的深层本质。

3.4 当前中国水坝工程论辩的方法论分析

从逻辑角度看，论辩双方对己方观点的论证有两方面，即证明及反驳。论辩主体在论辩交锋中，不仅要证明自己，还要反驳对方。一般来说，论证过程是一个逻辑过程，各方都遵循演绎推理的形式逻辑规则，要以理服人。但是，在现实的水坝工程论辩中，非形式逻辑也拥有不可忽视的地位，例如，诉诸权威人物、情感等，论辩手法层出不穷。对各方的论辩方法进行分析，可以帮助审视我国水坝工程论辩的规范性程度，并发现其中的问题所在。

3.4.1 论辩中双方阐释观点的主要形式

按照水坝工程论辩中出现频率的高低与发挥作用的大小，水坝工程论辩的主要表现形式大致包涵以下几种：

3.4.1.1 学术论辩

科学共同体或工程共同体内的学术论辩是工程论辩的最基本的形式，包括各种学术论证会、研讨会以及在学术杂志上不同观点之间的激烈交锋。从20世纪50~60年代三门峡水坝的规划设计方案的论辩，到60~70年代关于三峡水坝蓄水高程的争论，再到21世纪初的怒江水坝争议，都是始于学术共同体的内部争辩。

因水坝工程涉及筑坝技术、生态、社会等多方面的科学性问题，科学家与工程师之间出现不同意见，甚至大相径庭的激烈论战，是很正常的事情。只是这种论辩往往是学术共同体的“内部会议”，很少向外溢出。

即使学术论辩，各种专家的观点也并非绝对客观和中立。他们往往从其本身的学术范式出发来评判整个工程，例如，在三峡工程论辩中，工程师往往着重谈坝工技术、生态学家聚集于水坝的生态影响、社会学家则偏重于水坝的移民风险……类似“盲人摸象”，各有道理。此外，如同科学共同体从来不敢公开宣称他们没有利益立场一样，工程师之间的学术论辩也有着自身的利益诉求。当然，也有些在工程争论中无直接利害关系的科技专家，本着澄清事实或纠正错误的工程知识的社会责任感而参与到争议中来。

近些年来，将学术论辩演变会公共论辩的情形越来越多见。当某方科学家通过接受媒体采访来发表自己的观点，或者将内部调研报告公之于众之后，工程信息便溢出了学术共同体。持不同意见的科学家或工程师往往会通过媒体据此发表不同意见进行反驳。这样一来，公共政策论辩就开始了。

3.4.1.2　个人向中央上书

以个人名义直接向中央领导上书，是中国水坝工程论辩的一种特殊形式。在三峡工程决策上马后，尽管木已成舟，但有些专家给中央上书的热情依旧不减。1993 年 3 月 12 日，某原政府官员[①]给中央常委上书，建议三峡工程听取一次反面意见；在“十五大”召开前，1997 年 9 月 8 日，他又给中央上书，书信中提到三峡工程木已成舟。我只建议，要接受三门峡教训，要准备后事，即水库形成后，将出现哪些严重问题，怎样防范？[②]2002 年中共“十六大”召开前夕，当时已经 86 高龄的某专家上书中央政治局常委，提出了《关于我国政治体制改革的建议》。他提出：“充分保证党内言论自由，言论自由是产生正确决策的基础。党员有权在党的会议和报刊上对党的重大决策发表不同意见，有权在上述场合批评任何党员直到党的最高领导人……少数在行动上服从多数所作决定的同时，有权保留并发表自己的意见。”[③]

某水利专家在三峡工程决策前已三次上书中央，坚称三峡大坝永不可修，在全国人大上确定三峡工程正式上马后，他依然坚持上书，企图扭转大局。他于 1992 年 11 月 14 日、1993 年 2 月 14 日、1993 年 6 月 14 日三次上书党中央，附上《长江三峡高坝永不可修的原由简释》的报告，阐述他认为三峡工程不能上的主张与理由，提出“可能诸公相信群众多数，我个人仍希望公开争辩”。[④]

三峡工程开工建设后，专家们的注意力转移到水坝建设细节上来，先后联名上书将水库建至初期蓄水位、按初期蓄水位运行。1998 年 3 月，24 位有关专家曾上书《建议三峡工程先建至初期蓄水位，观察泥沙淤积，缓解移民困难》。1999 年 3 月又上书《再次呼吁三峡工程建至初期蓄水位——以缓解防洪与泥沙淤积碍航的矛盾及移民困难》。2000 年 3 月 3 日，53 位专家教授联名向中央领导上书，紧急呼吁三峡工程贯彻

---

① 出于对当事人的尊重，本书将水坝工程论辩中所涉及的一些专家学者的姓名隐去。

② 李锐．关于防“左”的感想和意见——党的“十五大”前给中共领导人的一封信［J］．当代中国研究，1998（2）．

③ 李锐．关于我国政治体制改革的建议［J］．炎黄春秋，2003（1）：3.

④ 赵诚．长河孤旅：黄万里九十年人生沧桑［M］．武汉：长江文艺出版社，2004：216-219.

全国人大议案——初期按156米蓄水位运行，验证泥沙淤积，缓解移民困难。6月，这些人又给国务院总理及三峡工程建设委员会主任写信，再次呼吁三峡工程认真贯彻初期156米运作方案，表现了与三峡工程建设委员会不同的观点和立场。①

在2003年开始的怒江水电开发争议中，反方和正方曾经先后向中央领导上书。2004年1月，当怒江水电开发相持不下的时候，环保人士就怒江建坝事件上书国务院，后来总理就该事件做出了批示。这一事件成为整个怒江水电决策中的一个转折点。

为了了解争议中真实的怒江，2005年4月4日至7日，两位院士及专家学者一行12人，赴滇考察了怒江。在短短几天的时间里，专家们不辞辛苦、风雨兼程，在群山蜿蜒、沟壑纵横的大峡谷中考察了怒江一库六级的梯级电站坝址，深入了解民情。8日上午，考察团不顾旅途疲劳，刚回到昆明就与有关专家、学者和“自然之友”“云南大众流域”等民间组织的相关人士进行座谈交流，充分听取他们对怒江建坝的意见。一星期后，两位院士以“共产党员”“院士”的名义联合上书中央，认为工程投资小而收益大，不影响“三江并流”遗产，是带动怒江移民脱贫致富，改善怒江已被破坏的生态环境的最佳途径，他们建议尽快开发怒江水电，在“开发中保护生态，在保护中开发，改变贫穷落后的局面。”两位专家的意见得到高层的一定重视。

3.4.1.3　利用互联网、媒体或出版物阐发观点

从近些年来的形势看，国内舆论出现了一种新现象，即水坝工程反对派的声势越来越强，而水利界支持水电开发的声音则处于相对弱势。反坝派占据了《中国环境报》，还有《北京青年报》《新京报》以及《中国国家地理》等多家媒体。这些媒体所发表的文章中，多注重水坝工程的负面效应。

挺坝派的处境相对不利，他们既难以获得主流媒体的支持，也无法打进那些支持环保的非主流媒体中去。人民网、新华网等官方主流媒体为避免争论，不乐于发表水电开发这类政策导向支持度不强的议题，在已经发表的少量关于中国水电开发的文章中，态度也非常谨慎，保持中立。目前，仅在人民网上开设了水博的科普专栏，并在中国网上开辟了“中国水电开发，方兴未艾”的网页，但因缺乏经费而难以为继。因此，当前挺坝派的声音主要出现于水利界内的相关网站，如国务院三峡建设委员会（http：//www.3g.gov.cn/）、中国水利网（http；//www.chinawater.com.cn）、长江水利网（http：//www.cjw.com.cn）等，出版物也多局限于《中国水利》《水力发电》等专业性期刊，受众范围狭窄。

将反坝运动环保化是水坝工程反对派的主要形式之一。海外网站、媒体、英文出版物成为了水坝工程反对派发表意见的重要途径。

---

① 刘继明．梦之坝［M］．昆明：云南人民出版社，2004：229-237.

（1）网站。比较有影响的网络刊物是《三峡探索》，它由加拿大非政府非盈利环境保护组织能源探索与研究基金会（Energy Probe Foundation）的国际探索（Probe International）出版并发行，提供有关长江三峡工程和中国环境问题的新闻与报道。该刊物于1998年创刊，并利用互联网向全球免费发表有关信息。《三峡探索》网站有简体中文、繁体中文及英文三种界面，载有大量反对三峡工程的文章，也少量刊登挺坝派的文章，文章来源主要是海外媒体，也有部分国内媒体。此外还有其他网站，如国际河网（International River Network，http：//www. irn. org/）、世界水坝委员会网站（The Word Commission Dams，http：//www. dams. org）等，大量刊载了关于三峡工程、怒江水电开发、澜沧江—湄公河水电开发的争议性文章，字里行间对这些工程的反对倾向比较明显。

（2）海外媒体。众多致力于研究中国问题的海外媒体刊发了大量反对派的文章。美国普林斯顿大学当代中国研究中心主办的《当代中国研究》最为突出，该刊特设“三峡大坝工程专题报告”与“三峡工程专题”栏目，发表的几乎全是反坝派的文章。这些文章的作者既有中国（或来自中国的）学者；也有一些国外学者，如美国国家科学院院士、国家科学奖获奖人、加州大学伯克利分校退休地质学教授卢纳·里阿普德（Luna Leopold），经济学家、“国际调查”（Probe International）执行主任帕特西亚·亚当斯（Patricia Adams）等人。[①]

（3）英文出版物。水坝工程反对派在西方英语世界里，出版了一些比较有影响的著作，最出名的有《筑坝三峡：大坝建设者不要你知道的东西》（*Damming the Three Gorges：What Dam Builders Don't Want you to Know*）[②] 与《长江！长江！》（*Yangtze! Yangtze!*）[③] 等。

3.4.1.4 环保组织花样翻新的手法

2003年开始的怒江水电开发论辩中，活跃的环保组织通过以下方法，来宣传自己的声音：

（1）争取民众参与和支持。

除“绿家园”外，“云南大众流域”“自然之友”等多个环保NGO通过大量举办讲座、论坛、签名活动，积极向公众宣传怒江大坝的状况，这些活动取得了良好效果，获得了普通民众的广泛支持。

---

① 苏向荣．三峡决策论辩：政策论辩的价值探寻［M］．北京：中央编译出版社，2007：83.

② Ryder and Barber（Eds.），Damming the Three Gorges：What Dam Builders Don't Want you to Know，London：Earthscan，1993.

③ Patricia Adams and John Thibodeau（Eds.），Yangtze！Yangtze！Toronto：Earthscan，1994.

（2）NGO的联盟整合[1]。

2003年10月25日，在中国环境文化促进会第二届会员代表大会上，汪永晨用一张会议用纸、一支铅笔征集了62位科学界、文化艺术界、新闻界、民间环保界人士联名呼吁：请保留最后的生态江—怒江。2003年11月，“第三届中美环境论坛”在北京举行，与会者全部是民间环保组织包括“绿家园”“自然之友”“绿岛”“地球村”等。据说当时国内比较活跃的NGO都参加了，会议人数达200人左右。在绿家园等组织的扭转下，会议议题转向了保护中国最后的生态江—怒江。

（3）寻找国际社会支持。

2003年11月28日，在泰国举行的世界河流与人民反坝会议上，参会的“绿家园”“自然之友”“绿岛”“云南大众流域”等中国民间环保组织在众多场合奔走游说，最终60多个国家的80多个NGO联合以大会名义发起了“保护中国最后的生态江”的签名活动，并将签名递交给联合国教科文组织。联合国教科文组织为此专门回复，称其“关注怒江”。

2003年12月底，泰国和缅甸的80多个非政府组织到中国大使馆面前抗议，并致函中国政府，要求对怒江要审慎开发，要顾及怒江下游人民的利益。泰国总理他信对此发表评论：“相信中国政府不会做出NGO们指责的事情”。

（4）媒体风暴。

在怒江水电开发争议中，环保人士利用自身职业优势，接连刮起了媒体风暴。2004年2月16~24日，某环保NGO组织北京和云南的20多名新闻工作者、环保志愿者和专家学者，在怒江进行了为期9天的采风和考察。随后大批关于怒江两岸生物、文化多样性的报道出现在媒体上。报道发出后，很多听众、读者纷纷询问怒江的相关情况。绿家园于3月14日世界江河日这天开通了“情系怒江”网站。2004年3月14日至28日，绿色流域与云南大学的唤青社、家乐福共同举办了“生命之河”图片展，有一万多人参观了展览。3月21日绿家园等八家机构在北京举行了“情系怒江”图片展，怒江美丽的生态让普通市民感受到了强烈的震撼。在环保NGO的努力下，中央电视台新闻调查栏目在全国“两会”期间播放了《怒江的选择》，在全国引起了一定反响。

3.4.2 论辩中双方互相驳斥的主要手段

论辩的目标是说服对方去同意并听从自己的观点。为了实现这一目标，论辩各方不仅要努力找出对方论辩过程中的漏洞，予以批驳；还可采用情感手段打动对方，用诡辩等非理性手段来在气场上压倒对方，削减对方论辩意志，或取得第三方的支持。

---

① 贾西津．中国公民参与案例与模式［M］．北京：社会科学文献出版社．2008：34.

3.4.2.1　挺坝派对反对派论证方法的指责

水坝工程论辩过程中，除了批驳对方观点的错误外，挺坝派还就反对派在论证手段上的一些“硬伤”发起了猛烈的攻势，水利专家张博庭还曾专门撰文批判。

（1）揭露常识错误与数据失实。

水利界人士经常批评反对派欠缺坝工技术常识，连“千瓦和千瓦时都分不清”，片面夸大负面影响。对基本数据掌握不准确，出现一些“想当然”的论述，以至于“以讹传讹，误导公众”。

近来国内一些环保人士和媒体在对国外事实缺乏严格考量的基础上，宣传美国已经拆了500多座水坝，进入了“后大坝时代”“人家都在拆坝了，我们为何还要建坝?”有人甚至问三峡大坝什么时候拆？怎么拆？为了支持己方观点，国内一些期刊在刊登国外拆坝资料时，把坝高、建坝年代等重要资料都仔细删除掉。一份国内有影响力的报纸引用法国河流生态专家罗伯特的话说“100多年来欧洲和北美各国建了很多坝，没剩下一条自然生态河流。到20世纪60年代，瑞士开始拆坝，很快欧美各国纷纷加入拆坝行列，同时停止修建15米以上的坝。”①这些舆论和宣传营造出国外已经进入“拆坝时代”的假象，影响了中国群众和政府高层。

水利界一些专家认为，美国的“拆坝运动”是国内外媒体宣传误导的结果，与实际事实并不相符。一些水利水电专家曾专门详细批驳“反坝运动”的事实错误，指出“有些大坝会退役或者拆除重建，这与所谓的世界上‘拆坝运动’是两回事。”②他们认为，大坝废弃或重建，如同人的生老病死，是生命周期的自然现象。新中国成立以来一直在建坝，因修建时的年代和技术经济条件、管理运行方式的差异，每年都有相当数量的水坝予以废弃或拆除。况且，“美国拆除的500多座水坝的坝高值均不到5米，坝长约10米，都是修在支流、溪流上的年代已久、丧失功能的废坝，99%以上不是为水电修建的。”③拆坝倡导者的目标是反对建造或主张拆除大坝和主坝，而不是那些无关紧要的小坝。具有讽刺意味的是，在美国有影响的大坝如胡佛大坝等均未被拆除。如中国长江三峡集团公司副总经理林初学“至于到何时，拆坝会发展为时尚，从论坛和沙龙真正走向水利水电坝工实践，开始拆一些有影响的大坝乃至主坝，我个人认为，这主要取决于多功能水利枢纽给人类提供的产品（防洪、灌溉、供水、电力等）之替代品的出现。”④

---

① 张可佳．“全世界究竟拆了多少坝”［N］．中国青年报（2003年12月10日）．

② 于洪海报道发达国家有拆坝运动是误解［J］．中国能源报．2009-8-27．http：//www.p5w.net/news/gjcj/200908/t2535520.htm.

③ 潘家铮．建坝还是拆坝［EB/OL］．http：//hi.baidu.com/yingang0000/blog/item/f0848eb122284657092302fe.html.

④ 林初学．对美国反坝运动及拆坝情况的考察与思考。

这方面其他的例子还包括：国内水坝的反对派认为水库会淹没珍贵的野生稻种，水坝将危及怒江48种鱼类的生存，但实际只有8%的野生稻种与少数几种“洄游鱼类”的生存环境会受水库影响。国内多以漫湾电站为例，来说明水库移民的生活不但没有改善，反而大幅下降，并多引用云南一教授的调查研究数据：“根据省农调队组织的调查，水库淹没前移民纯收入是高于全省平均6.7%，人均年收入高于全省的63.7%，1996年水库完工淹没以后，现在只有全省平均值的46.7%，这个反差是相当巨大的。”某水利专家通过对多家报道的比较分析并查阅统计年鉴的数据，最终发现上述叙述违反常规且毫无意义①。

（2）揭露避重就轻、自相矛盾的论证方式。

挺坝派批评反对派为了论证需要，往往对于水坝工程的正负影响“各取所需”，片面截取对己方有利的观点，在逻辑上犯了自相矛盾的错误。例如，他们一方面大肆抨击修坝建库会迫使移民搬迁，会破坏民族传统文化，呼吁要尊重移民的人权；另一方面又极力鼓吹让江河自由流淌，泛滥有益。可是，如果任由洪水肆虐，百姓的性命暂且不保，又何以去大谈尊重人权和保护民族传统文化？

同时，反对派论证时还经常避重就轻。挺坝派陆佑楣院士曾评判《大坝经济学》一书“引用了不少资料，夸大了大坝及水利工程对生态环境的负面影响，而有意回避正面的效应，用静止的眼光看人类社会发展的进程，情感多于理性，缺乏严谨的科学态度，事实上误导了社会舆论，推动了在中国的‘反坝之风’”②。国内反对派也经常如法炮制，例如，他们讨论水坝的生态影响，必言三门峡和埃及阿斯旺，而根本不谈新安江、小浪底水电站对生态环境的积极作用；谈到移民问题，必提新安江与漫湾水电站，而故意回避水电建设对移民生产生活的积极改善。

（3）揭露断章取义与偷换概念的诡辩术。

有水利专家指出，美国学者麦卡利所著的《大坝经济学》的中文译者对英文书名进行了篡改，“英文书名是*Silenced River*，即沉默的河流，副题是Ecology and Politics of Large Dams，即大坝的生态与策略，中译版把书名改成了‘大坝经济学’”,③ 并子虚乌有地戴上了“高等学校经济学教材”的光环。

在怒江水坝工程争议中，“原生态”概念的争辩是一个经典的案例。争议中，反对派的重要论点之一就是怒江“作为在干流上尚未进行开发，没有建造任何水坝的河流，是一条原生态河流，具有重要的价值。”单单这一点，挺坝派就找出了两点“硬伤”。某学者曾经在演讲中指出，“原生态河流”概念为怒江争议中反对派新创的概念，概念

① 张博庭，青长庚．警惕反水坝的悖论［R］．三峡水力发电厂编印：12.

② 陆佑楣．水坝工程的社会责任［J］．中国三峡建设，2005（5）：4.

③ 陆佑楣．水坝工程的社会责任［J］．中国三峡建设，2005（5）：4.

模糊，之前无论在各种学术著作中，还是各类新闻报道中，都没有明确的阐述。至于在怒江上是否已经建坝的问题上，更是严重与事实不符，因为不仅怒江支流上已建了“比如”“查龙”两座水电站，在怒江下游缅甸境内的萨尔温江上，缅泰两国也正在合建“塔桑”水电站，且规模可观。对“未被开发的原生态河流”这一论断的揭穿，使挺坝派在论辩中占据了主动地位，而反对派此后对这一说法进行了调整，改为“基本未被开发的河流。”

“中国承认三峡大坝存在隐患”的报道一度闹得沸沸扬扬，水利专家则认为，该新闻是对国内某官员讲话的断章取义，是“专门误导公众舆论的假新闻”①。他指出，“隐患一词是对风险带有感情色彩的否定表述……因此，中国政府如果把三峡大坝存在的风险说成隐患，本身就在表达出政府对三峡大坝的否定态度……作为一贯坚持三峡建设的中国政府，更不会逆世界潮流而动，做出自己打自己嘴巴的蠢事”。②

他还认为，个别媒体记者根据三峡建设委员会的某官员在武汉会议上提到的，“对于三峡工程能引发的生态环境安全问题，我们决不能掉以轻心，决不能以损失生态环境为代价换取一时的经济繁荣”的有关表态，而发布“中国承认三峡大坝存在隐患”的假新闻，不仅是断章取义，且依据和动机让人不得而知，事实上，上述讲话与我国政府的“十一五”规划中“在保护环境的基础上有序开发水电”的一贯精神，没有任何区别。

3.4.2.2　反对派对工程论辩规范性的质疑

因为工程论辩与工程决策有密切联系，反对派主要是通过质疑工程论证、决策程序的规范性，来反驳对方观点的有效性。在三峡工程论辩中，1986—1992 年间对三峡工程进行重新论证的组织及其组织建构的合法性问题历来备受争议。1992 年七届五次人大会议期间，台湾省某代表在 3 月 25 日下午的代表团会议上的发言很有代表性。在他所做的发言《真正贯彻决策民主化和科学化》中谈道：“三峡工程的科研涉及许多部委，应由国家科委、国家计委主持，组织协调有关各方，共同完成。但 1986 年 6 月后改由水利电力部负责三峡工程论证工作，水电部组成的工程论证领导小组，其正副组长和全部成员，都是原水电部的正副部长、正副总工程师、‘长办’主任和三峡工程开发总公司筹建处主任，都是清一色坚持要上三峡，并要快上三峡工程的。领导小组下设的 14 个专家组中，有 10 个专家组组长是原水电部所属单位专家—这种组成形式缺乏民主化和科学化。”③王维洛也曾称，“所谓的国务院对三峡工程可行性报告的审查，实

① 张博庭．剖析假新闻——中国承认三峡大坝存在隐患［J］．财经界，2007（11）：77.

② 同上。

③ 黄济人．三峡工程议案是怎样通过的——一个全国人大代表的日记［J］．重庆：重庆出版社，1992：91.

际上只不过是一个水电部自编自审、‘假戏真唱’的过程。”①

在海外媒体上，对中国水坝工程决策民主性的批判更为强烈一些，甚至涉及中国行政决策体制、中国公民的言论自由等问题。例如，戴晴的文章《三峡工程与中国言论自由》就发表在《芝加哥评论》② 上。

而对于三峡工程交由七届五次全国人大表决，人们也产生了很多疑问：科学问题必须要通过投票来解决吗？将充满争议的三峡工程交由人大来表决合理合法吗？对于未知的、不确定的问题，我们是谨慎存疑还是立即操作？③

3.4.2.3 双方就论辩作风和利益立场的相互批判

（1）论辩作风问题。

在1986—1992年，三峡工程的重新论证阶段，正反双方尽管都在坚称自己尊重科学、讲求事实，却也都开始指责对方在论辩作风上存在问题，论辩开始带有感情色彩。例如，三峡工程的反对派在中央的上书中指责主上派有弄虚作假之风，不实事求是，贪功求利。还有一些反对派人士批评说，三峡重新论证的各组专家是受到了水电部的影响，不能反映其真实意见，故重新论证的结论并不可靠。

对此说法，国务院三峡地区经济开发办公室主任在1988年10月的全国政协七届常委会第三次会议上做了书面发言《我对三峡工程争辩的看法和建议》，其中有些言辞表达了他对反对派的强烈不满：“至于占半数以上的水电系统以外的专家，包括了各个有关部门持各种不同意见的知名人士，他们都是有独自见解的，不受任何人左右的，在论证过程中也允许发表自己不同的观点，怎么能把他们说成是受水电部控制的呢？这不等于对这些专家的人身攻击和侮辱吗？现在重新论证并未结束，可行性报告还没写出来，国家审查委员会还未正式成立，在不了解全面情况，没有看到重新论证结论（更谈不上深入研究）的情况下，就急于否定论证结论，否定三峡工程，能说这是慎重的科学态度么？”

（2）利益立场问题。

论辩中双方都批判对方是“屁股决定脑袋”，利益决定态度。挺坝派认为，环保人士坐享都市生活的繁华，希望在闲暇时享受青山绿水、欣赏原始的少数民族文化，却完全不能体会深山峡谷中贫困百姓的艰辛；他们经常指责水坝工程破坏生态环境，其实贫困才是生态破坏的重要原因。而那些国外的反坝团体就更加的动机不纯了，其本国内的水利基础设施已基本完善，无坝可反，就把矛头指向发展中国家，企图阻碍这些国家的水坝工程建设，进而达到妨碍经济发展的目的，国内环保组织因受到国外资

① 王维洛．中国防汛决策体制和水灾成因分析［J］．当代中国研究．1993（3）．

② 详见 Chicago Review. Vol. 39，No. 3-49Summer/Fall 1993，pp. 275-278.

③ 苏向荣．三峡决策论辩：政策论辩的价值探寻［J］．北京：科学出版社，2007：103.

助，而盲目跟风。有水利专家认为，“国内有些人在没弄清楚事实情况前而急于表达对国事之关心，并无恶意；但有个别人明知彼坝非此坝，却用心不良，歪曲事实、故意偷梁换柱、模糊概念，误导媒体和公众，其手法是恶劣的。”① 这些说法的依据尚需进一步考证。

值得一提的是，随着争论的升级，双方一度卷入口水战之中，最后对簿公堂。某财经媒体记者曾于2007 年撰写评论性文章《水电开发该降温了》，遭到中国水力发电工程学会副秘书长张博庭言辞尖刻的指责。张博庭被诉以学术争论为由，侵犯他人权利。该案最后以张博庭败诉告终。② 民间环保人士还曾掀起公益诉讼，要求环保部、发改委等部门对《怒江水电开发环评报告》进行行政复议，其诉讼的象征意义远大于实际意义。

3.5　水坝工程论辩的局限、教训与启示

3.5.1　水坝工程论辩的局限与教训

3.5.1.1　工程论辩存在被漠视与“无序性”倾向

只有在公开的诉求中、在明确的阐述中，在一定程序的论辩中，水坝工程活动中的不同利益相关者才能得到合理的表达与维护。近些年来，我国水坝工程论辩多表现为一哄而上的无政府主义的辩论，无序性较强。论辩各方对于论辩的议题、论辩目的与预期结果都没有清晰的认识，论辩中往往是大家你一言我一语，闹闹嚷嚷、漫无目的地发表一些，最后只能是一片嘈杂和噪声。无序的工程决策论辩，既不能增进公众对工程知识的理解，也不能向决策者提供有效的政策建议，在实际效果上离工程决策论辩的应有之义还相去甚远。当论辩相持不下，无法继续进行时，也缺乏组织者来予以协调，最后只能靠政府官员出面，通过扮演“包青天”的角色来打破僵局。

3.5.1.2　论辩形不成权威性结论，决策迟迟未果

俗话讲，“真理越辩越明”。在怒江水电开发这样的论辩中，尽管通过电视、报纸、网络等大众媒体渠道，各种民意得到比较充分的表达，称得上是工程民主决策的一个可喜的进步，但是，长期以来的论战，似乎并未能帮助人们理清头绪。由于科技专家、

① 林初学．对美国反坝运动及拆坝情况的考察与思考［EB/OL］．http：//www.esepworld.com/html/17904/31420_5.html.

② 一场水电开发口水战［EB/OL］．http：//hi.baidu.com/yzmex/blog/item/981b0250d01ce36a8435246e.html.

工程师与环保人士出于自身利益立场的限制，经常在论辩中极力试图将自身及所代言的群体的利益最大化，因此各派众口纷纭、莫衷一是，工程论辩至今未取得权威性的共识与结论。在论辩中人数比例最大的普通公众在接收大量无序信息后，存留在头脑中的往往是无序而发散的意识流，并不明白到底是该相信传统的科学与工程权威，还是更倾向于那些对环保大声疾呼、反对水坝工程的民间环保人士。

此外，有的论辩中，缺乏实际的论辩中止机制，使得论辩无休止地延续下去。但是，不管论辩各方出于何种目的，对决策结果有怎样的期望，总希望论辩最终会走向决策。倘若论辩一直拖延下去，没有结果，很可能失去了发展的最好时机。怒江地区是国内生物、水能、矿产与旅游资源最为富集的地区之一，说怒江守着“金饭碗”丝毫不夸张。但怒江却是国家重点扶持的贫困县之一，全国最为贫困的地区之一。怒江工程自从2003年以来，几度沉浮，关于工程是否上马至今未有定论。迄今为止，怒江水电开发依旧不知所终。

没有中断与判定机制的论辩，其现实效果距离促进水坝工程科学与民主决策的目标必然相去甚远。如果不能对这些论辩加以正确引导，长此以往，不仅可能会影响人们对水坝工程的正确认识与客观评价，还将阻碍水坝工程的决策与可持续发展。如若处理不当，甚至波及国家经济发展与社会和谐稳定的大局。

3.5.2 改进水坝工程论辩的若干建议

3.5.2.1 对水坝工程论辩应予以宽容和引导

从上述对于水坝工程论辩的现实条件的阐述中，不难看出，当前中国水坝工程论辩自有其存在的现实土壤，有其存在的现实必然性和积极的价值。我们对水坝工程论辩之类的民间公共政策论辩，不能实行“鸵鸟政策”，对其予以漠视，甚至取消或扼杀论辩。相反，当务之急便是以更加宽容的态度对待水坝工程论辩，承认工程论辩的存在，对其进行合理规范，引导论辩朝着更为规范化、制度化的方向发展，朝着有利于社会主义现代化建设与和谐社会的方向发展。

我们还应吸取三门峡水坝论辩中的教训，避免将工程论辩政治化。尽管任何工程都不能与政治彻底脱节。但是，只有将政治与工程之间的关系相对淡化，才能让社会公众敢于发言、踊跃发言，切实起到工程论辩的意义与价值。正如有关专家所言，对于水坝工程论辩“这样复杂的问题，应防止任何理由的简单化与情绪化，并警惕任何形式的傲慢与偏见”①。

---

① 水电科学发展之争［EB/OL］. 中国新能源网. 2009-7-8. http://www.newenergy.org.cn/html/0097/780928490_2.html 最后一次登录 2010-1-22.

3.5.2.2　完善水坝工程论辩的相关程序

完整而严密的决策程序是使工程论辩走向合理决策的基本保证。只有在程序引导下认真进行的辩论，才有可能是卓有成效的辩论，才可能对决策者产生有益的重要影响。在决策论辩中，只有设定合理、完整且科学、民主的论辩程序，督促参与论辩的多元主体严格遵循各个决策环节，才能向各个论辩主体全面展示工程及论辩相关的各种信息、不同甚至截然相反的各种观点，才能通过工程论辩形成富有成效的结论，在此基础上，论辩本身才有可能为决策者提供有效的决策信息，引发高层决策者的重视，帮助决策者甄别错误，做出全面而合理的决策。

三峡工程论辩程序的设置与安排的某些方面尽管存在着缺陷，但总体上是较为合理而严密的，实践也的确对此予以了验证。万里委员长也说过，“关于三峡工程决策的科学化与民主化程度都够了”。[①] 但是，三峡工程论辩不应成为一个“前无古人，后无来者”的罕例。以后，我们应该在对工程论辩价值予以确认的基础上，完善工程论辩的程序，将三峡工程论辩一般化，以进一步提高论辩的决策效能。

3.5.2.3　合理组建结构优化的团队，作为论辩的第三方评定机制

在涉及水坝工程建设与水电开发的议题上，单纯的群策群议是不够的，必须有专业、独立的第三方作为评定机构，对水坝工程论辩的进度与效果进行间接引导与调节。第三方评定机构的主要形式是数量合理、结构优化的专家团队。专家团队在工程中的作用主要包括：在科学与民主的论辩程序下，由政府组织这些专家团队对工程争论进行“预演”，形成较为权威的专家评定报告，再委托各个部门通过大众媒体向社会发布，以期把握水坝工程论辩的主流方向。当论辩中的不同派别与意见相持不下的时候，专家团可以扮演临时的“论辩仲裁者”的角色，缓解工程论辩的困境，推动论辩继续向前发展。

这个专家团队的构成，不应该委托给水利部、环保部及其相关单位，或由某个利益群体来组建，而应该是国家发改委等部门来组建，专家团仅对组建部门负责。专家人员的构成上，一方面，要尽力消除专家们的利益立场对专家团的总体意见的影响。专家团的成员组成要尽量多元化，既应该包括某些支持建坝的水利专家，又应有那些反对建坝或提倡谨慎建坝的环保人士；更应尽可能多了解工程移民的真实想法；特别要注意那些先期支持，到后期转而反坝的水电专家、或先反坝后支持建坝的环保人士的意见；还可适当选择数量合理的持中立立场的专家以及一定数量的外籍专家加入到专家团的讨论中，从而力图对怒江这样的大型水电工程的相关争论得出比较客观准确的评价。

① 李鹏．众志绘宏图——李鹏三峡日记［M］．北京：中国三峡出版社，2003：139.

美国在20世纪70年代，围绕核废料处理等技术应用问题，在不同利益群体间曾经展开了激烈的争论，引出了“科学法庭”的概念，后来在实施过程中发现诸多困难。此处提出的关于处理水坝工程争议的第三方评估机制的建议，作为从法律仲裁与调节中借鉴过来的一种设想，尚停留在设想阶段，还缺乏明确的操作机制，也没有将其在水坝工程争辩领域进行应用的相关案例。这种机制的执行规则与可操作性还有待进一步探索。但是，从长远来看，设立第三方评估机制无疑是非常必要的。诚然，工程活动中的不同利益相关者都会带有某种利益或价值目标。但我们总可以找到利益相对独立的专家或学者来进行工程争议的评估，并制定相关的规则或法律法规对其利益倾向进行规范。如果片面强调当事人的利益相关性，而放弃采取任何措施，也是不可取的。

第4章　水坝工程的合理性问题

4.1　工程合理性问题的提出

工程合理性问题理应是工程研究的一个基本主题。国内学者李伯聪教授曾指出，“工程合理性是合理性理论研究的新课题和新领域”。[①] 尽管本书以上章节没有直接阐述水坝工程的工程合理性问题，但在上述关于中外水坝工程演化和水坝工程建设的伦理困境部分中已多次隐含地讨论了水坝工程建设的合理性问题。

合理性问题一直是哲学研究的一个核心问题（Alfred R. Mele，Piers Rawling，2004），有的学者甚至称之为一个“新的哲学范式”。美国哲学家L. 丹说：“20世纪哲学最棘手的问题之一是合理性问题。”社会建构主义理论的发展，大大推动了合理性问题的研究。科学的合理性和技术的合理性已在科学哲学和技术哲学领域内得到深入的探讨。近年来，工程哲学在东西方的发展均已经颇具雏形，有学者已经对工程哲学本身作为一门独立的学科体系存在的必要性做了探讨。由于工程实践对现实世界的影响直接而深远，中国等发展中国家正在成为世界工程建设的中心，越来越多的超级大坝、高速铁路工程正在或将要在东南亚、非洲和世界各地开工建设。人们期盼工程共同体通过建设合乎理性的工程，趋利避害，促进人类社会的可持续良性发展。因此，工程合理性亟待探讨。

人类的生存离不开工程，工程永远存在。或许自从水坝工程在地球上产生以来，就存在争议。直到20世纪，中国逐渐成为世界上的大坝建设中心。尽管现在社会各界的注意力集中于这些水坝工程的现实效益，但关于“要不要建坝”的问题却是无法逃

---

① 李伯聪．略论理性的对象和解释中的转变——兼论工程合理性应成为合理性研究的新重点［D］．山西大学学报（哲学社会科学版），2008（2）：5.

避的根本性问题。尽管当代任何水利水电工程在上马之前，都要进行长达数年的预可研报告、可行性研究，内容涉及工程的技术、经济效益、社会、生态等诸多方面，但并不能消除人们对当初是否应该建坝的疑问。20世纪下半叶，中国三峡大坝决策上马前后，就曾掀起过若干次争议高潮。虽然今天三峡水电站已经建成并投入运营多年，人们在谈论三峡大坝对生态和社会等具体的利弊影响的同时，依然在谈论三峡工程到底该不该上马这一原初性问题。21世纪初，新一轮关于水坝工程的争论狂潮席卷而来，“三门峡水库存废之争”“怒江水电开发争议”，是否要在世界文化遗产都江堰水利枢纽上游新建杨柳湖大坝的“都江堰保卫战”更是引发了大众的关注。而声势浩大，耗费国家巨额财政投入的南水北调工程的合理性问题也是人们争论的热点问题……这些绵延不绝的水电工程争议的本质就是工程的合理性问题。工程合理性问题，既是透彻理解工程争议的切入点，也是工程哲学亟须探讨的一个核心问题。

以上文字从理论意义和现实层面阐释了探讨工程合理性问题的必要性。本章试图从“合理性”这个哲学概念出发，来引申出工程合理性问题，并进而思考中国水坝工程建设和水电开发的合理性问题。

值得一提的是，由于历史和文化背景的差异，“工程”一词在东西方有着不同的理解。西方工程哲学的关键词是工程思维、工程设计（Gurnani，Ashwin Prabhu，2007），中国学者则习惯于将工程视为一个个具体的“造物”活动，李伯聪教授曾提出“我造物故我在”，注重工程的建设、管理和运行，或者项目本身，譬如三峡大坝工程、青藏铁路工程。这也就是为何在fPET（国际工程和技术哲学论坛）会议上，中国学者会将西方学者眼中的技术问题当作工程问题来阐述。本书关于工程的论述将主要采用中国学者的理解而展开。

4.2 工程合理性的本质是一种辩证的、批判的价值理性

探讨工程的合理性，就是要知道什么样的工程是合理的，目的是帮助人们了解如何在设定工程目标、进行工程设计和建设、运营的过程中，能更加理性、公正和平衡地处理各方面的利益和价值，从而推动人类社会的可持续发展。本书认为，工程合理性就是人通过发挥人的本质力量，在遵循自然规律的前提下，通过某种技术手段和社会手段等，有效满足部分人类需求的一种价值理性。简而言之，工程合理性本质是一种具有相对性的价值理性。

在西方哲学中，理性（合理性）是基本的概念之一。尽管古希腊时期还没有出现理性（reason）一词，但却有与其概念相当的逻各斯（Logos）和努斯（Nous）。正如伽达默尔所指出的那样，对于古希腊人来说，逻各斯“首先和最重要的不是人类自我意

识的属性，而是存在本身的属性。”① 理性观念在近代时期发生了两次重大转向。“如果说笛卡儿开始了一个把客观的理性转变成思维者主观理性的转向，那么，韦伯所开始的就是从思维者的主观理性向‘行动者的行动理性’的转向了。”②

韦伯最先把合理性（英文 rationality）作为一个基本的理论术语加以使用，并作为其理论体系的基本概念之一。作为著名的社会学家，韦伯将合理性划分为价值合理性（value rationality）与工具合理性（instrumental rationality）或实质合理性（essential rationality）与形式合理性（formal rationality）两种类型，并运用合理性概念来剖析“现代化”的过程与“现代社会”的性质。他认为现代化过程其实就是一个合理化的过程，合理性是区分传统社会与现代社会的标志。此后这种工具理性和价值理性的二分法一直为人们所沿用。哈贝马斯的交往行为理论和“主体间性”的思想则继承与发展了韦伯的思想。

自 20 世纪以后，合理性概念，不仅在词典或百科全书中占有一席之地，还充斥哲学、经济学、法学等学术文献世界。其中，经济学领域的合理性问题研究取得了丰硕的成果，“他们承认了‘人是理性的动物’的传统观点，可是作为经济学家，他们又对‘理性人’进行了新的解释，把‘理性人’解释为在行动决策时追求自身利益最大化的‘经纪人’。这样，‘理性的’‘经纪人’和‘经济学解释的’‘理性人’就‘二位一体’了”。③ 此后，阿马蒂亚·森、西蒙和制度主义经济学派都对西方主流经济学的合理性观点进行了批评，但归根到底也只是对主流经济学的合理性概念的“重要补充”和“加倍完善”。④

那么，回到工程的合理性问题上来，人们应该会同意，工程活动总体上讲是应该是一种理性活动，但同时也存在着非理性因素。工程合理性不完全同于注重思维逻辑的科学合理性，而是侧重工程实践活动中的合理性。从涉及领域来看，工程合理性既包括历史发展所证明的合理性，又包括工程理念的合理性，也就是工程观问题，还有公众对工程合理性的认识与理解等。工程合理性的内容是十分复杂而深刻的，有待深入分析和研究。

一般学者认为，技术理性是人工物的中性的工具理性与负载人类目的的价值理性的统一。那么，按照“科学—技术—工程”三元论的提法，工程是技术、自然、经济、

---

① 胡辉华．合理性问题［M］．广州：广东人民出版社，2000：47-49.

② 李伯聪．略论理性的对象和解释中的转变——兼论工程合理性应成为合理性研究的新重点［D］．太原：山西大学学报（哲学社会科学版），2008（2）：2.

③ 李伯聪．略论理性的对象和解释中的转变——兼论工程合理性应成为合理性研究的新重点［D］．太原：山西大学学报（哲学社会科学版），2008（2）：3.

④ 李伯聪．略论理性的对象和解释中的转变——兼论工程合理性应成为合理性研究的新重点［D］．太原：山西大学学报（哲学社会科学版），2008（2）：4.

社会等各种要素的综合集成，那么，工程的合理性自然也应该是工具理性和价值理性的统一。有些工程之所以不合理，就是因为工程的工具理性与价值理性的背离。

但是，本文对此问题持有不同看法，认为工程的工具理性和价值理性是一个事物的两个方面而已。价值理性（value rationality）也称实质理性（substantive rationality），作为一种以主体为中心的理性，仅仅赋予那些合乎人的需要和特定价值理念的行为以合理性。工程的价值合理性的本质就是工程的合目的性。而工具理性作为创造具有多种功能的工具的人之理性，只是实现人的目的的手段罢了，不存在纯正意义的价值中立的工具理性。正如黑格尔曾经说过，“目的通过实现手段作为中介与其自身相结合，主要的特点则是对两极端的否定。这种否定性一方面否定了表现在目的里的直接的主观性，另一方面否定了表现在手段里或作为前提的客体里的直接的客观性。”（黑格尔，1980）换言之，“主观目的是通过改变原本并无意义的客观事物来实现自身的。”（黑格尔，1980）也就是说，客观存在只是目的实现自己的手段、工具。具体的工具效能背后总能找到其隐含的利益。就拿水坝工程来说，防洪功能指向社会公益，水坝的发电功能自然可以有效缓解全国用电高峰期的能源短缺，水利专家一直致力于让公众相信水电是“绿色清洁能源”，有利于全球温室气体减排（贾金生、张博庭等的文献），不过在一般民众眼中却更多意味着水电开发商巨额的经济利润。水电功能就表征着经济价值和一定的生态价值。工具负载目的，也就是负载价值，因此，工具理性自在地就是价值理性。

工程合理性的一个基本特征就是它的辩证性。工程合理性问题其实就是在询问怎样的工程方案对特定人群是有价值的。不存在对所有人均有价值的工程人工物，价值永远是针对部分人的，不存在具有普世价值的人工物。因此对于工程的争议也永远存在。政府、投资商、受影响居民、非政府组织等不同利益相关者由于自身的利益立场、对事物本身的看法不同，往往会强烈支持某一价值目标而轻视其他。当这些人在工程决策、工程管理的境遇（context）中相遇并表达意见时，就会出现冲突。那些旷日持久的水电开发争议，最终都逃不过利益冲突、价值冲突。工程的各种工具手段之间也会存在冲突，折射出不同利益相关者各种价值之间的冲突。例如，水坝工程的防洪功能和发电功能还会互相冲突。雨季来临，上游水量增大，为了增加发电量就要减少向下游泄水。而如果这样做，水库的空余库容就会减少，那么一旦发生洪水，水库的防洪能力就要大为缩减。这时就需要工程设计者和决策者在不同的功能，更精确地说出在不同价值之间进行一个取舍和权衡。

当人们追求工程的某种价值理性，而当下又没有更好的替代性工程可以选择的时候，就会被迫接收现有的技术手段。例如，为了防洪、灌溉，尽管人们痛恨水坝工程带来的种种害处，而水坝工程在当前又无法替代的时候，人们只能被迫继续筑坝。工程合理性，本身就是一种辩证的必要性（the dialectical necessity）。识别和判断一项工程是否合理，主要应看工程本身是否有利于人类的可持续发展。

工程合理性的另一个基本特征是它的批判性。人类社会的发展是一个永无止境的历史过程，工程发展永远处于一种当时当地的历史情境（context）中。在特定的时空中，社会发展和人的理性都是有限的，工程也总是有缺憾的。工程合理性本质作为一种价值理性，也就是一种人类的批判理性，关注与工程相关的人的生存境遇，并立志于解构现有的工程问题，重建一种合理的价值。围绕水坝工程的合理性的争议中，工程的反对者们批评支持者们。单单强调水坝作为人工物的工具合理性，如水坝工程所具有的防洪、发电、灌溉、航运等功能对人类的益处，而较少考虑工程的消极后果，如水坝所造成的山体滑坡、对野生鱼类生存的影响等，更忽视工程人工物的价值合理性，例如社会正义、民主、文化传承等。

4.3　工程合理性是社会交往基础上的权力意志的产物

哲学上最求真理，本质上是追求个人意志的实现。合理性之“理”即价值的有效规定性的确定。如何确定工程的合理性？换言之，如何在一定程度上解决工程争议，达到一种相对合理的工程的价值结果？答案就是社会交往与权力意志综合。从人类工程史上看，工程争议的解决总是先由不同工程共同体成员经由社会交往进行讨论，但社会交往过程不能确立价值的规定性，之后由部分人的权力意志做出最终的确定。简单地说，工程合理性的最终确定就是社会交往基础上的权力意志。

工程决策的整个程序基本包括以下几个方面：一是做好工程的可行性研究（专家意见、实地调研）；二是提出概念大坝，设计好一座工程的具体目标（防洪、灌溉、发电等）；三是进行可靠性论证；四是由相关政府部门或人员通过决策体系进行工程决策。其中前三个程序正好契合哈贝马斯的社会交往理论，就是工程共同体的社会交往过程，这与哈贝马斯在社会交往中重建人的理性不谋而合。最后一个程序则契合尼采的“权力意志”论。

哈贝马斯提出交往合理性思想，既是为了实现对理性的重建，也是为了实现对现代西方社会的批判和治疗。根据知识的获得和运用的方法不同，哈贝马斯把合理性区分为以知识去适应和支配外部世界的工具支配的合理性和知识主体通过交往以达到相互理解的交往合理性。他进一步认为，工具支配的合理性事实上要服从于交往的合理性。因为主体之间只有通过交往才能克服各自见解的主观性从而获得一致性意见，并在这种一致性意见的指导下，以社会合作的方式去实现对客观世界的干预和支配。因此，交往行为相对于工具支配行为具有基础性，与此相对应，交往的合理性也是其他一切形式的合理性的前提。其他一切形式的合理性只有在交往合理性的基础上才能得到真正的理解和说明（Habermas，1994）。由此可见，哈贝马斯对合理性内涵的理解是建立在对人与人之间的交往活动的肯定的基础之上的。水坝工程从可行性研究阶段开始，就应通过实地调研选择坝址，掌握坝址当地的水文、泥沙等基本情况；通过与当地居民交谈，了解他们生存的实际情况，建坝可能对他们产生的影响以及他们对水坝建成后的预期；在水坝工程论证时就应该允许经济学家、社会学家、环境专家、当地潜在受影响移民发表各自的利益需求，表达他们不同的价值取向，从而使得工程设计能兼顾各方，工程建成后各方基本接受。

权力意志最初被尼采作为生命组成的原则而最终作为所有存在的原则而构思的(李洁，1998)。与叔本华将事物的生存意志的目标仅仅在于求生存相比，尼采则认为事物的生存意志除了求生存以外，更重要的还在于求权力、求强大、求优势、求自身超越。在尼采哲学中，权力意志是一切事物的本质，一切事物无不是权力意志的表现。人的一切行为、活动都是权力意志的表现。权力意志是一切力量的来源。“一切推动力都是权力意志，此外没有什么身体的、动力的或者心灵的力量了”“一切都力求投入权力意志的这种形态之中”（尼采，2007)。将这种说法延伸到水坝工程中去，政府、水电集团、生态主义者、社会学家和普通公众在水坝工程决策前后形形色色的争议，其实就是不同的权力意志的争斗现象。各方不仅为了保障自己的生存免受工程活动的不利影响，而且希望自己能得到超越别人的权力、威望和影响力。所以那些看似与工程并不相关的环保主义者，也在大肆宣扬自己极端理想化的生态价值理念。

事实上，意识形态本身一直是国家层面的强力意志的体现，“意识形态就是服务于权力的意义”（John Tompson，2005)。每一个社会的统治者从来不会满足于自己实际拥有的权力，他们还通过意识形态的炼金术把事实的权力转变为应得的权力。中国正在建设着世界上最长的铁路、最高最大的水坝……这些动辄耗资几十亿元国家中央财政收入的工程，在决策问题上往往是政府或大型国有企业直接决策。这种并非全民投票的自上而下的决策模式，也是西方批评中国众多工程的合理性的一个靶子，西方国家认为中国并没有很好地补偿水坝受影响的移民，对生态保护重视不够。在他们眼中，水利工程师们永远在计划着下一步开发哪道河流，希望每条河流上都能看到水坝和电站。另一个侧面，这些工程的接连上马向全世界展示了一个信奉着西方人眼中有点那么邪恶的“共产主义”理论的发展中国家的权力意志。中国水利界政府部门和工程师声称，如果所有的工程都需要工程的全体利益相关者进行投票表决，那最终将导致没有一座水坝能够开工建设。这对于中国这样一个能源供应紧张、水患灾害频繁的国家，会产生不可想象的后果。

西方国家试图将民主、普选制宣称为一种普世价值和西方文明的普遍真理加以推广，从而在围绕工程的价值领域霸占了一种话语上的优先权，并努力将这种意识形态渗透到工程管理、工程决策的制度设计中去。尽管与后现代主义所批判的马克思主义等元叙事不同，上述观点其实只不过是法国哲学家李欧塔（Jean-François Lyotard）提出的元叙事（meta narration）在工程领域的一个版本罢了。其实，尽管西方公民社会的发展和民主意识的普及使得投资商和决策者要更多考虑社区意见，但西方表面上自下而上的决策体制的本质是资本力量操纵的国家意志，代表的也只是少部分人的利益。底层社区的部分意见无法阻挡工程决策，只是不得不给社区和受影响民众让出一些局部利益而已。

我们既不应对那些对自己持有不同意识形态的国家的工程建设通过有色眼镜横加苛责，将其妖魔化，也不应听之任之，而是应该通过多种渠道改善工程的合理性。

4.4　建构工程合理性的可能路径

除了辩证性和批判性，工程合理性还是一种可建构的价值理性。人们可以通过反思、批判、变革，不仅可以观念地建构超越于现存世界的理想世界，而且可以支撑、鼓舞、引领人们通过实践去变革现存的工程世界，从而达到更好的工程合理性水平，这就要从改善工程共同体的社会交往做起：

首先，要在全社会培育一种放眼整个文明发展的工程文化。建构工程合理性需要以人类文明的视野，培育以当地传统文化为基础，以人类的可持续发展为目标的工程文化。它是建立在理性的基础上的，具有包容性、动态协调性和整体协调性，将可以有效容纳不同的因素、多元化的价值取向，是可以推动工程朝着促进人类可持续发展的共同目标迈进的。建设大型水利工程，需要把道德关怀的对象扩展到河流生态，从文明、文化的高度来思考工程。面对“唯技术论”的开发观，已故的中国科学院、中国工程院院士，水电专家潘家铮就认为：水利工程不能只言利不言弊！他建议在中国水利学科下搞个二级学科——“人类活动引起的水害学”，研究和讲授由于人类修建水电工程引起的弊端（潘家铮，2000）。中国工程界也越来越意识到，在保证工程的技术可靠性和经济收益的同时，确有必要充分考虑到社会文化、生态环境、公序良俗、道德层面等方面的因素，合理实现社会的可持续发展。而要培育起这种动态和谐的理性的工程共同体的内部文化，工程师需要不断学习，不仅具备对各种门类繁多、日新月异的技术学科知识进行有效整合的能力，同时，加强人文和社会科学素养，多了解人类文明史和工程发展史，从而以一种更高远的人类文明的角度来看待工程，而不是仅仅局限于技术或经济等局部问题。

其次，要为人们进行沟通、交换意见，提供多元化的制度渠道与民间渠道（如微博、博客等自媒体），建立有效的对话机制。在工程活动中，不同人群对一座工程是否合理、是否有必要存在的理解存在着差异，导致工程合理性的辩证性和相对性。要突破这种辩证的必要性，更好地建构工程合理性有两种方法：一种是 Alan Gewirth 的单一方法（monological approach）；一种是哈贝马斯的对话方法。在吸收不同意见方面，对话方法显然更有优势，有利于形成共同的价值。尽管由于哈贝马斯认为，交往的合理性内在地包含于交往行为本身之中；在一定意义上，交往合理性的基本条件就只不过是交往的内在规定的逻辑推出而已，因此，他的这套理论被批评者认为缺乏坚实的基础而具有抽象的理想性质，他的这种对话理论也必须面临不同人群的思维范式之间的不可通约性问题。但是一种长期有效的对话和沟通仍然是提升工程合理性的有效方式。本文认为要努力在哲学层面上创建一种对话机会，逐渐在水利界、环保人士、受影响人群和社会公众之间形成一种相互可以沟通交流的“第三方语言”，帮助不同人群进行一种价值协商。值得注意的是，这种对话机制应当尽可能地提高支持不同价值取向的利益相关者的沟通能力。要做到这一点，就需要通过反精英的工程教育，对全社会进行工程科普，注意培养人们将人文理性与科学、技术理性相融合的能力，增强公众对专家意见的批判性认识和对公共事务的判断能力。帮助公众认识到专家也可能判断错误，更何况专家也有自身利益，从而全方位、多元化地了解工程。

最后，需要制定一套工程共同体伦理的“金规则”。既然工程合理性是一种辩证的有限的价值理性，那么在工程伦理上就存在着伦理相对主义（ethical relativism）或辩证伦理（dialectic ethics）的潜在风险。持不同意见的人们就有可能利用这种相对性进行伦理上的狡辩。那么，如何规避这种相对主义的旋涡，从而形成一种更加倾向整体善的后辩证的（post-dialectical）工程伦理（post-dialectical engineering ethics toward holistic goodness）？从既有的工程文化和传统文化以及国际通用惯例中提炼出一种合乎理性的工程伦理准则，作为工程群体进行彼此沟通时应该遵守的“金规则”，不失为一种有意义的尝试。通过这套“金规则”，可为工程师及工程共同体的工程思维和工程实践奠定基调。

在这里，我们并不强调通过思想灌输而给工程师的头脑中注入“关心全人类的福祉”等宽泛的教条，而是既要坚持全球工程师都应遵循的正直、客观公正与应有的职业谨慎等通用性原则，又要充分考虑各国的实际情况。毕竟各国工程伦理有其各自的情况。美国等国家建立起了较为统一的工程师伦理准则，但是有些国家如法国等，由于一些原因，还没有建立起自己国家的工程师伦理。这种“金规则”同时又应与当地的文化土壤紧密结合在一起，中国要从儒家文化中寻找中国工程师的“金规则”。当然，各种当地的文化传统对工程也并非全是好的影响，要审慎待之。例如，中国儒家和道家文化都安于现世，不鼓励创新。但创新却是当今社会的迫切需求。社会对工程师的能力要求水涨船高，工程教育界提出了“全球性工程师”的概念。要求工程师具备良好的吸收知识的能力、创造性的观察与思考能力、工程设计与实践能力以及工程管理与企业管理能力，而且特别强调要具有国际视野。工程师的创新思维可以帮助工程师创造性地应对复杂的工程问题。

在良性而和谐的社会交往的基础上实施的工程决策，也应该通过一些制度渠道加以完善，使得强力意志得到合理表达：

一是在既有的工程决策体制下调和决策者的权力意志，提高其理性决策能力。随着近代工业化的超强影响力，技术专家和工程师们也呈现出一种“技术至上主义”的“理性的狂妄”，以为通过技术可以解决所有工程问题，对人文、历史、生态价值经常持粗暴的排斥态度。工程合理性的构建，需要工程决策者加强人文和社会科学素养，超越科学的认知理性和技术的工具理性，站在人文理性的高度关注工程。在工程教育方面，要注意加强对未来的工程师的文理综合知识的培养，训练他们逐渐具备综合性的理性能力和关注人类福祉的自觉意识。

二是使得决策人员多元化，改善决策系统人员成分的单一性。工程决策要做到尽可能地公平、民主，就要充分考虑到风险分担和利益分配是否达到一种平衡，就要确保工程决策系统的网络化。要尽力抵制单一要素或少数要素决定论，避免单纯的利益决定或领导意志决定。工程决策人群的构成要尽可能地代表不同价值取向，涵盖社会、文化、环境、技术、国力等多种要素。在综合考虑各种要素的基础上，尽力做到人与人、人与自然之间的和谐。

三是尽量淡化、柔化意识形态对工程决策的直接影响。意识形态对工程决策的过度渗透和干预是值得警惕的，以防出现单纯服务于意识形态，工程未经合理论证而匆忙上马的情况。在一个常态的社会环境中，意识形态不应成为主导工程规划、设计和决策的要素，不应成为阻挠工程师和民众触及一些敏感问题的拦路虎。

四是落实工程评估。人们运用理性对工程实践的过程、结果、价值和重要性进行评估和反思，对工程中的不合理之处进行调试，从而嵌入和维持工程本身中的一种合乎理性的成分。在进行工程评估时，光找一些只懂技术、没有人文色彩的专家是不行的。

当然，真正要改革工程决策制度，还有待于整个国家政治体制的逐步改革完善、公民社会的崛起和当地社区的发展。

4.5　结语

工程合理性是活生生的，是与人类的可持续发展密切相关的。在未来的若干年内，工程合理性问题是世界各国特别是中国等发展中国家必须要重视的问题。作为最大的工程建设国家，中国在未来将面临着巨大的挑战。高速铁路建设、核能开发、探月工程等超大型工程仍在进行中。澜沧江、怒江等河流已经进行了较大规模的开发，最后一条河流雅鲁藏布江也已列入政府的潜在规划。中国的问题不在于要不要建设大型工程，而是如何建设这些工程。只有通过改善社会交往，赋予不同利益相关者以表达意见的机会，更好地做好工程的可行性研究，在工程设计时兼顾各方面的利益分配与风险承担，并改善通过强力意志而运行的工程决策系统，更好地满足不同人群的合理需要，才能实现人类的可持续发展。

第5章　动态和谐的水坝工程观的构建

水利事业在人类历史发展过程中的重要作用，不仅在历史的长河中得到了充分验证，更是取得了学术界的公认。大河之水，对于人类文明的起源与发展具有重要意义。中国水利有着悠久的历史与灿烂的文化。如果说中国古代文明是一棵根深叶茂的参天大树，水利文明便既是大树的土壤又是枝头的花果。

但水利工程究竟因何而来？人们为什么要建坝？水坝工程与水资源问题的关系如何？千百年来，人类对水坝工程的认识经历了怎样的变化？本章将对与此有关的一些问题进行初步的探讨。

5.1　水资源与水坝工程

水是自然界中最重要的资源，是所有生物结构组成和生命活动的物质基础，是连接所有生态系统的纽带。它对于生物和人类的生存具有决定性的意义。几千年前，希腊智者泰勒斯认为：万物起源于水，最初的生命一定孕育于海水中，形形色色的诸事万物都由水演化而来。诚然，水是人类赖以生存的重要物质基础，是社会经济发展的重要支持与保障。水，这一灵动而变幻莫测的精灵，给人类带来了数不尽的喜怒悲欢。人与水的关系，成为人类社会发展的永恒主题之一。在人与水的共舞中，水利工程应运而生。

5.1.1　水资源的基本特性

水坝等水利工程的兴起与发展，从根本上来讲是为了满足人类生存与发展的现实需要，而对自然界的水资源的时空分布进行调配，以达到兴利除害目的的工程。要真正了解水利工程的本质，就要首先对水资源的分布有一定的认识。

水资源是指地球上所有的气态、液态或固态的天然水。人类可利用的水资源，主要指某一地区逐年可以恢复和更新的淡水资源。地球上的水资源可分为两类：一类是永久储量，它的更替周期很长，更新极为缓慢，如深层地下水；另一类是年内可恢复储量，它积极参与全球水循环，逐年得到更新，在较长时间内保持动态平衡，即通常所说的可利用水资源。

5.1.1.1　水资源时空分布的不均匀性

地球上的水资源分布是很不均匀的。尽管全球每年大约有 57.7km^3的水参加水文循环，但在一个大陆、一个地区或一个流域内，水的数量在不断变化，导致各地的降水量和径流量差异也很大。一个地区的水文循环的特点，主要是由该地的自然条件决定的，取决于该地区的气候、地貌、地质、植被等外在状况。不过，随着社会经济的发展，人类活动的干预能力不断增强，也影响到天然水环境，进而影响到全球或区域的水文循环。

全球约有 1/3 的陆地少雨干旱，而另外一些地区在多雨季节却容易发生洪涝灾害。单个国家或地区内的水资源分布也是不均衡的。例如，我国的长江流域及其以南的地区，水资源占全国的 82% 以上，耕地占 36% 以上，水多地少；长江以北地区，耕地占 64%，水资源却不足 18%，地多水少，其中粮食增产潜力最大的黄淮流域的耕地占全国的 41.8%，而水资源不到 5.7%。单位地区内，水量偏多或偏少往往会造成洪涝或干旱等自然灾害。为了兴利除害，满足国民经济各部门用水的需要，必须根据天然水资源的时空分布特点、需水要求，修建必要的蓄水、引水、提水或跨流域调水工程，对天然水资源在时间上、空间上进行合理的再分配。

5.1.1.2　水资源的无限性与有限性的对立统一

水文循环使水资源在全球范围内呈现出一种无限性。水资源在理论上是一种可再生资源，是在循环中形成的一种动态资源①。地球上的水分子在时刻不停地进行水文循环，即通过蒸发、水汽输送、降水、下渗、径流等过程不断转化、迁移。水文循环由海洋的、大陆的以及各种不同尺度的局部循环系统组成，它们相互联系、周而复始，形成庞大而复杂的动态系统，在这一过程中，并没有一个水分子流失。水这种物质在自然条件下能进行液态、气态和固态相互转化的物理特性是形成水文循环的内因，太阳的辐射能和水在地球引力场所具有的势能是推动水文循环系统的外在能量。正是这种时刻不停的水文循环，使得水资源在被开采利用后，可以得到大气降水的补给，"处在不断地开采、补给和消耗、恢复的循环之中"。② 只要对水资源的开发利用得当，就可以不断满足人类生产生活与保持生态平衡的需要。

但同时，水资源在一定区域内又呈现出一种有限性。水资源的有限性，主要是因

① 何晓科，殷国仕．水利工程概论［M］．北京：中国水利水电出版社，2007：1.

② 何晓科，殷国仕．水利工程概论［M］．北京：中国水利水电出版社，2007：1.

为在一定时空范围内，大气降水对水资源的补给量是有限的。“从动态平衡的观点来看，某一期间的水量消耗量应接近于该期间的水量补给量，否则将破坏水平衡，造成一系列不良的环境问题。”①

人们对水资源有限性的认识，经历了一个漫长的过程。以往人们一直认为水资源是取之不尽，用之不竭的。工业革命以来，社会生产力获得巨大发展，工农业发展迅猛，城市化不断扩张，人类的消费欲望不断膨胀，水量消耗激增，不少地区缺水严重。特别是日益加剧的生态危机，让人们不仅饱尝了水质污染的危害，也深深体会到了水资源的有限性。污水经过蒸发，变成水蒸气升到空中，就是一个自然的净化过程，可以恢复到清洁状态。但是，水资源净化受到能源、技术资金等外在条件的限制，在短期内不可能加以实施。

水科学的发展，进一步使人类获得了关于水资源储量的精确数据。科学调查显示，地球上水的总储量为 13.86 亿 km^3，其中，淡水只有 0.35 亿 km^3，占总储量的 2.53%②；其余为海洋中的咸水、矿化地下水以及咸水湖中的咸水。地球上 70% 的淡水资源，被固定在两极冰盖、高山冰川、永久冻土底冰以及深层地下含水层中，这部分是维持地球生命的资源，目前尚不能大量利用。那些与人类生活、生产活动最密切的，可供利用的河流、湖泊、土壤水和积极交替带中的地下水，约占全球水的总储量的 0.3%。因此，可供人类利用的淡水资源在绝对数量上是非常有限的。而因人口增加、生活水平提高、经济发展所导致的对水资源的消耗和人类不合理的用水行为更会加剧这种水资源的有限性。

所谓的“中国水危机”，并非水的总量减少了，而是一定地区内可利用的水资源量相对减少。当前，在社会上存在着对水电开发的一些误解，与公众不能正确理解水资源的有限性与无限性的辩证关系密切相关。实际上，水电开发完全是物理过程，水力发电的过程中，完全不消耗一立方水，也不产生任何二氧化碳。陆佑楣院士曾经说过，“只要地球上水循环不终止，江河不干涸，水能资源就存在，是可再生的能源。水力发电获得的电量是不耗减总资源量的，因此世界各国无不优先开发水能资源。”③

总之，水资源在整体上是无限的，但在一定区域内，则是有限的，相对于不断增长的人类需求来讲，更是如此。水资源的有限性与无限性是辩证统一的，需要我们科学认识、合理对待。我们既要认识到水资源的无限性，坚定通过水资源利用与水电开发来造福人民的信心，又要遵守科学规律，珍惜水资源。目前，世界各国纷纷开始提倡节约用水，加强水资源的调查、评价，贯彻综合开发利用的方针，重视工程措施与

① 何晓科，殷国仕. 水利工程概论［M］. 北京：中国水利水电出版社，2007：1-2.

② 中国水利百科全书［M］. 北京：中国水利水电出版社，1992：1903.

③ 陆佑楣. 我国水电开发与可持续发展［J］. 水力发电，2005（2）：2.

非工程措施的结合，节水与开发利用水资源并重。

5.1.2　水资源和水坝工程起源的关系

在第 2 章中概述了中外水坝工程的发展历程，可是，只有探究水坝工程的起源，才可以深刻理解水坝工程的本质。水资源时空分布的不均匀性意味着人类必然面临旱灾和水灾的威胁，甚至是极其严重的旱灾和水灾的威胁，在这种情况下兴利除害就成了水坝工程起源的基本动因。本书认为，水利工程是人类社会生产力发展到一定阶段，在人们对水性基本体悟的基础上，为了趋利避害，维持人类的生存与可持续发展而产生的。

聚居的农耕生活是水利工程起源的前提条件。水是人类与万物的生命之源，在逐水而居的天性下，人类的祖先往往居住在江河流域，依靠自然界赐予的水资源，以渔牧为主。那时，一旦发生水害，人们往往落荒而逃，择丘陵而处。大约在 5000 年以前，农业已成为社会的经济基础[①]，人类文明发展到农业定居时代，大规模的临时迁移已不再可能。这样一来，降雨与洪灾开始威胁人类的生产生活。于是，人们在“自然堤”的启示下开始修筑防洪堤埂，以保护自己。[②]

在《尚书》等古代典籍中，透露出一桩明确无误的历史事实，即在尧舜时代，中国经历了一场空前的洪水浩劫，据说这场洪水遍及黄河中下游和江淮一带，历时长达 20 年。[③] 我国水利工程的起源，最早可追溯至上古时期的那场大洪水。作为各部落盟主的尧帝专门召开四方部落酋长会议，研究治理洪水问题，夏族的鲧被共同推举出来治水。传说中鲧联合共工氏族一起治水，由于单纯采用筑堤御水（堙障）即修建黄河堤防的方法，结果苦干多年而无成效，最后被杀。后来鲧的儿子大禹吸取教训，摸清水势特性，以疏导为主，使大水回归河槽，流入大海，终于使洪水消退。“禹还带领大家开沟凿渠，引水灌溉，开发耕地，化害为利。”[④]因治水有功而深受人民爱戴的大禹，后来当上了部落联盟的首领，建立起我国第一个奴隶制王朝——夏王朝。战国时期，沿河各诸侯国纷纷在各自境内修建堤防，奠定了堤坊工程系统化的基础。

对水性的认识为水利工程的起源提供了可能性。很早以前，我们的祖先就在无数次与水的斗争中积累了丰富的感性经验，获得了对水性的初步认识。古代先哲们对水性还产生了独特的哲学体悟。先哲孔子“见大水必观焉”，并站在泗水之滨发出“逝者如斯，不舍昼夜”的感叹。道家老子曾在《道德经》中感慨“上善若水”“水利万物

---

① 郑连第，谭徐明，蒋超．中国水利百科全书（水利史分册）［M］．北京：中国水利水电出版社，2004：80.
② 郑连第，谭徐明，蒋超．中国水利百科全书（水利史分册）［M］．北京：中国水利水电出版社，2004：80.
③ 潘家铮．千秋功罪话水坝［M］．北京：清华大学出版社，2000：5.
④ 陈绍金．中国水利史［M］．北京：中国水利水电出版社，2007：1.

而不争”“天下莫柔于水，而攻坚强者，莫之能胜!”《易经》的“阴阳”理论更蕴藏着深刻的辩证法。

在对水性的基本体悟的基础上，我国古代哲学家、历史学家对水的利害问题有了深刻的认知。《管子·度地》是我国先秦水利大发展时期科学技术的结晶。作者提炼了两种基本的治水方略——“因其利而往之”“因而扼之”。所谓“往之”是指“因地之势，疏以灌溉”，而“扼之”则是指“恐其泛溢而塞之”[①]，分别意指修渠和筑坝。随着时间的推移，“开物成务”“兴利除害”逐渐成为中国古代水坝工程观的核心内容[②]。

生产力的发展与铁质工具的使用则是水利发展的直接推力。春秋战国时期，铁工具的使用，为兴建大规模的水利工程提供了重要的条件，也使大面积的开垦荒地和从事农业生产成为可能，由此，我国水利建设进入到一个新的历史阶段，不仅随之出现光耀千秋的秦代三大水利工程——都江堰、郑国渠和灵渠，还涌现出来了一批杰出的水利人物，凝练出了经典的治水思想。自此以后，我国古代水利就开始在世界上遥遥领先。总体来看，一部水利发展史，就是人类不断认识自然，掌握水的运动规律，除水害兴水利的历史。

据悉，世界上至少有28个民族都有远古大洪水的传说，这恐怕很难说成是纯属巧合。比较合理的说法应该是：在史前时期，地球上确实曾经爆发了历史性的大洪水，几乎湮灭了刚刚萌芽的人类文明。这场大洪水给人们带来了巨大的创伤，以至于世世代代相传下来。值得一提的是，“东西方对史前洪水的传说虽然相似，解脱之道却不一致”[③]。西方《圣经·旧约》记载的“诺亚方舟”传说认为，上帝创造了亚当和夏娃，他们因在蛇的唆使下偷吃智慧树上的禁果而被逐出伊甸园，地球上的人类就是他们的后裔。后来人类不仅数量激增，还变得非常邪恶。愤怒的上帝为了惩罚人类连降倾盆大雨，淹死人无数，只留下了600多岁的善良的诺亚。上帝命令诺亚及其家人建造了一艘方舟，并留存一些物种，创造了新的人类文明。与此相对照，中国大禹治水在内的许多传说更多彰显了人定胜天的精神，而非上帝的恩赐。

5.1.3 水坝工程的社会功能

5.1.3.1 水坝工程的基本功能

水坝工程是重要的社会基础设施之一。基础设施（infrastructure）是一个国家经济和社会发展的基础条件，是对国民经济产出水平或生产效率有直接或间接促进作用的

---

① 黎翔凤．管子校注（下）［M］．北京：中华书局，2004：1053.
② 王佩琼．浅议中国古代水利工程观的几个问题［J］．工程研究（第4卷）：103.
③ 潘家铮．千秋功罪话水坝［M］．北京：清华大学出版社，2000：10.

支撑平台①。尽管基础设施概念直到 20 世纪 40 年代才首次被西方经济学家罗丹（Rosenstein Rodan）提出，但早在几千年前的农业社会就出现了大型水利基础设施。在现代社会，水坝工程作为社会基础设施，在保障水安全、推动社会发展进步方面发挥着不可替代的重要作用和功能。

每个国家的水坝用途往往依据一国的自然地理条件和经济社会发展的需要。图 5-1 展示了美国水坝工程的主要用途。从中可以看出，这些功能按照比例的排序依次是娱乐（34%）、防洪（16%）、消防、蓄水或小农场的池塘、灌溉（10%）、尾矿坝（9%）、其他（6%）和不知（4%）。

1949 年以来，随着经济社会发展的需要，我国的水坝不仅数量大幅增多，还出现了逐步向多功能转化的趋势，见图 5-1。

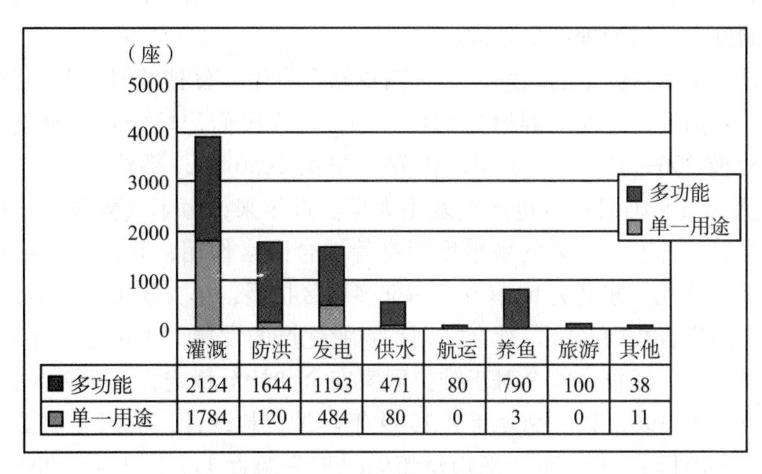

	灌溉	防洪	发电	供水	航运	养鱼	旅游	其他
多功能	2124	1644	1193	471	80	790	100	38
单一用途	1784	120	484	80	0	3	0	11

图 5-1　中国水库功能分布图

数据来源：笔者根据中国大坝协会 2008 年的统计资料计算的结果。

由图 5-1 可知，中国水库功能主要以灌溉为主，防洪功能处于第二位，水电功能名列第三，其次依次是养鱼、供水、航运和旅游等，且这些水库多半为多功能水库。一般地说，水坝工程的社会功能主要表现在以下几个方面：

（1）防洪抗旱，促进水资源优化配置。

如果翻看我国有关史书，历代洪水、旱涝灾害频繁，人民生命财产损失触目惊心。20 世纪，中国遭受了 60 多次洪水灾害的侵袭，平均不到两年便会发生一次。灾情最为惨重的四次洪灾是：1933 年，黄河洪灾，死亡总人口 20000 人；1931 年，长江洪灾，

① 世界银行．世界发展报告［M］．北京：中国财政经济出版社，2004.

死亡总人数 145000 人；1954 年，长江全流域大洪水，淹没农田 4755 万亩，受灾人口 1888 万人，死亡 3 万余人。1998 年，又一次长江全流域大洪水，总计淹没耕地 358.6 万亩，受灾人口 231.6 万人。因为主要河流的安全泄洪能力是有限的，减轻洪灾损失就必须依赖综合防洪系统，建造水库防洪是其中的重要组成部分，特别是具有较强调控能力的大型水库。

例如，防洪是我国政府决策修建三峡工程最主要的目的，目前，三峡已成为长江防洪体系中的重要一环。工程库容为 393 亿立方米，蓄水至高程 175 米后，有效防洪库容为 221.5 亿立方米、相当于 4 个荆江分洪区的蓄洪量，可有效地控制长江上游洪水，使荆江河段防洪标准由现在的 10 年一遇提高到百年一遇。同时，三峡工程提高了对城陵矶以上洪水的控制能力，配合丹江口水库和武汉附近分蓄洪区的运用，可避免武汉市汛期水位失去控制，提高了武汉市防洪调度的灵活性，对武汉市防洪起到了保障作用，并可为洞庭湖区的治理创造条件。

中国也是一个旱灾频繁的国家，一年四季都会发生，且持续时间长、涉及范围广、潜在危害大。我国远古时期后羿射日的传说中，是先民们记忆中对于极端旱情的深刻记忆。自公元前 206—公元 1949 年，曾发生旱灾 1056 次，平均每两年发生一次。[①] 1949 年中华人民共和国成立后也多次发生大旱。近年来，由于气候异常、可用水资源减少以及社会经济发展对干旱的敏感度提高等综合因素作用，我国受旱区域已由传统的三北（西北、华北、东北）向南方和东部多雨区扩展，旱灾损失呈发展趋势。

干旱始终困扰着我国经济、社会特别是农业生产的发展。中国是一个有着 13 亿人口的发展中国家，保证粮食安全对于维护国家安全和社会稳定尤为重要。据统计分析，1949—1998 年（缺 1967 年、1968 年和 1969 年）的资料统计，中国年均受旱面积 3.28 亿亩，其中成灾面积 1.33 亿亩，平均每年因旱损失粮食 117 亿千克。2010 年，四川、广西、云南、贵州、重庆五省市出现了严重大旱，人民生活出现了难以想象的困难。全球气候变暖是世界各地近年来旱情多发的原因之一。不过抗旱水利基础设施的缺乏也是旱灾的间接原因。2008 年全国 18.5 亿亩耕地，有灌溉条件的只有 8.3 亿亩，55% 的耕地还完全靠天吃饭。尽管近年来人们开始意识到了非工程措施的重要性，但是，水坝等工程措施始终是必要而不可替代的选择。

近几年来，我国长江流域爆发了较大规模的旱情，针对这一情况，三峡水库及时调整了调度方针。2010 年 1 月，长江水利委员会发布消息，长江三峡水库经过初期运行，将在原定初步设计中的三大功能即防洪、发电及航运的基础上新增加抗旱功能，并与防洪功能并列排在首位。今后三峡抗旱调度将成常态，流域防汛抗旱工作的重点

① 中国水利百科全书（第三卷）[M]. 水利电力出版社，1991：1882.

也将由传统的防洪调度为主向防汛抗旱调度并重转变。①

（2）以增加水力发电来应对全球气候变化和能源供应压力。

现代社会的经济运行和发展是建立在大量消耗能源基础之上的。在现代社会发展过程中，人类消耗的能源数量愈来愈多，形成了巨大的“能源压力”。另外，随着全球人口和经济规模的不断增长，大气中二氧化碳浓度升高是导致全球气候变化的重要原因业已成为不争的事实，人类的生存和发展正遭受严峻的挑战。自 2009 年 12 月在哥本哈根召开的联合国气候大会之后，减少二氧化碳排量、扼制全球气候变暖成为全世界的重要议题，“低碳经济”的概念应运而生。低碳经济是以低能耗、低污染、低排放为基础的经济模式，实质是能源高效利用、清洁能源开发、追求绿色 GDP 的问题，核心是节能减排技术的创新、产业结构和制度创新以及人类生存发展观念的根本性转变，是人类社会继农业文明、工业文明之后的又一次重大进步，可为人类迈向生态文明，实现可持续发展走出一条新路。在我国，近年来可持续发展观逐渐深入人心，低碳、环保理念也得到我国民众的普遍认同。在此背景下，各国都纷纷探索和实施“低碳经济”，期望通过能源与经济以至价值观的大变革，为人类迈向生态文明，实现可持续发展走出一条新路。

目前我国的温室气体排放仅次于美国，居世界第二位，环境保护的压力越来越大。国际能源署（International Energy Agency）预测，中国的二氧化碳排放量在 2004—2030 年期间会增加一倍多。我国作为一个负责任的发展中大国，已经就自身如何积极应对全球气候变化做了明确的表述，那就是到 2020 年单位国内生产总值二氧化碳排放比 2005 年下降 40% ~45%，并把这一计划作为约束性指标纳入国民经济和社会发展中长期规划。决心通过大力发展可再生能源、积极推进核电建设等行动，逐步实现能源结构转型，到 2020 年我国非化石能源占一次能源消费的比重达到 15% 左右。要实现这一目标，意味着我国必须转变目前以煤炭为主的能源结构，这将会对我国可再生能源的发展产生深刻影响。面对着全球气候变化的普遍威胁和日益强大的能源供应压力，水电开发具备了独特的发展优势：

1）水电技术成熟，是我国目前唯一可大规模开发的可再生的“清洁能源”。

水电的绿色能源特性是水电在低碳经济中发展的基础。它既是清洁的能源，又是可再生能源，是用于发电的优质能源。水力发电是利用江河的流量和落差形成的水的势能来发电，是一次性能源直接转换成电力的物理过程，它不消耗水，也不污染水，不排放有害气体，也不排放固体废物，是可再生的清洁能源。此外，只要地球上水循环不终止，江河不干涸，水能资源就存在。

① 三峡水库抗旱调度将成常态与防洪功能并列首位［EB/OL］. 中国新闻网 . 2010 - 1 - 26 http://www.chinanews.com.cn/gn/news/2010/01-26/2091652.shtml.

此外，水电与火电相比，可调控性更强，具备调频、调相、调峰等作用，可保证系统供电的高质量和可靠性，获得社会生产、生活的综合经济效益。水力发电获得的电量是不耗减总资源量的，因此，世界各国在其工业化发展进程中无不优先开发水能资源。据2008年的统计数据，世界有16个国家依靠水电为其提供90%以上的能源，如挪威、阿尔巴尼亚等国；有49个国家依靠水电为其提供50%以上的能源，包括巴西、加拿大、瑞士、瑞典等国；有57个国家依靠水电为其提供40%以上的能源，包括南美的大部分国家。发达国家水电的平均开发度已在60%以上，其中法国达到90%，意大利超过90%以上，见表5-1。考虑到水电的"绿色能源特性"，依托水电发展碳汇交易将成为一个不错的选择。

表5-1　2008年部分国家水电情况①

国家	经济可开发年发电量（亿kW·h/年）	水电年发电量（亿kW·h/年）	水电年发电量占经济可开发量比例（%）	水电装机（万kW）	总装机（万kW）	水库库存（亿m^3）
中国	24740	5655	22.86	17260	79273	6924
美国	3760	2700	71.81	7820	68700	13500
加拿大	5360	3500	65.30	7266	11495	6500
巴西	7635	3316.8	43.44	8375.2	8862	5680
俄罗斯	8520	1700	19.95	4700		7930
印度	4420	1216.5	27.52	3700	11206	2130
日本	1143	924.64	80.90	2200	26828	204
法国	720	646	89.72	2520	11120	75
挪威	2051	1218	59.39	2904	2789	620
意大利	540	513	95.00	1746		130
西班牙	370	232.9	62.95	1845	6230	455

注：美国1999年和2003年的水电发电量分别为3560亿kW·h和3953亿kW·h，含抽水蓄能发电量。数据来源：中国大坝协会。

2）水电开发潜力大，可有效缓解电力供应短缺局面。

如果将1997—2008年作为一个完整的经济周期，我国大部分时间都处于电力紧张状态。未来几年内，为保证经济高速发展，电力供应每年必须增长7%～8%的增速，我国都将面临严峻的电力供应缺口。

① 贾金生，马静，张志会．应对气候变化必须大力发展水电［J］．中国水能及电气化，2010（1/2）：8.

在低碳经济的背景下，重要的是要解决电力短缺问题，首当其冲的是中国能源结构转型的问题，这将是中国向低碳发展模式转变的长期制约因素。中国目前仍处于“高碳经济”的时代。在 21 世纪的前 50 年内，以煤为主的能源结构难以彻底改变，要实施能源结构转型，就必然导致煤电在国家能源结构中的比例相应降低，增加其他能源供应的任务就更加紧迫。风能、太阳能、核能尽管发展前景广阔，但是受技术、经济发展水平的影响，风能、太阳能、生物能等可再生能源的比重偏低，且短时间内难以大幅度提高，在未来一二十年内的发展还是受限的。

相比之下，中国有众多的河流，其地理地形特征形成了丰富的水能资源，成为世界上水能资源最多的国家。根据最新的普查资料，全国水能资源理论蕴藏量为 6. 88 亿 kW，年发电量 5. 92 万亿 kW · h。其中最新评估在技术上和经济上可开采的水能资源为 4. 04 亿 kW，年发电量 2. 47 万亿 kW · h，大约相当于 9 亿吨煤炭的燃烧能量①。水利部部长在 2009 年 5 月召开的第五届“今日水电论坛”上提到，“目前，中国水能资源开发程度为 31. 5%，还有巨大的发展潜力。”②因此，除火电外，只有水电可以在一定程度上帮助有效缓解能源短缺状况。

我国三峡电站共装有 26 台 70 万 kW 水轮发电机组，总装机容量 1820 万 kW，多年平均发电量 846. 8 亿 kW · h，无论从装机规模还是多年平均发电量比较，三峡水电站均为世界最大的水电站。据初步估计，三峡工程全部建成后的装机容量约占中国水电总装机容量的 1/6，多年平均发电量约占中国水电发电总量的 1/4。除少量供电给重庆外，主要电能将就远距离输送到华中、华东和其他地区。专家介绍，开发三峡相当于建设一个年产 4000 万吨原煤或年产 2100 万吨原油的巨大煤矿、油田。目前，华中、华东地区的电力供应、煤炭运输和环境污染形势严峻，三峡水电大量替代火电，将缓解我国火水电结构失衡的问题，并带来巨大的环境效益。此外，随着三峡输电线路的投运，初步形成了以三峡为中心、西电东送、南北互供的联网格局，可以实现水火互补、跨区域电力交换，提高了电网运行的可靠性和稳定性。

3）水电的能源回报率高，有利于稳定物价，保证民生。

要实行低碳经济，还必须面对向清洁能源转型的另一个现实瓶颈——成本问题。除了传统的成本观念，本书使用能源回报率来对几种可再生能源进行对比。能源设施建设和运行也需要消耗能源，如果从全口径的角度计算能源的投入产出比，就可以比较清楚的审视各种能源开发方式的效益和优劣，能更加清晰地认识到水电在节能减排、应对气候变化方面的巨大优势。

---

①　陆佑楣．开发利用水能资源 改善地球生态环境 保护良好生态［J］．中国水利．2007（2）：27.

②　中国水能资源开发程度约为 31. 5%［EB/OL］．2009-5-12．世界能源金融网．http：//www. wefweb. com/news/2009512/0827194810. shtml.

能源回报率（energy payback ratio），以一个火电发电厂为例，其物理意义是指一个火力发电站在运行期内发出的所有电力与其在建设期、运行期为维持其建设、运行所消耗的所有电力的比值，建设期、运行期所消耗的所有电力既包括直接能源消耗，如机械设备运行、照明耗能等，也包括建筑材料、煤炭等制造、运输过程的耗能。按照这一新定义，在各种能源开发方式中，水库式水电的能源回报率为 208 ~ 280，径流式水电的能源回报率为 170 ~ 267，风电为 18 ~ 34，生物能为 3 ~ 5，太阳能为3 ~ 6，核电 14 ~ 16，传统火力发电 2.5 ~ 5.1，应用碳回收技术的火力发电仅为 1.6 ~ 3.3，如图 5-2。因此，积极应对气候变化必须大力发展水电。

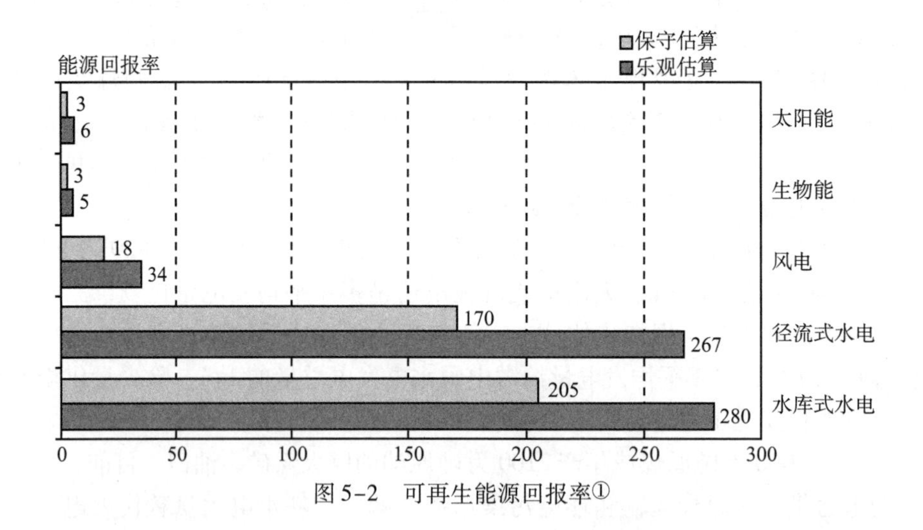

图 5-2　可再生能源回报率①

据公开材料，被 2009 年金沙江上曾被叫停的鲁地拉、龙开口两座水电站的总装机容量 396 万 kW，年发电量之和预计 178 亿 kW · h。2008 年全国风电装机容量 894 万 kW，发电量为 111 亿 kW · h。做一个简单对比。简单两座水电站的容量不到当年风电装机容量的 1/2，但是发电量却是全国风电的 1.6 倍。如果按照 2008 年的能耗水平，即 349 克标准煤可发 1kW · h 电，两座水电站推迟一年造成的能源损失相当于烧掉了 621 万吨标准煤，多排放了 1200 万吨二氧化碳。②

在由高碳经济向低碳经济转型的过渡时期，水电开发还会增加公众的生活成本，提高水费、电费。要注意这种物价的上涨必须在能够接受的范围之内，否则会适得其反，降低百姓的生活质量。而水电的低价格对于保障居民生活稳定也有重要意义。

① 贾金生，马静，张志会. 应对气候变化必须大力发展水电［J］. 中国水能及电气化，2010（1/2）：10.
② 李伟. 金沙江两座电站被叫停折射中国水电开发困局. 三联生活周刊，2009（6）：30.

（3）水坝工程可以改造和优化生态环境。

任何事物都有两面性，工程活动作为人与自然相互的中介，对生态环境既有正面效益，又有负面效应，我们应该辩证地看待，不可只言其一。

水利部原部长汪恕诚将修建水坝可能带来的生态问题概括为对大气和水体变化等八个方面的影响①。目前，水利界普遍认为，在相应的环境容量内，这些工程的负面影响是可以解决的。

通过合理设计、调度运行，水坝工程可发挥巨大的生态效益。历史上，美国正是通过建坝蓄水，对西部荒漠和田纳西流域进行开发利用和整治，才造就了美国今天青山秀水的宜人环境。我国丰满水坝、新安江水电站、二滩水坝工程的社会生态效益也十分显著。

水坝工程除了发挥防洪、发电等具体效益外，还可以对已经失衡的生态环境进行优化和再造。改善并修复已失衡的生态，不仅需要自然的休养生息等非工程措施，更需要科学有效的工程措施。水库大坝对恢复河流生态功能，改善河口湿地生态环境发挥着重要作用。黄河水少沙多，泥沙淤积严重，而且水资源短缺，河流生态系统破坏严重，河道急剧萎缩，20 世纪 80—90 年代黄河下游几乎年年断流。小浪底工程建成运行后，把黄河不断流、河水水位不抬高作为主要目标，从 1999 年实行黄河水量统一调度，进行大规模调水调沙试验，人工创造下泄流量，增强下游河槽行洪能力，保障了黄河下游连续 9 年不断流，全面恢复河道功能，有效改善了河口三角洲湿地环境。此外，在河流处于枯水期或者大坝下游发生较大旱情导致极度缺水，工农业生产和生态环境用水受到威胁时，水库可释放库内调蓄的水量来对下游补水，来保证河流生态用水不受影响，并保障城乡生产、生活。例如，2006 年四川大旱，岷江上游的紫坪铺水库调用库存水量向下游水库补水 16 亿 m^3，极大地缓解了都江堰灌区的旱情。长江三峡水库 2009 年累计补水 125 天，补水总量达 71.64 亿 m^3。② 通过上述实例可以看出，水坝工程对环境和生态系统产生了有益的调节效果，在社会、经济与环境的可持续发展中发挥了综合效用。

陆佑楣院士认为，“长江三峡工程作为一项补救长江在自然发育中已经失衡的生态平衡的有效措施，在本质上讲是一项伟大而重要的生态工程”③。我国的龙滩水电站和雅砻江上的二滩水电站分别荣获过环保部颁发的“环境友好工程奖”。水库建立以后，库内水流变缓，由于水质污染所形成的一些富氧化物质比较容易聚集起来，这样反而

① 汪恕诚．论大坝与生态［J］．学习时报．http：//www. china. com. cn/chinese/zhuanti/xxsb/561224. htm.

② 解新芳，孙志禹，陈敏．水库大坝与环境保护［M］//贾金生主编．中国大坝建设六十年．北京：中国水利水电出版社，2013：104.

③ 陆佑楣．三峡工程是一项改善长江生态环境的工程［J］．中国三峡．2009（1）：17.

在一定程度上可以推动库区城镇进行垃圾和污水处理，加强环境保护法的执法力度，督促江河湖水库水质维持国家标准。

（4）促进航运的功能。

改善航运，是水坝工程的重要功能之一。通航就是三峡工程继防洪、发电之后的第三大功能。长江是中国内河运输的大动脉，年运量约占内河总运量的80%，是联系东西部经济发展的纽带。但是自古以来，川江浪急，三峡多险滩，宜昌至重庆的660千米河道，在天然状况下急流险滩密布，制约了长江航运的发展。三峡工程使得长江这条交通大动脉贯穿中国东西部，将成为名副其实的“黄金水道”。宜昌至重庆的长江航道已成为宁静的河道型水库，万吨级船队可直达重庆港，航道单向年通过能力可由建设前的约1000万吨提高到5000万吨，运输成本可降低35%～37%，上起宜宾下至长江口的3000千米畅通的干流航线将把上海、南京、武汉、重庆四大经济区紧密连接在一起。此外，蓄水还将改善长江中游枯水季节的航道条件，通过增加水库下泄流量，可增加枝城至城陵矶河段的通航水深。三峡船闸自通航以来，运行情况总体良好，通航能力逐步提高。截至2012年，三峡船闸连续第9年实现安全高效运行，2011年和2012年三峡坝区通过货运量连续两年突破1亿吨大关，船闸主要运行设备完好率达100%，保证了长江航运畅通。这样一来不仅满足了运量急剧增长的航运需求，还有效促进了中国西部大开发和西部经济的发展。

（5）水坝工程可成为精神文明建设的载体。

工程不仅是物质财富的制造者，还是人民群众劳动智慧的结晶，是民族精神的象征。历史上那些著名的水坝工程与杰出的水利人物的精神思想泽被后世，影响深远。如果说自由女神像是美国人民争取自由解放的象征，那么，胡佛大坝则是美国人民自强不息、勇往直前的精神化身。19世纪中后期的美国内战从心理上和经济上大大挫伤了美国的锐气，20世纪初那场最惨烈的经济危机更使美国的境况雪上加霜。为了摆脱经济危机，信奉凯恩斯主义的美国总统胡佛在任职时为振奋民族精神，大量投资修建大型公共基础设施，包括建造当时世界上最大的水坝——胡佛大坝。胡佛水坝是美国人民在炽热的沙漠中，突破千辛万苦才建造而成。1935年9月30日，数千人主动前往沙漠见证胡佛大坝竣工的历史时刻，当罗斯福总统亲自为大坝揭幕，在场的人无不欢呼雀跃，此后美国邮政还发行了面值3美分的“胡佛大坝”邮票，美国人民的民族自豪感溢于言表。

建坝治水对中华民族精神的形成同样具有极大的作用。漫长的历史发展中，我国各族人民团结奋战，与江河洪水的斗争过程中，形成了强烈的爱国主义精神与强大的民族内聚力。大禹治水13年，三过家门而不入，其勤劳奉公的精神为后人所效法：他因势疏导的治水方法，成为后人的宝贵借鉴，他的成功鼓舞了中国人民战胜洪水灾害的信心。都江堰这一举世瞩目的世界水利工程，绵延两千余年而依然发挥作用，充分体现了中华民族的聪明才智，被誉为世界水利发展史上人与自然、社会和谐统一的典范。

5.1.3.2　水利工程与经济社会发展的关系

水灾往往造成城乡建筑物、居民财产、工农业生产设备、农作物与牲畜等毁坏与死亡的直接损失，还有交通、通信中断、工矿企业停产与减产等间接损失。如果说上述损失还可折合成货币，那么百姓民众的人身伤残与死亡、疾病与瘟疫的散播以及社会秩序的影响，则是无可估量的。因此，水坝工程常常关系到百姓的生命财产安全、社会经济发展、国家稳定与文明的兴衰。

（1）水利与文明的兴衰。

美国历史学家 K. A. 魏特夫提出了“水利文明”的概念，认为凡是依靠政府管理的大规模水利设施而推行其农业制度的文化时期即为水利文明。美国人类学家 R. M. 亚当斯尽管并不赞同“水利文明”的概念，但是却并不否认水利是生存技术、经济关系和政治结构的重要组成部分，是加强政治控制力的重要手段之一。[①] 从更广义来讲，水坝工程常常关系到百姓的生命财产安全、社会经济发展、国家稳定与文明的兴衰。诚然，水利工程不只是兴建几座堤坝的表面文章，还是关系到百姓生存与生活幸福的民生问题，是关系到经济发展与社会稳定的大问题。

世界四大文明古国古埃及、古巴比伦、古印度和中国的兴起，无不首先借助于河流的慷慨赐予，于大河冲积平原上首先建构起了文明大厦的根基。根据考证，公元前3400 多年前，古埃及美尼斯王朝已在尼罗河河谷平原引洪淤灌，使土壤肥力经久不衰，有力促进了古埃及的经济繁荣与文明的发展[②]。在干旱缺水的荒漠地带，没有灌溉只能是寸草不生，更不能生长农作物。约在公元前 2200—前 1000 年，古代巴比伦王国在美索不达米亚平原，大规模引水灌溉，使之成为干旱的中东地区最富饶的农业区，创造了一度辉煌灿烂的古巴比伦文明。但是，由于长年灌溉，加之缺乏排水设施，致使地下水位上升，土地大面积沼泽化和盐碱化；中央政权的多次更迭、水利工程管理维护不善、土地废耕、灌区废置，这一平原地区的文明曾一度湮灭。

（2）水利拉动区域经济社会发展。

田纳西流域水电开发的奇迹塑造了以水资源和水能开发带动区域发展的范例。20 世纪 20—30 年代，美国田纳西河谷由于森林被破坏造成严重的水土流失，自然环境的恶化使得这里成了美国最贫困的地区之一。为了缩短国内贫富差距，联邦政府采取了一系列措施，加快南部地区的经济发展，田纳西流域管理局（Tennessee Valley Authority，TVA）在这一时期应运而生，开始了规模宏大的田纳西流域治理工程。TVA

① 中国水利百科全书（第三卷）［M］. 北京：中国水利电力出版社，1991：1542.

② 中国水利百科全书（第三卷）［M］. 北京：中国水利电力出版社，1992：1685.

从建设水电基础设施开始，充分利用该流域的水资源，在开发方案中首创多目标梯级开发的方案，以上游大水库带动下游小水库，实现水资源利用效率的最大化。20世纪40年代末，TVA成为美国全国最大的电力供应者，基本完成了流域规划的水电开发。经过40余年的努力，田纳西流域发生了翻天覆地的变化，到1977年全流域平均国民收入比1933年增加了34倍，目前TVA每年预算的98%来源于电力的销售收入。正是从水电工程开始，田纳西通过综合和合理开发自然资源，摆脱了贫困落后的面貌，开始了经济振兴之路。

（3）水利与国家政治稳定。

鉴于所处的自然地理环境，中国古代水旱灾害频繁，且农业是最主要的经济部门，因此，“善治国者，必重水利”，历代统治者都视水利为治国兴邦的重要条件。春秋时期齐国大政治家管仲（前719—前645）向齐桓公阐述了治水对治国的重要意义，即“善为国者，必先除五害”。何谓五害？“水一害也，旱一害也，风雾雹霜一害也，厉（疾病）一害也，虫一害也。……五害之属，水为最大”。[①] 不难看出，自古以来，水旱灾害就是对人类生产生活最大的威胁。那么，怎样减轻水旱灾害呢？古代有增加粮食储备与增加农作物品种等多种方法。然而，抵御水旱灾害最有效的措施首先是兴修水利。管子曾说：“除五害之说，以水为始”“五害已除，人乃可治”。“治水者治国”这一古训一直传承不息。

由于水旱灾害的影响如此之大，中国历史上的多次严重的旱灾或水灾甚至成为改朝换代或重大社会动荡的直接原因。为维持社会稳定，以往历朝历代，中央与地方政府多次有组织、有规模地大兴水利。有学者认为，广泛召集民众，兴建大规模水利工程，以巩固政权，是中国古代采取中央集权政治体制的主要原因之一。我国先后修建了引漳十二渠、都江堰灌区、郑国渠、灵渠等许多伟大的工程。自西汉至清末，黄河的治理、南北运河的开通，经济中心地区的农田水利以及水力的利用，都是各朝代统治者的施政重点。正是由于对大河治理的成功，中国社会实现了数次大治。例如，西汉建都长安（在今西安市西北），为保证首都物资供应和避开渭水多沙迂曲的困难，元光六年（前129）开始在渭水之南修建一条西自长安东至潼关的长达300多里的漕渠。漕渠历时3年建成，最多时每年运粮600多万石，对于维护政权稳定发挥了重要作用。

（4）水利与人民生活水平。

综合全球50余个国家的人类发展指数与水库大坝发展数据的计算结果显示，一个国家或地区水库大坝发展水平与国家人类发展水平呈较强的正相关。人类发展指

---

① 管子·度地［M］. 诸子集成本. 北京：中华书局，1986. 以下征引诸子语录均用此版本，不另加注版本。

数大于 0.9 的国家，人均库容拥有量平均为 $3184m^3$，人类发展指数介于 0.8～0.9 的国家，人均库容拥有量平均为 $2948m^3$，人类发展指数介于 0.7～0.8 的国家，人均库容拥有量平均为 $541m^3$。需要指出的是，中国 2007 年人类发展指数 0.772，在 182 个国家中列第 92 位，人均库容 $528m^3$，人类发展指数介于 0.6～0.7 的国家，人均库容拥有量平均为 $208m^3$，人类发展指数介于 0.5～0.6 的国家，人均库容拥有量仅为 $125m^3$，见图 5-3。

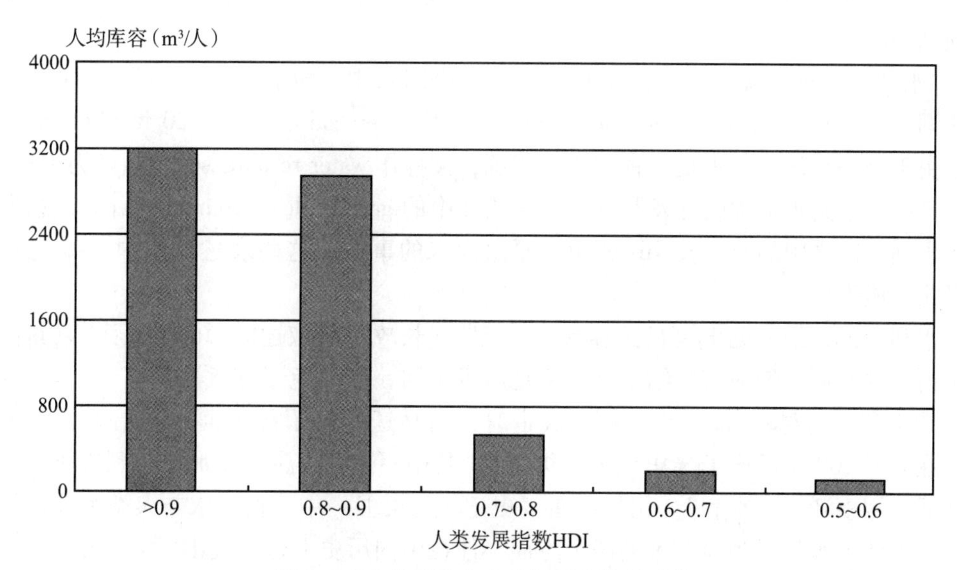

图 5-3　人均库容与人类发展指数关系①

这与联合国人类发展报告中所指出的“全球水基础设施的分布与全球水风险的分布呈反比关系”是一致的。从这个角度讲，储水设施建设和管理通常是推动发展的关键要素之一，是实现经济社会可持续发展的重要基础。而满足基本的水与能源需求即是衡量发展水平的重要指标，也是推动社会发展的引擎。随着各界对大坝的功能与作用的认识进一步深化，加快水与水能资源的开发利用已成为国际社会的广泛共识。图 5-3中数据表明，发达国家已经拥有足够的基础设施及大坝；而对发展中国家而言，水库及大坝基础设施还远远不足以提供足够所需的能源及水资源，以支撑其经济发展，因此建设新坝仍然是当务之急。

① 贾金生，马静，张志会．应对气候变化必须大力发展水电［J］．中国水能及电气化，2010（1/2）：11.

5.2 辩证认识和评价两种极端的水坝工程观

5.2.1 从古到今水利概念的演变

任何水利工程都是在一定的水利工程观的指导下进行的。本书之前回顾了水坝工程的发展历程，其实，水坝工程观也有一个变化发展的过程，这从水利概念的演变中可窥见一斑。

“水利”一词，源于中国，在欧、美等英语国家中，没有与“水利”一词恰当的对应词汇，一般使用 hydraulic engineering，或用 water conservancy。20 世纪 60 年代以后。由于进一步认识到水是一种宝贵的资源，又称作 water resources，中国译为水资源，其含义已引申到水资源的开发与管理。而法文中的 gestion des resources en eau，意为水资源管理。德文中的 wasser wirtschaft，原意为水的事业。这些表述与中国“水利”的含义相当或类似。

水利一词，最早见于《吕氏春秋·孝行览·长攻》所叙述的舜的事迹：“以其徒属堀地财，取水利，编蒲苇，结罘网，手足胼胝不居，然后免于冻馁之患。”但是，这里的“取水利”，仅指捕鱼之利。西汉武帝时，司马迁考察了许多河流与治河、引水工程，在公元 109 年后作了《史记·河渠书》，其中写道：“甚哉，水之为利害也”“自是之后，用事者争言水利”。司马迁在《史记·河渠书》中分析了水与人类生存之间的关系，强调了水的有利与有害的两个方面。他在中国历史上首次提出了以“堵口”“穿渠”“灌溉”为主要内容的水利概念。从此，中国便开始沿用“水利”这一术语。[①]

随着社会经济的发展，人们对水利概念的认识更加丰富而深刻。我国近代水利科学家、教育家李仪祉更丰富和发展了中国特有的“大水利”概念。1934 年中国水利工程学会第三届年会的决议指出：“水利范围应包括防洪、排水、灌溉、水力、水道、给水、污染、港工八种工程在内”，这就使国人对水利概念和范围的认识发展到了一个新的水平。[②]

1992 年版《大百科全书·水利卷》中提道：“人类为了生存和发展的需要，采取各种措施，对自然界的水和水域进行控制和调配，以防治水旱灾害，开发利用和保护水资源。研究这类活动及其对象的技术理论和方法的知体系成为水利科学。用于控制和调配自然界的地表水和地下水，以达到兴利除害目的而兴建的工程称为水利工程。”[③]

---

① 中国水利百科全书（第三卷）［M］. 北京：中国水利电力出版社，1992：1684.

② 中国水利百科全书（第三卷）［M］. 北京：中国水利电力出版社，1992：1685.

③ 潘家铮. 老生常谈集［M］. 郑州：黄河水利出版社，2005：2.

上述定义充分体现了征服和改造自然的人类中心主义的印迹。

随着水坝工程建设的一些弊端逐渐显现，例如在干旱地区河道上游建设平原水库，导致宝贵的水资源大量蒸发损失；由于不合理的水资源开发，一些河道干涸，地下水位下降，生态破坏现象严重……于是，人们开始对以往的水坝工程观进行反思，这从水利概念上就可以看出来。后来 2006 年重新发布的修订过的《水利百科全书》中，对“水利”进行了重新定义：

“人类为了生存和可持续发展的需要，采取各种措施，适应、保护、调配和改变自然界的水和水域，以求在与自然和谐共处、维护生态环境的前提下，合理开发利用水资源，并防治洪、涝、干旱、污染等各种灾害。为达到这些目的而兴建的工程称为水利工程。”①

对比以上两个概念，我们不难发现，在水坝工程的目的上，现在的水利工程概念多了“可持续”三字，变为“人类社会为了生存和可持续发展的需要”；在方法上，从“控制和调配”变为“适应、保护、调配和改变”，并增加了一个重要的前提条件，即“与自然和谐共处、维护生态环境”。这种概念上的变化体现了人们对工程中人与自然关系的重新认识。

值得注意的是，目前社会同时存在几种不同的水坝工程观，不同工程观的拥护者之间持续进行着激烈的争论，于是，应该如何认识和分析这些不同的工程观以及究竟应该树立怎样的水坝工程观，就成为了一个亟待深入思考的问题。

5.2.2　辩证地认识“征服自然”的水坝工程观

对于水利工程的发展，在现代工程史上，“征服自然”的工程观曾经广为流传，大行其道。后来又出现了所谓“保持原生态”的工程观，这种工程观经过一些人的宣传，产生了不可轻视的巨大影响。我们认为，上述这两种工程观突出地代表了工程观的两个“极端形态”，需要辩证分析，而不能以简单化的方法和态度对待它们。

(1)“征服自然”工程观的形成。

随着文艺复兴、启蒙运动的开展和以工业革命为先导的资本主义生产方式的确立，人与自然的关系发生了重大转变。特别是 18 世纪以后，三次科技革命相继发生，培根“知识就是力量”的呼唤演化为人类征服自然过程中前所未有的现实。在水利科学体系与筑坝工程技术不断取得进展的情况下，人们发现自己通过工程措施来应对自然灾害的能力日益增强，人类对自然环境的依附已经大大缩减。人们逐渐把水资源等自然物质看作可以占有、索取、征服与改造的对象，并希望对整个自然界进行支配与统治，

① 潘家铮．老生常谈集［M］．郑州：黄河水利出版社，2005：2.

成为自然的主人。于是人们逐渐把对自然的依附变为对自然的征服，由人与自然的“自在”的和谐发展和“顺天论”的自然观演变成了人与自然的人为对立、分裂和妄图“征服自然”的极端观念。

征服自然的工程观，在人对河流的态度转变上表现得尤为突出。在近代大型水坝工程诞生以前，人们既对澎湃的激流充满敬畏，又陶醉于河流带给人的精神享受。但随着美国胡佛大坝的傲然挺立，人们发现了河流的巨大的经济价值，水运交通、灌溉农田，或是通过水力发电获取能源……这些都让人们激动不已。

(2)“征服自然”工程观的弊端。

在“征服自然”“向自然索取”思想的行动指针下，人类变得愈益自大，以致将自然世界降低为仅仅是可供掠取的对象。尽管人们在工业文明这一灿烂光环的笼罩下，创造出了巨大的物质财富，但是，这种过度、盲目地攫取自然的行为，使得人与自然的关系日益紧张，自然也开始疯狂地报复人类。

由于人们漠视自然资源的养护与再生，牺牲环境求得发展，使经济活动规模超过环境中的自然资源的承受程度，逐渐带来了始料未及的严重后果。生态危机、全球气候变化……都是对人类自大的错误观念与行径的回应。环境污染、温室效应加剧、资源系统崩溃、沙漠化蔓延、耕地缩小、不可再生资源巨量消耗等一系列触目惊心的恶果，人类生存所依据的空气与水也遭受大规模污染。

在水坝工程方面，人们都误认为水是取之不尽用之不竭和不需要代价的天赐资源，可以无限制的消耗甚至糟蹋，不懂得要珍惜和保护水，也不懂得在修筑水工结构改造水利环境的同时，还会产生一系列深远的影响。①

堪称反坝主义“巅峰之作”的《大坝经济学》指出，水坝工程发展史“正是人类不断突破狭隘的单纯技术主义科学观的过程；正是人类学会综合多种知识（如环境科学、生态学、系统科学）不断纠正和改造片面的功利主义工程观的过程；正是人类与自然和谐相处、放弃‘主宰自然’的狂妄理性的过程。这个过程是任何力量也阻挡不住的。”②因此，人类要调整与自然的关系，首先要有观念上的突破：超越人类中心主义，重拾人与自然内在的同一性；纠正“征服自然”“掠取自然”的“笛卡儿主义”偏误，遵循“取之自然”与“养护自然”相统一的可持续发展之道。

(3)“征服自然”的工程观在特定历史阶段的历史合理性。

多少个世纪以来，人类对大自然只知道索取、只知利用、只知糟蹋而不重视保护。到了20世纪末，已处处呈现危机。人们这才警觉，发出了要保护生态和环境、要走可

① 潘家铮．千秋功罪话水坝［M］．北京：清华大学出版社．广州：暨南大学出版社，2000，3-4.

② ［美］P. 麦考利．大坝经济学［M］．北京：中国发展出版社，2005，再版序言．

持续发展的道路和为子孙留下一块净土的呼吁。[1] 现在人们认识到，河流不仅可以带来巨大的经济效益，还有着不可忽视的生态效益和精神上的享受。因此，“过去河流在地理形态上经常被描绘成国家的动脉，而现在河流被认为是关乎陆地生态健康的心脏”[2]。现在美国等一些国家在水资源需求得到满足的基础上，已经开始致力于恢复河流的自然状况。

但是，当今，人们在意识到“征服自然”的工程观的种种弊端后，有人对工业社会的主流价值观进行了全面否定。其实，这种“征服自然”的工程观还是具有一定的历史合理性的，我们应该从历史的眼光加以看待。毕竟在这种价值观的推动下，人类积累了大量的物质财富，推动了人类文明进步的历史车轮。从历史角度来看，符合时代发展和文明进步的潮流。

5.2.3 批判地看待“保持原生态”的水坝工程观

目前随着社会上环保思潮的蔓延，有人宣传所谓“原生态”概念，用西方后现代的浪漫主义情怀来反对水利工程，认为自然界中一切都是好东西，洪旱灾害也不例外。但是，在自然灾害问题上，我们必须承认，自然灾害本是自然界的一种自然现象，在人类产生以前就已经存在。只是在人类产生以后，特别是工业化以来，不合理的人类活动因“擅自”侵吞自然的底盘，加剧了自然灾害。要想通过减少或弃绝人类活动，来减少洪水灾害，是不切实际的。

由于“原生态”概念的宣传者实际上是盲目反对一切工程活动，所以它实际上已经形成了一种极端形式的工程观。目前这种观念已经产生了相当大的影响，必须认真分析和对待。

5.2.3.1 “原生态”的概念辨析

人们为什么要在“生态”概念的基础上发明一个“原生态”概念呢？在隶属于自然科学的生态学学科中，生态一词有着严谨的科学定义。生态（Eco-）一词源于古希腊，意指家（house）或者我们的环境。简单地说，生态就是指不同物种间及物种与环境间相互依赖的关系。生态学（Ecology）这一学科的形成，迄今为止仅有100多年的历史。1869年，德国生物学家E. 海克尔（Ernst Haeckel）最早提出“生态学”概念，从19世纪中期开始，生态学以系统的科学的面目出现，它主要研究动植物等有机体的个体与其栖息的周围环境之间的关系，属于自然科学的研究范畴。20世纪60年代后，随着人类与环境之间的关系日益紧张，生态学逐渐成为一门“显学”，日益摆脱了纯粹

---

① 潘家铮．千秋功罪话水坝［M］．北京：清华大学出版社，2000：194.

② ［美］威廉·R. 劳里．大坝政治学［M］．北京：中国环境科学出版社，2009：2.

的自然科学的模式，向着综合性的方向发展，“致力于自然科学与社会科学的相互交叉和融合”①。如今，生态学所提出的原则和标准似乎已经成为普遍的、适用于各方面的价值追求，“生态”一词的影响范围也越来越广。“原生态概念”其实是在全球生态危机日益逼近的背景下，人们为表达自己的生态关注，在日常生活中将“生态”概念加以泛化后的产物。

尽管原生态概念在不太注重概念逻辑的大众生活中有些许实用意义，但是，对于什么是原生态、判断是否为原生态的标准一直没有定论，不仅在普通民众中模糊不清，在不同专家那里也有不同的说法，因此，国外学者均很少使用类似概念。本书认为，“原生态”概念是不科学的。在对“原生态”概念进行生态学溯源的基础上，我们可以简单界定“原生态”的含义。原，在《辞海》中有“原初的，开始的；本来”之意。顾名思义，“原生态”就是指在原初的自然状况下的生存状态。现在人们往往把在自然状态下保留下来的环境、生物、人和文化所组成的完整的生态性的链条统称作原生态。

当前人们之所以广泛使用“原生态”概念，其实是与“原初性”发生了混淆，在追求一种从未被破坏的原初的自然状态。“原初的”（英文对应于 primitive），一般意为最初的，最古老的，未开发的，在文化层面往往有“落后”的意味。唯物辩证法认为，事物是普遍联系、运动和发展的。地球诞生 46 亿年来，生态环境经历了沧海桑田的巨大变迁，人类产生以后更是大大加剧了这种演变，因此未发生过任何变化的“原初性”本就是虚幻的，而所谓的“原生态”（意为原初的自然状态）在修辞上也是无意义的伪词了。

本书认为，可以对“原生态”取而代之的科学概念是“原真性”。“原真性”概念缘自英文“Authenticity ”，维基词典上解释为来源、血统、归因、目的、承诺的真实性、纯正性。纳尔逊·格雷本（Nelson Graburn）的“旅游人类学”（Anthropology of Tourism）理论认为，原真性是在不断变化的，“变化就一定会使原真性丧失”这一观点是极其荒谬的。国际著名旅游人类学家科恩也认为，原真性不等于原初性，原真性是可以随时代变化被创造的，代表进步的；而“原初性”则可能是代表落后的，二者不可等同②。换句话说，“原真性”并非指永远保持原状不变，而是在发展变化的实践中始终保持事物的本真性、纯正性，不似人工雕琢，却处处渗透着人类征服和改造自然过程中的创造性和聪明才智。“原真性”的深刻内涵是“人与自然之间，人与人之间的美好、和谐的关系”。

① 陈敏豪．生态：文化与文明前景［M］．武汉：武汉出版社，1995：16.

② 梁自玉．试析原生态保护误区［J］．中国市场：2008（4）：12.

5.2.3.2 “原生态”概念的理论缺陷

本书不仅不赞同“原生态”这一概念，更担心滥用这一概念的一系列消极后果。原生态概念存在着两个基本的理论缺陷：

缺陷之一是，现实中并不存在纯粹的原生态。虽然应该承认原生态一词，在一定意义上来源于近现代以来人类在面临因自身盲目征服自然所导致的生态危机的恶果时，对人与自然关系的一种探求与思考。但这种认识和概括是有许多弊端的，特别是它在理论上存在着致命的缺陷。人们对此要提出的一个尖锐的问题是：究竟有没有原生态呢？本书对此持否定态度。主要理由如下。

其一，自然规律是不以人的意志而改变的，但自然状态和人的生存状态却是可变的。马克思主义自然观认为自然是一个历史范畴，而非本体论范畴。人类自产生以来就不断通过工程活动改变着自然界，自然界一直处于“不平衡—平衡—不平衡”的循环流转中，在这一过程中，自然界的平衡是相对的，不平衡是绝对的。只有这一不平衡才产生了向平衡方向的一种自然力，推动着适者生存、自然选择的生物进化的法则，这也是达尔文《进化论》的依据。① 追求纯粹的原生态，会导致陷入时间逻辑上无穷倒退的旋涡和相对主义的泥沼。

其二，人类的生存繁衍及人类活动彻底打消了当前谈论原生态的合理性。人本身就是自然的一部分，经过数千年来的发展演化，人类的繁衍生存已经成为生态演变的一部分。从远古到现在，人类一直在运用自然规律，通过不同形态的工程造物活动，不断改变着自然状态，“自然人工化”的进程从未间断。特别是随着近代科技的迅猛发展，人类影响和改变自然的能力和范围不断拓展，基本遍及地球各个角落，人类早已不是生活在纯粹的自然世界中了。学者李伯聪教授在波普尔三个世界理论的基础上，提出“人类的物质生产活动的产物形成了一个世界 4”②，以强调人类物质实践活动的广泛影响。如果将原始人所居住的那个人类对自然干扰较少的世界姑且称之为波普尔的世界 1（物理客体或物理状态的世界）的话，那么现代人则主要生活在一个人工物的世界，即李伯聪所说的“世界 4”了。离开人类的工程造物史去抽象地谈论自然的内在性和原生性、自主性，是对马克思主义自然观的误解。

其三，保护环境，改善生态的目标，只能是为人类的可持续发展。一般来说，原教旨环保主义者或某些持有较极端的环保主义观点的人与普通环保推崇者的最根本区别，是前者认为环境保护的终极目的是保护大自然，而后者认为环境保护的目的是为了人类可持续发展。任何好的工程活动都有一定的价值取向，数千年来，人类一直通

---

① 陆佑楣．我们该不该建坝［J］．水利发展研究．2005（11）：6.

② 李伯聪．工程哲学引论［J］．工程哲学引论．2002：415.

过工程造物来不断改善生态环境，以创造一个美好的生存家园。现在，在以全球变暖为表征的生态危机的背景下，人类更加致力于通过采取有效措施，来节能减排、保护森林、消除公害、保护濒危动植物和保护生物多样性等，以求为人类当前及子孙后代的可持续发展提供稳固的生态基础。脱离人类历史，为环境保护而弃绝工程活动是违背人类社会发展规律的。单拿当前争论较多的怒江开发工程而言，一些环境保护主义者将怒江奉为我国最后一条“原生态河流”，反对怒江进行大规模的水坝工程建设，支持当地原生态旅游。其实，怒江上下游都有不少工程，且原始森林已被大面积砍伐，怒江早已不是原生态河流。贫穷也是环境破坏的重要原因，当今急需为当地少数民众找到尽快脱贫的生产方式。而建好水电站，同时做好生态环境保护，不失为一条能使当地经济与社会协调发展的道路。我们反对竭泽而渔、杀鸡取卵、不计后果的短期行为，我们同样也反对禁锢束缚、故步自封、消极无为。

缺陷之二是，原生态概念承袭了西方生态中心主义伦理观的理论缺陷。人与自然的关系是环境伦理学的考察对象。以往在人类中心主义伦理观的影响下，人类无限度地征服和改造自然，造成了人口爆炸、资源枯竭、环境污染等一系列后果，严峻的事实逼迫人们开始对近代机械主义自然观进行深刻的理性反思。自20世纪60年代起，与“一切为了人类利益”的人类中心主义相对照，非人类中心主义的环境伦理观日渐兴起。人们将传统伦理学的概念和规范过于简单和草率地平移到人与其他生命形式之间，形成了强调关爱生命的环境伦理学，如动物解放论和动物权利论，但因其结论过于激进而广受批判。随着生态学的影响日益扩大，西方学者开始依据经验观察和生态学基本理论来分析人与自然的关系问题，对环境伦理学进行是“生态改造”，从生态事实直接推导出判断，以克里考特的伦理整体主义、罗尔斯顿的自然价值论和内斯的深层生态学等为代表的生态伦理学迅速发展起来，“原生态”概念可以看作生态伦理学在中国的“变种”。近来，某些环保主义者打出“原生态”的旗帜，认为在大江大河上进行工程建设，会打乱江河的自然状态，导致某些物种的个体减少，甚至灭绝，因此，宁肯让当地民众保持原始落后的生活状态，也要绝对禁止在大江大河上建造水坝工程。

某些环保主义者的观点之所以偏颇，根本原因在于原生态概念秉承了生态伦理观的理论缺陷，导致人们对原生态概念的错误理解。生态伦理观将人视为造成生态危机的根源，强调自然的内在价值，提倡人与自然的平等，主张人应该顺应自然，对自然心怀感恩，这是一种价值观上的深刻的革命，具有历史进步意义。但生态伦理学终归难以逃脱“自然主义谬误”的指责。该理论过分贬低了人的价值和主观能动性，忽略了自然可供人利用的资源价值。其实生态伦理学大可不必采取敌视人类的立场，它完全可以肯定人类具有较高的主体性，如地球诸物种中，只有人才具有明确的生态意识，从而有行使调节其他物种种群的权利，如猎杀某物种的部分个体和保护濒危物种[①]。工程活动也并不必然会造成物种灭绝，任何工程活动的影响也都有正负效益的两面性，人类可以有意识地采取科学有序的工程活动来开发自然，同时合理地保护自然。更何况，要恢复当今已被人类破坏得相当严重的自然环境，单靠大自然自身的恢复能力，盲目否定人类的一切工程活动，也是非理性的。

5.2.3.3　“保持原生态”的工程观对我国工程发展可能产生的不利影响

未来二三十年既是我国实现社会主义现代化的关键时期，也是我国社会主义工程发展的重要战略机遇期。从工程哲学的视角来科学客观地质疑和批判原生态概念的合理性，将有助于减弱或避免“原生态”概念滥用对我国工程发展的消极影响。

（1）“原生态”容易导致弃绝一切工程建设。

任何工程措施都有一定的正负效应，“原生态”概念的倡导者往往片面强调工程活动对生态环境的消极效应，忽视其积极影响。他们将人类对自然过渡的、不合理的开发活动视为环境危机的根源，倡导生态中心主义的自然观，强调人不应该去干涉自然，而是让自然保持原状。但是，正如国内学者李伯聪在其所著的《工程哲学引论》中提出的命题“我造物故我在”[②] 工程一直是人类最重要的物质实践活动，是直接的社会生产力。“原生态”追求纯自然生态系统的平衡与稳定，这种故步自封忽视人类社会文明发展进步的所谓“原生态”，是人们对人与自然的和谐的一种理论假想。它既非对人与自然关系的正确认识，也非解决生态危机的根本手段，将其用之于实践只能是最终导致人们将所有工程妖魔化，非理性地取缔所有工程活动，从而既阻碍人类社会的发展进步，也不利于生态环境的保护。

（2）片面强调“原生态”容易导致环境正义的缺失。

强调所谓的“原生态”，必然会剥夺一部分人、一部分地区的发展权，导致环境正义的缺失。如果对环境正义伦理不加考虑，让发达国家和发展中国家都承担相同的环境责任，甚至因为揪住工程建设对生态的消极影响不放，让那些亟待脱贫的发展中国家放弃或缓建那些经济和社会效益良好的工程，则会加重当前环境利益分配的不公。

当今社会，世界资源分配不公和贫富分化现象日益严重，自然资源的有限性和环境资源的公共性更加凸显公平的分量。占世界总人口 20% 的发达国家消费了地球资源的 80%，是今天全球环境破坏和生态危机的始作俑者，他们的工程建设高峰期已过，铁路、公路、水坝工程等社会基础设施已经基本完备，足以支撑其社会经济的发展。而经济落后的发展中国家，因人口众多，承担着沉重的发展压力。目前刚刚迎来水坝

① 卢风，肖巍．应用伦理学概论［M］．北京：中国人民大学出版社，222.

② 李伯聪．工程哲学引论［M］．郑州：大象出版社，2002：252.

工程等一系列工程建设的高峰，却恰逢全球环保运动方兴未艾之时，工程发展遭到严重的生态制约，工程建设步履维艰，困难重重。对于我国当前这样的发展中国家，尤其要谨慎国外发达国家及其激进环境主义者以此为借口，限制我国发展的图谋。

除了不同国家之间要考虑到相互关照，同一社会不同地区、不同阶层的人群也应相互关照彼此的生存境遇。一部分激进的环保主义者在享受着都市繁华生活的同时，通过构建“原生态”概念来表达他们回归“采菊东篱下，悠然见南山”的自然生活的心理诉求，却忽略了贫困落后地区对于发展的强烈渴望。倡导保存（preservation）自然环境，禁止落后地区的开发，剥夺落后地区人口的生存权和发展权，是不人道的，也违背自由平等的伦理原则。

某水利专家在考察怒江之后，曾这样表达自己对怒江水电开发的意见，“当前我国正处在经济持续发展时期，在严酷的国际环境下，落后是要挨打的，我们没有理由捆绑住自己的手脚，放慢我国发展的速度，我们没有权力不让人民得到清洁的水，没有权力不让我国大地光明起来，没有权力让山区永远贫困下去，没有权力阻止处在贫困生活状态的居民走向富裕，而让他们保持所谓原生态‘生活状态’，供我们这些已进入小康阶层的人去观赏，更没有权力让河流自由奔腾而不顾人民的生命财产的安全”。[①]

（3）片面强调原生态，忽视了民族文化保护自身的适应性发展。

原生态一词，除了指征自然环境外，还特指原生态民族文化。后者主要是指现代社会中存在、较为边缘、更接近初始和质朴的，保存较为完好、具有显著民族特色和地域特色、并融进现代其他学科文化的一种文化存在形式。[②] 以往水利水电工程在选择坝址时，往往将水能资源作为最重要的考虑因素之一，因此坝址往往定在那些深山峡谷、交通不便之地。这些地区不仅水能资源丰富，也是少数民族的聚集区。由于地缘交往的限制，这些传统民族文化在自身长期的形成过程中，保持了特定民族主体相对独特、稳定的群体文化。由于缺乏其他谋生手段，当地人甚至仍然保留着刀耕火种、毁林开荒的落后生产方式，通过盲目掠夺自然资源来满足基本的生存需要。在未遇到外来文化冲撞时，人们早已习惯于保持“日出而作，日落而息”的田园静美的生活节奏。

但区域开放和文化交汇是不可抗拒的事实，随着西部大开发和国家经济的整体发展，西南区域正在加速与其他区域在经济、文化上接轨。当代交通和通讯机制的飞速进步，使得少数民族“原生态”传统文化无论在外在形式还是内在精神特质、价值观念上都会受到猛烈冲击，我国西南水电开发则大大加速了这一进程。在这一进程中，

---

① 陆佑楣．水坝工程的社会责任［J］．中国三峡建设，2005（5）：7.

② 晏月平，廖炼忠．原生态民族文化开发性保护与经济协调发展［J］．经济研究导刊，2008（12）：216-218.

民族文化本身在面临跨文化、跨民族的交流时，都会呈现出一种文化保护惯性。少数民族往往表现出一种思想观念的迷茫、心理的挣扎和生活习惯的不适，他们希望能保持和恢复到既有的生存状态。而大都市里钢筋水泥城中饱受灵魂、心理禁锢的人们，则希望在享受丰厚的物质生活的同时，能把这些“世外桃源”留作精神家园，避免现代文明对原生态文化资源的冲击。

这种逻辑实际上体现出了一种误区。人们只看到了原生态少数民族与市场经济、原生态文化保护与经济发展相冲突的一面，而忽视了二者协同发展的可能性，实则不然。我国西南水电开发会产生一批水库移民，迫使他们异地搬迁，干扰了原有旱作文化、梯田文化的保留，但同时也帮助当地人群采纳一种相对先进的生产、生活方式，使得原本被破坏的自然环境得到休养和恢复。大坝建设的“三通一平”工作改善了当地公共基础设施，推动了当地旅游业的开发和少数民族文化的适度产业化。少数民族文化的原真性和产业性可以在当前新的社会环境中得到改变和统一。

即使是少数民族群体本身，随着时间的迁移，他们自身的观念也随之变化。少数民族区域在与外界进行经济、文化和生活观念的触碰中，原有的自我隔离机制逐渐失去作用，人群本身变得越来越开放，愈加容易接受其他的生活方式。总之，经济发展与少数民族“原生态”文化保护并不矛盾，通过合理的机制保障，可以做到少数民族自我观念变革、文化保护与开发与经济协调发展，在新的环境下实现人与自然、人与社会、人与人的和谐共生。

5.3　树立动态和谐的水坝大工程观

以上分析和评论了两种极端的工程观，它们都是具有片面性的，是不可取的。那么，我们究竟应该树立什么样的工程观呢？答案是：应该树立“动态和谐的工程观”。

5.3.1　动态和谐的水坝大工程观的含义

原生态概念反映了人们对近代西方机械论的功利主义自然观的反思，鉴于它的不科学性，很多人认为应该以一种新的“动态和谐的工程观”来取而代之。“动态和谐的工程观”对以往“人类中心主义”和“生态中心主义”的伦理观均进行了扬弃，并在理论上有所创新。

概括来讲，和谐生态观是继农业文明、工业文明之后，在生态文明的基础上发展起来的追求“人—自然—社会”可持续发展的新型生态观。和谐生态观，是将人类社会系统（包括经济系统）纳入广义的生态系统之中，其本质要求是实现人与自然和人与人的双重和谐，进而实现社会、经济与自然的可持续发展及人的自由全面发展。它以“人类利益至上”为价值基础，将实现人与自然的和谐统一作为直接目标，努力保障人与自然的平衡协调发展，其根本目的是维护人类自身的可持续发展。

首先，和谐生态观承认人类在自然界的主体地位。和谐生态观与科学发展观在本质上是一致的，科学发展观强调“以人为本”，而和谐生态观则始终围绕人类利益去谈论工程与自然的关系。环境保护固然重要，人类基本的生存权、发展权也不可忽视。离开人类利益去谈论人类与自然的关系只能是空谈，在现实生活中缺乏合理性。

其次，和谐生态观的基本目标是保障人与自然在动态平衡中协调发展。马克思对此有过经典论述：“社会是人同自然界完成了本质的统一，是自然界的真正复活，是人实现了自然主义和自然界实现了人道主义。”①人实现了自然主义，同时自然界就实现了人道主义。

若将和谐生态观延伸到工程领域的宏观视野中，加以改进就可得到“动态和谐的大工程观”。“动态和谐的工程观”是指人类在通过工程建设来开发和利用自然时，要充分了解和尊重自然规律与社会发展规律，维护自然界、人类社会、经济系统的动态平衡，尽量减少消极影响，促进工程系统与周围生态环境、经济系统与社会发展相协调，在提高人类生活质量的同时，实现人与自然的和谐发展。我们真正需要思考的不是要不要建设水坝工程的问题，而是怎样在动态和谐的大工程观的指导下，将“人—自然—社会”的理念贯彻到工程实践中的问题。

5.3.2 动态和谐的水坝工程观对我国水坝工程发展的启示

动态和谐的水坝工程观对我国水坝的工程发展提出了以下启示：

5.3.2.1 动态和谐的水坝工程观要求社会生产力和生态生产力的统一

经典马克思主义认为，生产力是人们解决社会同自然矛盾的实际能力，是人类征服和改造自然，使其适应社会需要的客观物质力量。工程活动是人类社会发展最直接的生产力。受“征服自然”的自然观影响的传统生产力片面的注重提高生产率，忽视人与自然的平衡，导致了近代以来日益严重的生态危机，并加剧了人类不同种族、不同地域之间环境正义的缺失，使得人类的生存和发展面临前所未有的挑战。“动态和谐的大工程观”与时俱进的理论品格，要求它以一种开放的姿态去面对和处理崭新的现实问题。

在工程建设中深入贯彻动态和谐的大工程观，需要首先发展和改造生产力概念。为此，不少学者提出了“生态生产力”的概念，但个中内涵有所差别，如国内吉林大学谢中起对传统生产力概念加以拓展，认为生态生产力是指为了实现人的持续性生存，人类对自然界的保护、利用以及协调能力的总和；这是一种植根于生态文明中的生产

① 马克思．1844 年经济学—哲学手稿［M］．北京：人民出版社，1984.

力观，体现着人的自然观、劳动观、发展观的根本性转变[①]。西南财经大学文启胜认为，传统的生产力概念是在认为自然资源取之不尽，用之不竭的基础上的一种“扩张性”生产力。生态生产力则是对传统生产力的补充，指纯生态学意义上的生态系统的物质变换能力，它与经济生产力共同构成生态经济生产力[②]。

受原生态概念的逆向启示，并汲取了巴里·康芒（Barry Commoner）《封闭的循环》中所概括的生态关联 、生态智慧、物质不灭、生态代价等四个生态学法则的启示，本书认为，生态生产力是应用生态学的价值观和方法论对以往经典马克思主义生产力概念的发展，它认为人不仅要有合理开发利用自然资源的能力，还要充分发挥人类作为自然界主体的主观能动性和聪明才智，维护生态系统保持自身健康的能力，维系自然作为万物母体的不可估量的生态价值，为人类社会提供足量的生存发展空间，通过工程促进人与自然、社会的和谐发展。换句话说，工程建设除了增加GDP的统计数字外，还应通过加强生态环境建设，实现对生态环境的协调、优化和再造，在维护地球的绿水蓝天基础上，提高人类生活质量。

具体到水坝工程上来，这就需要水坝工程共同体，在认识和实践上要“从强调改造、利用自然转变到既强调改造、利用，又强调保护和适应自然。”[③]基于国内外经验的总结，在如何保护和适应自然方面需要取得更多创新性的成果，以适应当前及今后一个时期发展的要求。

5.3.2.2　工程建设应该遵循尊重自然，适度开发原则

国内水利专家周魁一教授提出，“经过翔实的统计数据分析表明，在很长一段历史时间内，水患灾害在降水量没有大幅改变、水利工程能力逐渐提高的情况下却不减反增。”[④]这一现象说明，水利工程的减灾能力是有限度的，人类不合理的围垦造田、不合理的水利工程建设等社会因素同样对灾害具有强大影响。因此，水坝工程应该尊重自然，顺应自然规律。

水利工程可以借鉴我国古代人和自然和谐的水利工程哲学思想，从我国古代整体、综合、辩证的先人智慧中探寻解决之道。我国古代大禹治水的传说，与西方的诺亚方舟的传说相比，就体现出了鲜明的应天顺人的意味。而都江堰水利工程之所以经久不衰，是与古代自然观导引下的“天人合一”“道法自然”的设计和运营理念分不开的。人不但要思考（先思、行思和后思），而且更要“安”身“立”命，人安身立命于天

---

① 谢中起．生态生产力理论与人类的持续性理论［J］．理论探讨，2003（3）．

② 文启胜．论生态经济生产力［J］．生态经济，1996（2）．

③ 贾金生，马静，张志会．应对气候变化必须大力发展水电［J］．中国水能及电气化，2010（1/2）：12.

④ 周魁一．水利史延展出的中国智慧［EB/OL］．http：//www.js380.com/2009/0831/55.html.

地之间，天地人合一。[①] 这也是水坝工程的终极目的。对于洪水等灾害问题的双重属性要有深刻的认知，实行战略转变，从洪水控制到洪水管理。要防御特大洪水，不是一味地建设更高的大坝以“一劳永逸”，而是有计划地开放蓄洪与行洪区，为洪水留下出路。从建立完善防洪工程体系为主，转变为在防洪工程体系的基础上，建成工程措施与非工程措施相配合的全面的防洪减灾体系。

适度开发原则不仅应是水坝工程界应把握的原则，也应该是水电开发行业的行事准则。尽管我国水电资源丰富，但水坝工程建设既是实现防洪、灌溉和水电资源开发的前提和基础，又是一系列社会和生态环境问题产生的直接原因。水坝工程项目要做好建设前的环境影响评价，尽量减少水坝工程对当地生态环境的损害。为此，水电开发要遵循科学规划、保护优先、适度开发、有序利用等基本要求，提高水电资源的开发水平。国内五大水电开发企业，作为国有大中型企业，要平衡经济效益与企业社会责任的关系。

5.3.2.3 工程建设应该牢记统筹兼顾的原则

水坝工程项目建设与规划要统筹兼顾。统筹兼顾是指要全面落实科学发展观的要求，高度重视水坝工程建设对区域经济发展与社会进步的积极作用，妥善处理好水坝工程建设、水电开发与当地生态环境保护的关系，实现流域综合开发与协调发展。统筹兼顾要重点落实好“几个统筹”，具体而言：

一是指安排好工程建设与国家、地方经济社会发展需要的统筹。要从国民经济发展的电力需求、区域能源资源状况等各方面来统筹考虑，决定水坝工程建与不建、如何建设。水坝工程建设还要统筹城乡发展，减少农村与城市的收入差别，使水电资源开发成为推动“造福一方百姓、发展一方经济”的民心工程。

二是安排好工程建设与当地经济发展的统筹。区域经济发展是全面建设小康社会的经济基础，是推进社会主义新农村建设的根本动力和物质保障。因此，水坝工程建设项目必须与当地经济发展有效融合，坚决贯彻中央工业反哺农业和“多予少取放活”[②]的方针，将水坝工程的灌溉、航运的功能优势与水电资源优势转化为区域经济优势，进而推动地方和国家的经济社会发展。

三是处理好水坝工程建设与其他替换设施的关系。未来，我们要将经济增长方式从粗放型转变到集约型。为了与之相适应，我们既要看到水坝工程建设在短时期内有一定的不可替代性，在保障工程建设可持续发展的同时，逐步将水利工作的重心要从有计划有步骤地实施建坝调水工程，转移到节水和提高用水效率上来。

---

① 李伯聪．工程哲学引论［M］．郑州：大象出版社，2002：252.

② 刘建平．通向更高的文明——水电资源开发多维透视［M］．北京：人民出版社，2008：214.

四是处理好继承与创新之间的统筹。工程的发展，是通过不断地进行继承与创新来实现的。所谓继承，是对人类已有成果的合理成分的肯定、积累与内化。继承，不是照单全收，而是一个取其精华、去其糟粕，达到辩证扬弃的过程。所谓创新，就是人类在已取得的现有成果的基础上，增添人类认识和实践成果的新内容。“创新不是简单地取代和扬弃过去，而是对过去的丰富和发展，本质上是一个辩证否定的过程。二者是对立统一的关系，具体地讲，继承是创新的前提，创新是继承的目的。”

中华水利文明源远流长，固然值得我们自豪，但也不可因循守旧，故步自封，而应该用发展的眼光来看待事物的发展。谈到水坝工程的生态影响问题，人们多想起都江堰，它是我国著名的无坝引水工程，历经 2000 年风雨不倒，惠泽后代，其奥秘除了巧夺天工的工程布局外，更主要的是遵循了“乘势利导、因时制宜”的治水指导思想。一些反坝人士经常以都江堰为例，来支持他们的观点，例如，中国不应该建坝，应全部仿效都江堰的无坝引水；或者只能建低坝，不可建高坝。这些人恰恰是违背了辩证法原则，忽略了事物本身与周围环境的变化。《韩非子・五蠹》论述了上古时代的生存环境和各代圣人为改变不利的生存环境所做的努力。由此他得出结论说：“是以圣人不期（必）修古，不法常可，论世之事，因为（治）之备。”也就是指，人们要根据社会发展的需要和可能来决定环境政策和改变自身的生存条件，不应泥古不化。目前，我国西南地区的人口已大幅增加，实施无坝引水或只建低坝已根本无法满足今天人们的用水需求了。

倘若不顾具体情况，盲目地一味创新，可能会事倍功半。我国近代水利技术几乎全部从西方引进，并取代了传统技术。20 世纪 50 年代兴建的三门峡水库出现了严重的失误，建成之后相继进行了两次改建，并于 21 世纪初调整了调度方式，才摆脱了废弃的命运。仔细思考，不难发现，尽管导致三门峡工程失败的原因是多方面的，但是盲目照搬国外清水河流的梯级开发理论与“蓄水拦沙”的治理方略，而摒弃了我国在几千年的治黄过程中所积累和总结的实践经验，忽视了黄河特大含沙量可能引发的工程风险与生态风险是重要原因，是导致三门峡工程在规划、决策和设计等关键环节出现一系列问题的最重要原因。

在建设有中国特色的社会主义现代水利的过程中，我们必须结合自身条件与特点，因地制宜，走继承与创新相结合的路。

第6章　水坝工程建设的伦理困境与成因

6.1　中国水坝工程目前面临的伦理困境

透过现象看本质，我们不难发现，导致目前中国水坝工程建设陷入僵局的原因，除了国家政策导向的影响、水坝本身的性质以及不同人群所持有的“保持原生态”和“征服自然”两种极端的工程观之间的博弈，还与中国水坝工程目前所限的工程伦理困境密切相关。这种困境突出表现为以下几点。

6.1.1　公众的高期望与工程师相对淡薄的伦理意识之间的矛盾

由于工程师是工程技术知识的掌握者，在工程技术活动中常常具有特殊地位，因此，人们通常认为工程师应该比工程共同体中的其他主体承担更多的伦理责任，于是乎对工程师主动承担伦理责任有较高的期待，甚至苛求工程师们为未来可能发生的、不可预见的工程损害承担伦理责任。可是，笔者通过考察水利水资源专业的工程师制度法规和中国水利学会（Chinese Hydraulic Engineering Society，CHES）、中国大坝协会（Chinese National Committee on Large Dams）等国家级别的水利社团的章程与宗旨，结果却发现：目前尚无独立成文的水利或大坝工程师职业伦理守则。这种工程伦理制度化建设的滞后，凸显了大坝工程师群体伦理意识的淡漠，由此造成的不良后果已激起了一些民众的不满。

一方面，工程师们尽管普遍具有一定的职业自律，但其尚无清晰表达的自我伦理意识。近些年来，工程师们仍然主要局限于怎样按照技术守则，“把工程做好”，做到不溃坝垮坝，按预期实现防洪、发电、灌溉等基本目标，而不是主动思考和选择什么是和怎样做“好的工程”，较少考虑生态、移民等其他因素，对工程风险的认识也不够深入。多是环保群体的外在施压才会刺激他们的被动反思并积聚起较强的工程生态伦理意识。例如，中国西南水电大开发中，工程师片面追求技术上的突破，而忽视其他重要诉求。诸如中国西南的龙滩水电站大坝等二三百米的特高型水坝，在仅仅通过实验室的水平模型实验后就匆忙矗立起来，国际上尚无丰富的实践经验。公众对工程师的这种“盲目”的自信感到担心，忧虑工程在未来几十年乃至百年后可能产生的技术安全和生态环境问题。另一方面，在一些大型水电站大坝的工程可行性研究论证中，一些工程师曾被质疑在利益驱动下替水电开发企业做出过缺乏客观性立场的结论，使得水利专家的知识权威形象和立场公正性遭受质疑，被指责为“屁股决定脑袋”。在这样的情况下，一旦当水坝工程建成后的利益分配问题出现不公的时候，当水库移民的受损权益不能得到充分补偿的时候，水坝工程往往被民众视作“分肥政治”的产物，水坝工程师群体则被公众划归到自私自利的既得利益者集团中去。这些事件最直接的影响就是导致公众对工程师的专家身份的质疑和工程师社会地位的下降。

6.1.2　各利益相关者的强势与工程师的弱势之间的矛盾

大坝工程是一个全社会参与的活动过程。图 6-1 所示，“其中不仅有科学家和工程师的分工和协作，还有从投资方、决策者、工人、管理者、验收鉴定专家，直到使用者等各个层次的参与。”不同的参与主体均有着不同的利益诉求，只有让这些工程共同体中的利益相关者和“知识”同时出场，才能真正保证工程活动中利益相关者的风险与利益的均衡。讨论水坝工程是否需要上马以及如何建设，从理论上来讲，只有各个主体平等参与，各抒己见，才能做出科学的决策。

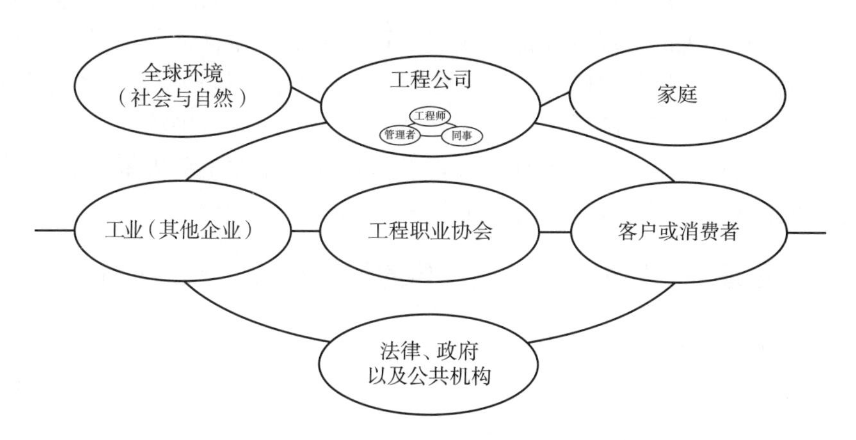

（图来源：Roland Schinzinger Mike W. M artin, Introduction to Engineering Ethics, McGraw-Hill Higher Education, 2000,8）

图 6- 1　工程活动中的不同主体

在中国，大型水坝工程决策是由政府和水电集团强力主导的。中国历来是一个多灾多难的水患国家，治水关系到国家发展稳定的大局。有种说法是，中国中央集权制的官僚体系就是因大型水利工程的组织实施的需要而应运而生的。中华人民共和国成立后，水利工程活动仍然继承了以往是中央集权的工程决策体制，政府既是决策者，又是建造者。加上大坝工程具有一定的社会公益性，因投资大，建设周期长（一般为5～10年），往往需要中央政府或地方的巨额财政支持，这样政府就在大坝的上马与否及坝址选择上有决定权。自改革开放以来，中国由计划经济向市场经济转变，水坝工程的设计和建造也推向市场，实施“流域、梯级、滚动、综合”的方针，出现了五大发电公司彼此竞争的局面。但是，水坝工程决策也暴露出了社会转型时期的通病——政府职能不清。例如，中国大型水坝工程都由国家发展与改革委员会批准，中小型的水库建设才隶属于水利部，中央政府的政策走向决定了中国大坝工程的总体走势。西南水电开发热潮中，大型水电集团只要经过了当地省级政府的批准，就基本获得了某条大江大河的水能资源开发权利，随后报国家发展与改革委员会备案即可。工程决策还涉及中央政府、各省市级政府间的竞争与博弈。又如2005年，关于中国失败的水利工程的典型——三门峡工程的存废之争，本应是对工程本身的经济、生态、社会效益的利弊得失的综合权衡，却因陕西、河南两省政府的介入，而演变成为地方政府间的利益博弈。与此形成鲜明对比的是，工程师在工程活动中的决策权显得相对弱势，很多工程尽管邀请了众多专家参与决策，但其实是“专家咨询，领导决策”，工程师们往往只是充当了一个决策执行者的角色。

这样一来，伦理困境就出现了。尽管工程师并不是唯一的工程伦理责任主体，可人们却常常将工程相关的伦理责任都倾注于工程师身上，却忽略了工程共同体中的其他利益相关者特别是政府与水电开发商，也是伦理责任的主体；更没有考虑水电公司、移民、普通公众之间在工程的风险承担和利益分配上的冲突与平衡。而现行的水坝工程伦理规范本来就不健全，更缺乏对政府与水电开发企业在工程决策上的伦理责任的规制。这样就造成了大坝工程伦理的责任主体的畸形。

6.1.3 工程伦理客体的扩大与伦理主体的认知狭隘之间的矛盾

此处的工程伦理客体是指工程伦理关注的对象，包括水坝工程涉及的工程质量、生态环境和受影响移民的利益等。工程伦理的主体是指工程伦理的认识主体和实施主体，包括水坝工程师、投资商、政府机构和环保组织等。

随着科学技术的发展，工程对自然变革的程度加深，工程活动范围随之扩大，人与自然之间的关系出现了新的特点。例如，水坝工程建设项目，特别是大坝工程建设活动，不仅调节和改变着人与自然的关系，还改变着人与人之间的关系。具体而言，大坝建设不仅触及工程技术人员和从业者的利益，还影响到水库移民等其他众多利益相关者；不仅涉及现代人的利益，而且涉及子孙后代的利益。不仅涉及人和社会的利益，还对自然环境产生巨大的影响，具体包括破坏森林植被，导致水土流失、环境污染和生物栖息地破坏。这样，建坝工程活动就不仅仅是工程和工程师的问题，也关联到许多复杂的利益关系。

为了调整和协调这些利益关系，必须增强各个主体的伦理意识，进行伦理价值上的协商。要顺利实现工程的整体社会目标，就需要技术、经济、管理、社会多方面要素的集成、选择和优化，需要工程活动各参与方配合、沟通，实现协同运作。这就“迫切需要工程从单纯为了人类利益而改造自然，转向为可持续发展服务，肩负起塑造可持续未来的重任。”

在国际上，工程的环境影响评价和社会影响评价已逐步成为共识。生态影响评价较早被各国采用，用来维持生态环境的承载能力，我国也已制定《生态影响评价法》，广泛用于各类工程项目中。工程的社会影响评价是近年来国内外将社会学和人类学应用于项目评估和管理的新领域，它更多地从人的因素来考虑工程与人之间的互动关系，从而尽可能降低工程对人的生活的影响，保证工程效益的发挥。例如，三峡工程就影响到一百多万移民的生计。从 20 世纪 90 年代起，社会评价已成为世界银行、亚洲开发银行等国际机构进行项目评估的重要组成部分。2002 年 1 月，中国国家发展与改革委员会也首次将社会评价纳入项目评估体系，明确规定具有较大社会影响的大中型投资项目必须开展社会评价。所有上述内容意味着工程伦理客体范围的扩大。

但是，当前中国水坝工程伦理的认知仍停留技术经济范畴内，与扩大了的伦理客体相比已显狭隘，这种现象构成了今天水坝工程伦理困境的重要方面。中国的水坝工程共同体在制定可行性研究报告的时候，依旧注重工程的技术指标和经济上的投入—产出的回报率，工程的生态和社会效益更多只是一个不心甘情愿的装饰。

6.1.4　国际舆论重生态保护与国内提倡发展之间的矛盾

目前，国际社会上的舆论大环境对中国水坝工程的发展似乎不太有利。发源于欧美国家的国际反坝思潮愈演愈烈，已逐步蔓延至印度、巴基斯坦等东亚国家。一些批判水坝工程的国际组织相继成立，除了某些绿色环保组织外，最典型的就是世界水坝委员会及其出版的《水坝与发展：决策的新框架》。美国学者麦卡利在《寂静的河流》中批判了水坝工程的消极环境影响，认为原因有二：一是在技术决定论、决策者和设计者短期利益诉求的误导下，工程决策、设计和管理上的欠缺。二是一些消极影响是建坝所固有的。有些环保组织认为，大坝工程建设是一项不可逆转的“生态试验”，对地质、水文、洄游鱼类生存环境的破坏是必然的。更有极端激进的环保主义者已经不再满足于对水坝工程师伦理的谴责，而从本质上否定了水坝工程的合理性，提出了“No Dam Good”的口号，反对一切水坝工程建设。国内的环保组织受此影响，与国际上的反坝声音相呼应，对国内水坝发展带来一定的压力。

但是，国内水利系统的主流声音认为发展是硬道理，发展和保护二者是相辅相成，而非对立的。正确的态度应该是在保护中开发，在开发中保护。在怒江等矿产资源贫乏的地方建坝，可以帮助改善当地本已脆弱的生态环境，也是带领当地百姓脱贫致富的最好选择。这两种不同的工程伦理的侧重点之间的争论一直存在。

6.2 中国水坝工程伦理困境的成因分析

中国没有成熟的工程伦理标准，使得工程主体伦理责任的贯彻无据可凭；“外在性境域缺失，造成了工程伦理学的实践困境；内在性主体多元，造成了工程共同体责任模糊和关系复杂。”加之某些历史、观念上的原因共同导致了中国当前的工程伦理困境。

6.2.1 中外工程伦理理论水平的差异生成中国大坝建设的伦理困境

中国的工程伦理学受到美国的影响比较大。通常情况下，人们会从中美工程伦理发展与研究水平的差异，来解释中国工程伦理实践中遇到的问题。

英美两国早期的工程师伦理章程关注诸如限制职业广告，保护小型企业，为企业投标提供咨询以及工程师对客户和雇主所承担的首要义务这样的问题。在19世纪70年代之前，大多数的工程伦理章程认为，工程师的首要义务是对客户或雇主的忠诚，而很少提到对公众所承担的义务。随着社会多元化的发展，职业中个体的利益冲突在近年来颇受关注。具体而言，就是指某些职业利益会威胁到工程师个体的职业判断，从而使其判断变得不可靠（与人们所期待的相比）。工程师要遵守保密性原则。虽然章程规定了工程师通常应履行为客户保密的义务，但根据公共政策例外原则，在某些情况下也存在例外情景。

进入20世纪，欧美进入了工业化的关键发展期，工程建设活动极大改变了世界的面貌。在20世纪初、20世纪30年代大萧条时期以及20世纪70年代和80年代，水坝工程建设等一系列工程活动的负面后果，招致了越来越多的批评。这些批评也对工程师的工作产生很大影响。一些工程师对于他们的工程活动从伦理角度进行深刻反思，通过强调工程活动的根本道德任务，呼吁工程师作为群体来共同承担社会责任，从而促进工程师的职业化进程。例如，在工程师协会章程中增加一些伦理方面的要求，1974年，美国职业发展工程理事会（Engineering Council on Professional Development，ECPD）采用了一项新的伦理章程，该章程认为，工程师的最高义务是公众的健康、福祉与安全。现在几乎所有的工程师协会的章程都把这一观点作为工程师的首要义务了，突破了以往对工程师之于雇主的忠诚义务的局限。同时美国全国工程师职业协会（National Society of Professional Engineers，NSPE）设立了伦理审查委员会，积极鼓励工程师利用伦理理论来评估工程的各种活动。20世纪80—90年代以来，美国、荷兰、澳大利亚等西方发达国家的工程伦理关注的焦点，逐步从工程的微观伦理向宏观伦理转变，这一现象被西方学者称为工程伦理的宏观转向。从工程伦理关注的时间域来看，以往的水利工程伦理主要关注当下的经济、社会效益，而较少有长远的谋划。而现在所倡导的宏观工程伦理，不仅关注当下的工程及其对社会的各种影响，而且关注工程潜在的对未来可能产生的影响。工程师不仅考虑当代人，也应该考虑后代人；工程师的道德责任包括为未来的人们提供一个高质量和可持续发展的环境。

至于工程伦理转向的原因，有人认为 STS 的发展是工程伦理转向的又一重要动因。传统意义上的工程伦理（微观伦理）的学理基础是“工程作为职业”。近年来 STS 取得了显著进展，那么当“工程伦理与 STS 相遇”（Engineering Ethics meets STS），“STS 的发展拓展了工程意象（image of engineering）——工程的所指以及工程所呈现出的具体形象，尤其展示了工程中与社会文化因素密切相关的工程意象，使得工程意象不再是单纯的职业，而是有着复杂社会和文化背景的‘社会性’职业。”

相比之下，中国工程伦理的发展相对迟缓，工程伦理规则的制定也相对不完善，工程伦理教育也相对滞后，这些因素使得中国工程活动缺乏有效的工程伦理规则的规范和制约。

以往在长期的封建自给自足的小农经济的影响下，中国的工程活动主要是靠通过师父带徒弟式的小作坊模式来沿袭和发展，出现了诚实不欺、守信经营等行业自律守则。尽管也曾通过行业协会制定过一些行业伦理规范，但都不曾出现类似欧美那样的成文的针对工匠、工程师的伦理守则。20 世纪初，一些知识分子开始留学欧美，并把美国工程师团体的守则引介到中国国内。例如，中国工程师学会的前身中国工程学会成立于美国。鉴于 20 世纪美国在全球技术进步和经济发展中所发挥的领导作用，中国工程师学会的发展过程及伦理守则的制定都不可避免地受到美国的影响。只是由于旧中国各行业工程发展的滞后，比如中华人民共和国成立前，10 米以上的水坝仍很稀少，加之工程师群体的涣散，这一社团的工程伦理准则并未对工程实践产生多大影响。

中国学者苏俊斌详细考察了《中国工程师信条》历经 1933 年、1941 年与 1996 年的 3 次修订及这 3 次修订中工程师的责任对象的变迁，认为从表面上看修订过程基本上印证了米切姆所提出的工程伦理守则的发展。后者认为，工程伦理守则的发展可分为 3 个阶段，即企业忠诚论、专家治国论以及社会责任论。但其实表征了工程师渐渐意识到，他们作为一个群体对自然和未来人类所肩负的责任。1949 年以后，中国工程师学会迁到台北，《中国工程师信条》经 1996 年再次修订后继续在台湾地区使用，不过大陆的工程师团体却因意识形态等诸多因素摒弃了这一伦理章程，开始遵循较为缓慢的发展路径，使得长时间内工程师对其自身负担的伦理责任存在着认识上的不足。

此外，中国工程伦理规则制定还不完善。当今社会，公众对工程发展的关注度提高，日益要求工程能合理平衡经济、生态、社会三者关系，具体而言，就是指地方政府、水电公司的经济利益、生态效益与环保代价、社会成本与可持续发展之间的平衡问题。尽管国内一些大型水利工程已经效仿国外，实施了“工程的社会影响评价”，但在规则和标准制定以及衡量尺度上还需要进一步细化和完善。

而我国工程伦理教育制度的不完善，也在一定程度上导致了工程师伦理意识的淡薄。自20世纪70年代起，工程伦理学在美国等一些发达国家开始兴起。经历了20世纪的最后20年，工程伦理学的教学和研究逐渐走入建制化阶段。而我国的工程伦理教育则始于20世纪末。当时高校里的课程设置也基本没有工程伦理的内容。近些年来，虽然有理工科院校陆续开设了工程伦理，但在课程设置、教学方法、案例选取方面都需要进一步完善。

这样一来，就导致了这样一个结果——中国传统微观工程伦理尚未形成较为完善的体系化，工程活动仍依靠工程师们以技术过关、质量安全为主要导向的行业自律来进行，老牌资本主义国家却已经出现了工程伦理的自然及社会的宏观转向。那么，当国外工程伦理在20世纪末期开始涌入中国，并对中国工程活动中出现的各种伦理问题进行指责时，中国工程共同体就“理屈词穷”了。

6.2.2 中国水坝伦理困境成因的工程境遇论视角

工程作为一种建构性活动，本质上是主体在一定的境遇下进行的物质实践活动。所谓境遇（context）本来来自语言学的一个概念。目前这一术语已经从工程领域扩展到其他领域。工程境遇的内涵比较复杂，学者们已多有解释。美国洛杉矶洛约拉·玛丽芒特大学（Loyola Marymount University）的菲利普·赫梅林斯基（Philip Chmielewski）教授认为境遇就是对一种文化的反映，如北达科他州（North Dakota）的四柱桥（Four Bears Bridge）的设计即是对当地土著部落文化和价值观的反映。邓波教授有比较详细的阐释，他认为，“工程发生的特定地区的地理位置、地形地貌、气候环境、自然资源等特殊的自然因素以及该地区的经济结构、产业结构、基础设施、政治生态、社会组织结构、文化习俗、宗教关系等社会因素，都构成了工程活动的内在要素和内生变量。”总体来看，工程的境域内涵，不仅包括时间、地形、气候等物质条件和自然要素，又涉及文化、政治、经济、政治等社会环境，且是这些要素彼此互动的生成过程。而工程所处的这种境域性特点，也造成了每个工程所特有的问题。所以研究工程问题或工程伦理问题，就必须关注工程的境域特征。对工程境遇的忽视，在一定程度上导致了中国水坝工程界当前的伦理困境。

6.2.2.1 工业化与工程自身发展阶段的境遇差异

工业化和现代化是二三百年来各国经济社会发展一个挥之不去的话题，发展阶段不同构成了中国与西方国家之间的境遇差异。

由于欧美的工程建设开始较早。1935 年左右美国建成的胡佛大坝是世界范围内第一座以科技为基础的现代大型水坝，它的建成标志着世界大坝时代的来临。现代水坝无论在组织管理模式，还是牵涉到的因素与问题，都对其他国家的水坝建设产生了深远的影响。到了 20 世纪 80—90 年代，英美等发达国家已进入后工业化国家，可建坝的坝址已基本利用完毕，能源和结构的转型使得工业化比例减少，服务业比重增加，能源供应进入到主要依靠科学的资源管理轨道上来，因此水坝工程建设项目趋于缓慢。水坝工程的负面效应的出现有一定的滞后性，到这时以往建成的水坝的负面效应逐渐显现，相应的反思推动了工程伦理学的发展，对水坝建设在生态、社会方面提出了不同于以往的严格要求。某种程度上，西方工程伦理就是发达国家在工业化晚期，对因不合理的工程观而导致的工业化过程中出现的工程负面效应的反思。

5000 年来，中国建造了一批以都江堰为代表的体现天人合一理念的举世瞩目的水利工程，使得中国水坝工程的发展水平在长达一两千年的时间内，长期居于世界领先地位，同时也创造了辉煌灿烂的水利文化。然而，近 300 年来，我国水坝工程技术却落后于世界先进国家。作为后起的民族独立国家，中华人民共和国成立伊始，水坝工程技术水平远远滞后。为了适应国民经济和社会发展的需要，加快国家工业化的进程，开始了史无前例的大规模的水坝工程建设。迄今为止，中国是世界上水坝建设总数最多的国家，大大小小各种类型的水库共有 9 万多座。当前中国水坝工程建设势头迅猛，是世界上在建大型水坝建设项目最多的国家。20 世纪末，西方工程伦理学在环保思潮与非政府组织的传播下涌入中国，这样当中国的水坝工程技术水平迅速提高，建设刚刚进入高潮的机遇期，就开始受到西方颇具后现代意识的工程伦理学的约束。

因此，与节能减排问题上的“双重标准”的合理性问题如出一辙。我们不禁要提出，如果实现工业化是后发展国家实现国富民强不可逃避的必经之路，那么在中国这样一个正处在工业化过程中的国家而言，在本土的工程伦理学尚未完全建立的情况下，直接照搬发达国家的工程伦理是否妥当。如完全照搬之，中国的工程建设乃至经济社会发展必将受到严重影响。

6.2.2.2　地理环境和社会文化差异

地理环境和社会文化差异也是欧美工程伦理直接套用于中国工程领域，而导致中国水坝建设出现伦理困境的成因之一。

（1）自然地理环境差异。

中国独特的地形地貌决定着中国水旱灾害频繁，人民的生命财产和社会安全都受到极大的危害，因此，自古以来治水成为了各个朝代的中央政权治国安邦的大事。有学者认为，广泛召集民众，兴建大规模水利工程，以巩固政权，是中国古代采取中央集权政治体制的主要原因之一。自古以来，漫长的封建社会中，中国诞生了一批以都江堰工程为代表的杰出的水利工程。这些工程较完美地体现了天人合一的理念，在工程中实现了人与自然、社会的和谐。

直至近代以来，西方科学至上的理念与功利主义的短期工程价值观成为主流，中国传统文化价值观中的宝贵因素遭到排挤，在水利工程中存在着重建设、轻管理，重开发轻保护的思想。面对河流断流、洄游鱼类生存受到影响等水坝工程的负面效应，人们对以往技术至上主义的科技观和片面追求经济效益的工程观进行反思，于是乎倡导非人类中心主义生态价值观甚嚣尘上，逐渐占据主流地位。这些年来以生态中心主义伦理学为理论依据的环境保护运动，甚至有人提出了“原生态”的工程生态观，对中国大型水坝工程建设产生了强烈的冲击。姑且说现实生活中并不存在所谓的原生态，从理论上来说，原生态承袭了西方生态中心主义伦理观的理论缺陷，在强调人与自然平等的同时，却忽视了尊重人类自身的发展权利。在笔者曾经与美国《生态伦理》杂志主编的一次学术交流中，这位著名的西方学者就曾提到，在西方生态伦理中找不到建坝的理论依据。这对于急需水坝工程建设的中国来说，无疑并不有利。

（2）不同社会制度的差异。

在不同社会制度的发达国家与发展中国家，是否需要采用普世的工程伦理标准呢？如果可以，那么又该谁来制定工程伦理呢？笔者认为，不同社会制度有不同的适宜的伦理准则，而中国没有建立自己的符合自身社会制度特点的伦理准则。

举例来说，社会正义标准难于达成共识是工程伦理困境产生的原因之一。世界水坝委员会制定的《水坝与发展：决策的新框架》，对水坝的作用采取了总体否定，个别肯定的做法，从整体上突出了水坝工程的消极影响。在水坝工程决策问题上，他们提出，应该充分尊重每一个公民参与水坝工程决策的权利，有任何一个公民不同意，就不能建坝。对于这一标准，发达国家与发展中国家持有比较明显的对立态度：除少数国家外，发达国家普遍认同这一观点，认为只有这样才能在工程中体现出社会正义；发展中国家则认为，这样只能使水坝工程决策的期限无限延长，无法达成决策。那么，工程中体现的社会正义究竟是什么？要深入解答这个问题，西方政治伦理学家罗尔斯的《正义论》普遍的两个原则固然能给我们以深刻的启示。可是资本主义与社会主义的社会制度的差异以及政治决策传统的区别也应是重要的考虑因素。中国水利水电科学研究院副院长高季章认为，“WCD 的报告并不是说不能建坝，而是想要理出一个全世界统一的标准来指导各国建坝，但是这是不现实的。因为各国情况不同，发展阶段不同，不可能有一个严格的规范性的东西，只能是有一个引导性的东西”。

6.3 中国应建立符合国情的水坝工程伦理准则

作为一个工程大国，中国的工程伦理发展现状与中国对工程伦理的需求之间存在着很大的差距。当代中国社会正处于社会发展的转型阶段，工程建设活动面对着人口、资源、环境、发展如何在工程活动中统筹发展的重大问题。倘若单一地凭借政治、法律、经济政策乃至国家强制力，充其量只能建立起具有极端强制性特征的外在社会结构和表面的刚性秩序，而不可能真正解决问题。作为保障工程活动的持续健康发展的内在力量和柔性支撑，工程伦理的建设具有重大意义。

6.3.1　伦理准则必须考虑的因素

6.3.1.1　民族、国家的生存及发展需求

伦理总是具有人类精神发展特征的民族伦理、国家伦理。当代工程伦理的构建只能是在一个国家的民族本土中产生并以时代精神为导向。中国当代工程伦理构建所面临的第一个困难，是必须在遵从普世伦理价值的同时，冲破西方话语霸权的统治，满足中华民族和国家的生存及发展需求。只有这样，在当代中国构建的工程伦理才可能在本土生根。

6.3.1.2　民生需求

民生是一个社会赖以存在和延续的基石之一，涉及人的生计、生活以及发展等问题。随着社会向前发展，工程活动中的民生问题将会显得愈来愈重要。水库蓄水后会淹没上游的土地而导致大批水库移民，他们是受水坝工程影响最直接的群体，即有生存与发展环境会发生剧烈的改变。进一步说，水坝工程是通过改变河流的自然状态而间接改变了河流有关的利益与风险在不同群体间的分配，如果处理不好，还会影响到社会和谐稳定与良性发展。而伦理学除了探讨抽象的道德理念与原则之外，也必须高度关注人的生存之道、生活智慧和生命价值。工程伦理需要将两者加以结合，将民生需求的解决摆放在相当重要的位置。工程问题中的民生伦理涉及几个基本原则，比较重要的是公正原则。

6.3.1.3　安全需求

工程作为一种工程实践活动，是以科学技术为基础的。当代工程活动可能产生一定的工程技术风险，并附带着生态风险与社会风险。工程活动需要正视这些风险，并采取适当的措施规避和解决这些风险。水坝，特别是二三百米的特高型水坝，一旦垮坝，将会造成极端严重的人民生命财产损失，后果不堪设想，因此，水坝工程安全问题尤其值得重视。

6.3.1.4　环境与可持续发展需求

国家发展与民生需求应符合生态保护、环境保护的要求，也就是说，应在改善民生和保护生态环境之间保持适度的张力。人们的确有权利要求不断改善生活，国家的

发展与人民生活水平的提高也是一个不可逆转的过程，可是不能超出资源以及生态环境的承载能力，不可影响到地球生态的完整性及生物的多样性。

6.3.2 中国大坝工程伦理建设的大致思路

中国工程伦理学的发展应自觉与世界工程伦理的宏观趋势靠拢。同时，又要注意不要盲目跟风，在充分考虑中国的政治、经济、文化等具体的工程境遇的基础上，探索符合中国工程发展实际状况的、适合中国国情的工程伦理学。本文认为，中国工程伦理的总原则应该是在工程中促进人、自然、社会和谐发展，求得环境与民生等需求的平衡。以下分别对各条伦理准则的合理性与可行性进行简要的论证与解释。

6.3.2.1 平衡和解决多元工程伦理主体的伦理责任

我们要对工程师的伦理权限有一个合理的限定。我们不能因为工程上的负面效应而一味地指责工程师，而是要将工程师视作工程共同体的一员，同时考虑工程共同体中其他人的道德责任。尽管我们坚信，工程师心中常存工程风险意识和集体的工程伦理意识，会有助于他们更好地促进工程伦理的实现，但同时也要注意协调与平衡工程共同体中不同利益相关者的伦理责任的分担与履行问题。

6.3.2.2 统筹工程活动不同阶段各利益相关者的工程伦理责任

在工程的决策阶段，政府官员共同体负责批准大型工程的立项和建设，应该考虑到工程的经济、社会、卫生、环境等方面的长期影响，对工程决策负有责任；而工程师共同体对于此立项中的技术设计要求以及可能产生的负面后果，应该有科学的预见和估计，对工程设计负有责任；而企业家共同体在竞标过程中，使用工程师的设计标准和雇佣工程师设计时，不仅仅应考虑经济利益和利润，对于可能造成的环境、安全方面的问题负有责任。在工程的建造阶段，还需要关注到工人共同体的责任状况；在工程的维护与使用阶段，消费者共同体与公众共同体对于产品和工程也负有一定的监督和举报责任，等等。所以，在工程活动的各个阶段，涉及多元工程共同体的利益和责任。但是具体而言，他们各自的责任范围、标准是什么，各个工程共同体的关系非常密切，责任范围不容易界定，这些都需要结合工程的境域特点加以研究。

6.3.2.3 进一步完善工程伦理规范和工程伦理教育

只有不断在中国国情的基础上，建立和完善工程活动的伦理规范和评价准则，才能使得工程活动受到一定的伦理规约的制约，才能最终摆脱目前的工程伦理困境。此外，还应加速工程伦理教育的发展，在工程类院校开设工程伦理方面的相关课程，开展工程伦理培训，提高工程学生的道德敏感性，从而促进工程师伦理制度化发展。

第7章　水坝工程的公众理解

当前，在我国“公众理解工程”的研究还刚刚起步，可以说，对“公众理解工程”有继续研究的必要性与较为充足的研究空间。本章作者在考察有关资料的基础上，以水坝工程的公众理解为切入点，对中国“公众理解工程”的重要意义、实施现状进行分析，并对如何促进与推动公众对水坝工程的理解提出一些分析和建议。

7.1　“公众理解工程”的提出

7.1.1　国外“公众理解工程”提出的理论背景

7.1.1.1　西方科学传播事业的发展

近代科学并非一开始就被广泛认同。直到18世纪法国的启蒙运动以后，科学才被视作历史发展的巨大杠杆，进入社会主流意识形态之中，这与科学成功地传播直接相关①。从此，发展、进步的观念成为时代的主旋律。

1983年，英国皇家学会会员博德默爵士起草，皇家学会正式发表了《公众理解科学》（Public Understanding of Science，PUS），由此，科学普及的概念开始向“公众理解科学”转化。在对“PUS”的理解上，博德默报告认为，理解科学不仅包括对科学事实的理解，也包括对其方法和限度的理解以及对其实际影响和社会后果的一种体认。公众理解科学作为传统科普事业的新生代，在发达国家被作为一个重要的社会政策概念引入到公共决策中，形成了“公众理解科学”的社会运动。这场运动在许多国家产生了深远影响，公众理解科学逐渐被整合进了科学共同体的社会建制中，成为国家繁荣昌盛与现代民主制度的重要保障。

---

① 吴国盛．从科学普及到科学传播．http：//blog. sina. com. cn/s/blog-51fdc06201009vaa. html.

目前，在国内的科普界，为了突破以往传统科普的局限，一些相关的概念不断涌现，如科学普及、公众理解科学、科学传播等。国内学者这三个概念有着不同的理解，并构建和阐释了三者之间的逻辑演进关系，比较有代表性的是吴国盛的历史阶段论与刘华杰的二阶传播理论。

吴国盛认为，“20 世纪的科学传播事业经历了三个阶段，分别是科学普及、公众理解科学和科学传播。它是科学普及事业的广义化过程，也是科学传播事业全面化、系统化的过程。”“‘科学传播’（Science Communication）的概念，是把它看成科学普及的一个新的形态，是公众理解科学运动的一个扩展和继续”①。本书将其观点概括如表 7-1。

表 7-1　从科普到科学传播

基本形态	时间与代表性文件	对科学的态度	内容重点	公众	实施方式
传统科普	历史悠久，18 世纪以后发展迅速	科学神圣化，所有技术都是好的	科学事实	大众	单向传播，盛气凌人的灌输
公众理解科学	1983 年英国博德默报告《公众理解科学》出版	开始关注科学的负面影响	侧重科学精神、科学方法与科学思想	公众（比大众更广泛）	单向互动，“公众理解科学”进入社会政策，形成运动
科学传播	2002 年英国《科学与社会》报告	对科学权威的质疑，对风险的恐慌	文化建设、科学与人文相互交融	多主体互动，（包括公众以及科学共同体的内部交流	多主体双向互动，科普地位提高

学者刘华杰认为，科普是一种简单的灌输。公众理解科学除了一阶传播，也强调二阶传播：一阶传播与对象性的科技本身的事实、知识内容有关；二阶传播与元层次的科技之过程、思想、方法、影响有关。后者比前者更强调对科学本性及其社会影响的认识、理解，弱化对科技知识本身的关注。科学传播是指一定社会条件下，科技内容及其元层次分析和探讨在社会各主要行为主体（如科学共同体、媒体、公众、政府及公司和非政府组织）之间双向交流的复杂过程，它指除了科技知识生产之外与科技

① 吴国盛．从科学普及到科学传播［EB/OL］．http：//blog. sina. com. cn/s/blog_ 51fdc06201009vaa. html.

信息交流、传达和评价有关的所有过程。它包含了科技一阶传播和二阶传播。[1]

总体来看，国内学者往往“将科学传播看作一种广义的科普，涵盖传统科普，并且与之不同”[2]。“公众理解科学”被看作科普与科学传播的一种中间性过渡，是传统科普的一种“升级”，是为强调公众对科学的影响而诞生的。不过，当前“公众理解科学”这一概念仍在被沿用，但是其含义已经发生了很大变化，基本与“科学传播”同义。

但值得注意的是，作为舶来品的公众理解科学、科学传播研究在国外的发展其实并未遵循上述内在的概念轨迹。国外科普活动在 17 世纪末就出现了，但直到今天，科学普及在实际生活和理论范畴中依旧存在。早在 20 世纪 30 年代，贝尔纳就在《科学的社会功能》一书中提出了“科学传播”（scientific communication，中译本译为“科学交流”）的概念，提出“需要极为认真地考虑解决科学交流的全盘问题，不仅包括科学家之间交流的问题，而且包括向公众交流的问题。”[3] 按照贝尔纳的观点，科学普及应当是科学传播的一个方面，甚至是一个很重要的方面，是科学传播的基础。其实，科学普及从一开始就是在科学传播的意义上出现的。只是随着近代科学的兴起和发展，科学逐渐从实验室延伸到社会，科学和公众之间双方的沟通才提上了议事日程。[4]

7.1.1.2　从“公众理解科学”到“公众理解工程”

随着社会发展，西方“公众理解工程”从“公众理解科学”中分化出来，是一个必然的趋势。

在以往公众理解科学的框架内，“科学”一词的概念非常广泛。在英国 1983 年的博德默的报告中，科学既包括数学、技术、工程和医学，也包括对自然界的系统调查和对从这些调查中所得到的知识的具体运用[5]。这种定义，没有将科学研究、技术发明与工程建设加以区分，笼统地混为一谈，其结果是在理论和实践上带来了一些难题，例如公众会误以为，只有探索自然规律的认知活动的科学家是令人尊敬的，而那些改造自然的工程师，因未像“公众理解科学”那样被广泛宣传，势必是无足轻重的，从而使公众对工程师的职业形象造成误解，出现崇拜科学家、轻视工程师的现象。

也正是因为对这种现实效应的关注，一些政策文件中正在逐步厘清工程与科学的区分。1995 年英国贸易与工业部科学技术办公室提出的《沃芬达尔报告》，从原来“公众理解科学”中隐含工程与技术的“科学”概念，到明确地出现了“公众理解科学、工程与

---

① 刘兵，侯强．国内科学传播研究：理论与问题［J］．自然辩证法研究，2004（5）：82.
② 刘兵，侯强．国内科学传播研究：理论与问题［J］．自然辩证法研究，2004（5）：82.
③ ［英］J. D. 贝尔纳著．陈体芳译．科学的社会功能［M］．南宁：广西大学出版社，2003：341.
④ 科学普及是科学传播的基础［EB/OL］．上海科普作家网，http：//www. shkpzx. com/9320/9979/13045. html.
⑤ 魏沛．怒江水电开发争议对“公众理解工程”的启示分析［D］．中科院研究生院硕士学位论文，2007：6.

技术”的说法，即PUSET。博德默报告用的词汇是“理解（understanding）”，而《沃尔芬达尔报告》所用的词汇则是“意识（awareness）”和“赏识（appreciation）”。[①]

美国工程界意识到公众对工程的认识是不足的，公众的工程技术素养难以支撑美国经济竞争力、国际地位和国家安全的需要，于是，1998年由美国国家工程院发起，与美国国家职业工程师学会（NSPE）、美国工程学会联合会（AAES）合作，制订了“公众理解工程”计划。该报告旨在提高公众对工程与工程师在改变世界和提高生活质量、环境质量与造福社会的贡献。直到这一计划的出台，“公众理解工程”得以从“公众理解科学”中正式脱离出来，并成为一个独立、完整的政策概念。

既然西方现在的科学传播事业已由传统的科普、“公众理解科学”发展到了“科学传播”阶段，那么，为何西方学者单提“公众理解工程”，而不用“工程传播”一词呢？究其原因，西方“公众理解工程”概念是在借鉴“公众理解科学”的核心理念——关注公众和社会对科学的影响，又融合工程在社会实践中的重要意义的基础上提出的；而“工程传播”概念却起不到同样的效果。

关于“公众理解工程”，国际上尚且没有统一的定义。美国国家工程院和国家研究理事会组成的工程技术素养委员会2003年发布的报告“Technically Speaking”，也仅仅是从三个维度界定了工程技术素养的内容，即知识、思考行为方式与能力。报告强调公众应该理解基本的工程技术，例如工程思维中广泛使用的“系统”概念；要求认识工程设计过程的一些基本常识，例如所有的技术都是有风险的，所有的工程技术都要进行成本与收益等各种因素的分析与权衡；公众还应该了解工程技术改变社会的基本过程[②]。

7.1.2 中国“公众理解工程”的现状

近几年来，中国“公众理解工程”概念的提出，主要源于国内工程实践所遭受的强烈的现实冲击——近些年来，大举兴建了青藏铁路、三峡工程等一大批举世瞩目的工程建设项目。但在现实生活中，原本定位于除弊兴利的水利工程却引发了公众的广泛质疑与争论，在一定程度上导致了全国水电开发的形势不景气。面对这种状况，国内工程哲学领域的学者率先把“公众理解工程”上升到了理论范畴。2004年，在上海召开的世界工程师大会上响亮地提出让公众理解工程。

目前，国内关于“公众理解工程”的专门研究刚刚起步，将其作为一个独立研究对象的学术成果还不多见，仅有中科院研究生院的胡志强、肖显静、魏沛等做出了一些有益的探索。在公众理解工程的概念阐释上，国内学者的正面阐释较少，李伯聪先

① 李正伟，刘兵．对英国有关“公众理解科学”的三份重要报告的简要考察与分析［J］．自然辩证法研究，2003（5）：72.

② 魏沛．怒江水电开发争议对“公众理解工程”的启示分析［D］．中科院研究生院硕士学位论文，2007：7.

生等多倾向于从科学、技术与工程“三元论”的关系，来突出工程的相对独立性，从而赋予公众理解工程必要性。李伯聪在其著作《工程哲学引论》中提出，“工程哲学最本质的内容和最核心的阶段是工程的实施阶段，工程活动的本质是行动而不是思想，是实践而不是设计”[①]。这体现了工程其实是科学技术的物化阶段，是现实的造物活动。国内学者邓波与程秋君也认为：“科学、技术、工程三元关系理论提出的意义，并不仅仅在于概念指标的变换。关键在于工程具有不同于科学、技术的相对独立的本质特征，对人的存在来说，工程比科学、技术更根本”[②]。美国工程与技术资格认证委员会也对工程与科学、技术进行了类似的区分：工程是通过研究、经验和实践所得到的数学与自然科学知识，以开发有效利用自然的物质和力量为人类利益服务的途径与措施。[③] 正因为工程活动有其自身的构成要素、内容、意义和特征，“公众理解科学”以及“公众理解技术”就不能涵盖和代替“公众理解工程”，后者可以而且应该成为独立的命题。

7.1.3　本书对“公众理解工程”的定义和分析模式

7.1.3.1　“公众理解工程”的定义

“公众理解工程”比公众理解科学的内涵要更丰富，实施起来也更加复杂。公众不只包括普通公民，也包括工程界内部不同行业、不同领域间的相互理解。

本研究认为，“公众理解工程”中的理解不应做狭义的解释，这个概念应该包括让公众享有知情权与参与权两个方面。公众享有工程知情权，是公众理解工程的前提与基础。任何工程，无论是社会公益投资的大型工程，还是企业法人投资的商业性工程，公众都应享有知情权。同时，公众还享有参与工程的权利，这既是公众的合法权益，由发挥促进工程决策等一系列积极作用。提高公众的工程技术素养，是公众理解工程的核心任务。

7.1.3.2　工程理解工程的分析模式

既然“公众理解科学”在一定意义上属于大众传播学的一个分支，而“公众理解工程”又从前者延伸而来，因此，我们在分析“公众理解工程”的时候，也可以借鉴科技传播的模式，来分析当前工程理解工程中所存在的问题。

德国学者马兹莱克提出了一个系统传播模式，马兹莱克认为传播过程中存在一个各种社会影响力相互作用的“场”，其中每个主要环节都是这些因素或影响力的集结

① 李伯聪．工程哲学引论［M］．郑州：大象出版社，2002.

② 邓波，程秋君．工程与行动的本质．工程研究第一卷［M］．北京：北京理工大学出版社，2004.

③ 李大光．“中国公众对工程的理解”研究设想［M］//杜澄，李伯聪．工程研究（第 2 卷）．北京：北京理工大学出版社，2006：106.

点。具体来说，主要有：①影响和制约传播者的因素，包括传播者的自我印象、传播者的人格结构、传播者的人员群体、传播者的社会环境、传播者所处的组织、媒介内容的公共性所产生的约束力、来自信息本身以及媒介性质的压力或约束力等。②影响和制约受传者的因素，包括受传者的自我印象、受传者的人格结构、受传者所处的受众群体即社会环境、信息内容的效果或影响、来自媒介的约束力等。③影响和制约媒介与信息的因素，主要包括两方面：一是传播者对信息内容的选择和加工，这也是许多因素起作用的结果；二是受传者对媒介内容的接触选择，是基于受传者本身的社会背景和社会需求做出的，而且，受传者对媒介的印象也起作用。这个系统模式说明：社会传播是一个复杂的过程，必须对涉及其过程的各种因素和影响力予以全面的、系统的分析。①

魏沛参考了马兹莱克提出的系统传播模式，并创造性地对原模式进行了改进，增添了对媒介的影响因素，如媒介的人员群体、媒介的社会环境、媒介的自身利益等因素，如图 7–1 所示②。

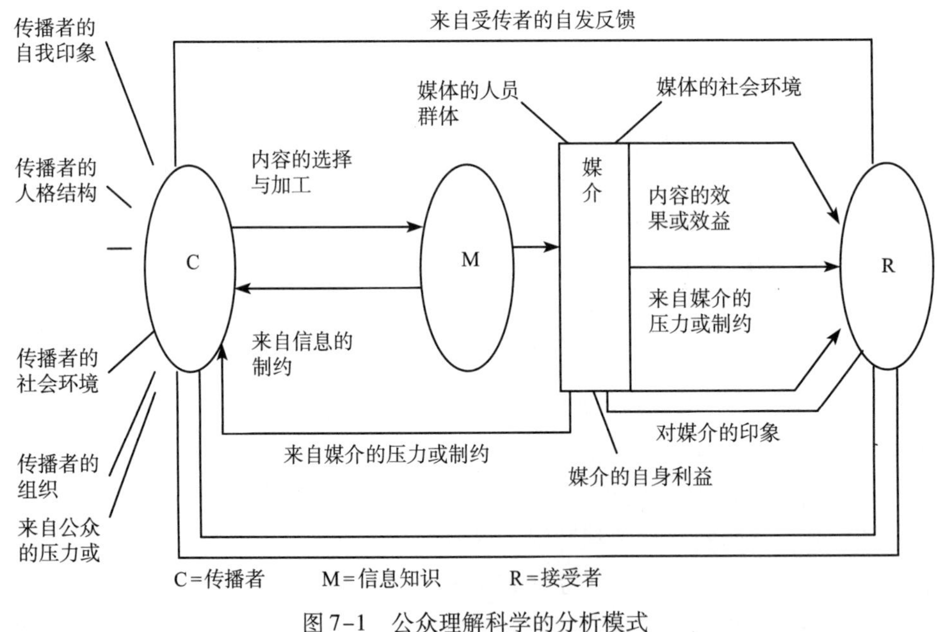

图 7–1　公众理解科学的分析模式

① 林坚．科技传播的结构和模式探析［J］．科学技术和辩证法，2001（4）：53.

② 魏沛．怒江水电开发争议对“公众理解工程”的启示分析［D］．中科院研究生院硕士学位论文，2007：10.

尽管科技传播存在着一种双向互动，但是，魏沛在文中只针对科技传播中知识信息通过大众媒体向公众进行传播这样一种方式进行了分析，而没有讨论公众对传播者的回馈。本书将借鉴这种模式对水坝工程的公众理解问题进行阐述。但是与之不同的是，本书更加注重公众对传播者的反馈行为与相应结果。

7.2　“公众理解工程”的作用与意义

20世纪90年代初，“公众理解科学”的概念、理论与研究方法被国内学者译介过来，公众理解科学的重要性逐渐得到了我国政府与社会的广泛认同。我国《中国科学和技术中长期（2030—2050年）发展战略规划》战略研究把提高公众对科学技术的理解，作为保证国家繁荣的重大战略之一。不过，当前国内对工程理解工程的价值必要性还认识不够。其实，“公众理解工程”不仅对公众的生活有密切联系，对工程本身也非常重要，基本上可以看出工程发展的内因与外因。因此，我们不仅需要对公众理解工程的重要性进行正确理解，还需要进一步加以弘扬。

7.2.1　“公众理解工程”对工程发展的意义

7.2.1.1　保障工程的建设与运行所需的良好的社会环境

任何工程要有一定的社会公认度，才能顺利进行。公众理解工程，可帮助公众对水坝工程在日常生活、环境质量、社会发展中的作用形成较为系统而全面的认识。

公众理解工程，可促进人们对水坝就维持人类日常生活的作用的理解。水利，特别是水坝工程活动，因为地理往往比较偏僻，处于人迹罕至的深山峡谷中，不似土木工程、铁路工程那样与公众的日常生活发生直接联系。一般百姓往往连水坝工程的样子都没有见过，大坝只是一个抽象的概念，很难谈得上对水坝工程有何了解。举个例子说，居住在北京的人们，很难意识到远离市区的密云、十三陵水库，对于维持北京日常生产生活的正常供水有着怎样的意义。

公众理解工程，可帮助人们辩证、全面地认识水坝工程的利弊影响。近些年，由于社会政策环境的变化，关于水坝工程的负面效应的报道大大增强。水坝工程的一些失败的案例，如三门峡水库，被一些有利益立场的媒体有意地夸大，水坝工程被“妖魔化”了，极大影响了水坝工程的公众形象。例如，人们往往只知道水坝工程对生态环境造成破坏的一面，却很少注意到水坝工程还可以改善与优化生态环境，改善民生的社会效应。此外，在人们的意识中，工程似乎只会造成移民返贫、失地等负面影响，却不能从主流的眼光看到水库给移民和当地经济发展带来的利益。通过公众理解工程，人们可以了解到水坝工程并非一无是处，而是具有积极的生态、社会、经济效应的必不可少的社会基础设施。

公众理解工程还可以帮助人们科学地理解水坝工程的风险。按照社会科学家吉登斯的说法，我们必须将两种风险概念，即外部风险和人造风险区别开来。所谓外部风险是指“外部的、因为传统或自然的不变性和固定性带来的风险。”而人为制造的风险“则是由于我们不断发展的知识对这个世界的影响所产生的风险，是我们没有多少历史经验的情况下产生的风险”①，后者往往在现代社会占据主导地位。工程风险属于人为风险，包括生态风险、社会风险、经济风险等类型，其中社会风险又包括移民风险与非移民风险。在水坝工程的社会风险中，水库移民既是最主要的风险承担者，又是社会风险的创造者：一来，外界因素将给水库移民带来风险。水库建设将打破库区原有的政治经济生态结构，破坏移民原有社会交际网络，引发移民的自我认同和社会认同障碍。二来，水库移民可招致其他社会风险。比如水库移民任何环节的疏忽都可能会对水坝工程建设实施带来难以预料的后果，影响工程社会效益的发挥以及社会的和谐稳定。通过开展公众理解工程运动，公众应该意识到，所有工程都是有风险的，只要控制在合理限度内，风险就是可以接受的。

如果水坝工程的公众理解工作能有序开展，关于水坝的种种误解将会得到合理的化解，工程建设也将会获得民众与社会各界的支持。反之，将导致我国合理的工程建设难以继续进行，甚至对国家与社会发展产生难以预料的影响。例如，公众可能在接受关于水坝的一些负面消息后，对水坝的社会与生态影响感到不安甚至恐惧，对工程师产生信任危机，甚至在受到极端言论蛊惑的情况下，爆发非法扰乱工程建设等非理性行为。

7.2.1.2 通过工程批评，改进决策，推动工程建设良性发展

在公众理解工程的框架中，工程批评具有重要的作用和意义。工程批评“是以广大公众为主体或主角，通过与‘工程家’、决策者以及政府部门的管理者对话的形式，对特定的有待决策的工程项目发表看法和意见、提出批评与建议。它具有明确的社会主体性、特定的对象性、公开的透明性、深度的民主性和双向或多向沟通性等特质”②。决策者和水坝工程师之外的群体，都可看作广义的公众。

工程批评可以为决策者提供智力支持，促进工程决策合理化。决策的“满意原则”说明，决策者只有有限理性，这使得决策者深受时间和其他资源的限制，无法了解与决策有关的所有信息，难以准确预测环境和条件的变化，也难以准确计算每个方案的

---

① 安东尼·吉登斯．失控的世界［M］．周红云译．江西人民出版社，2001：22.

② 张秀华．工程批评：工程研究不可或缺的视角［EB/OL］．人民网．2005－6－21，http：//theory. people. com. cn/GB/49154/49156/3484986. html.

执行结果。因此，工程决策结果的“帕累托最优”是不可能达到的。更何况工程结果有时会发生异化，出现背离原初目的的负效应，而减少负效应的基本途径是要获得寻求更多的智力支持。水坝工程论辩就是工程批评的一种形式。公众在了解工程的基础上，通过参与工程论辩与听证会等方式，可以促使决策者在更广泛的范围和更大程度上获得与工程有关的各种信息，扩大工程决策与选择的信息与智力基础。①

通过工程批评，不同背景、不同立场的专家学者、公众公开、平等地表达意见，有利于提高工程决策结果的民主性。工程决策结果的次优性，还意指工程决策方案不可能完全满足工程活动的利益相关者的目的，在价值诉求与价值选择日益多元化的市场经济大潮下更是如此。工程论辩可为不同利益群体提供一个利益协商的平台，论辩中，不同群体在充分阐述各自的决策行动建议的前提下，在论辩中相互讨论，有所退让、相互宽容、相互体谅，最终形成多方可以接受的共同决策行动方案，从而调和工程活动中的利益差异与矛盾，促进社会和谐。

通过工程批评，可以建立有效的监督约束机制。公众虽然不具备专家知识，无法完全理解高、精、尖的工程技术知识，但是，公众却可以通过发表工程批评，参与关于工程的社会效果的评估，从而对工程的发展方向、发展机制进行监督。

水坝工程争论，客观上起到了工程批评的作用，论辩中的反方意见对工程发展不乏启示意义。长江水利委员会的某位官员曾经感叹：“三峡论证史实际上是三峡论辩史，通过正反两方面意见的相互碰撞和磨难，三峡的规划、设计才由模糊而清晰，一步步走向成熟。”② 中国水利水电专家潘家铮院士在评论“谁对三峡贡献最大”时曾说，“那些对三峡工程建设提出种种意见的人贡献最大”。原水电部部长钱正英指出：“我的体会，正是不同意见才促进了三峡工程论证的深入。提不同意见的同志都是积极的、认真的，出于爱国热情和对人民负责的精神。我们一开始就强调要重视不同意见。”③ 无独有偶，2006 年 11 月，国务院三峡办主任蒲海清走进央视“新闻会客厅”，纵论三峡工程的举世瞩目成就及其创造的巨大经济社会效益。他深情地说：“三峡工程最该感谢的就是那些提反对意见的人，由于他们的反对，使我们在设计和施工建设中解决了很多过去没想到的问题，才有今天圆满的结果。”④ 水利界充分尊重反对派的意见，不仅反映了虚怀若谷的胸怀，更是一种科学的决策态度。在中国，工程批评将随

① 殷瑞钰，汪应洛，李伯聪．工程哲学［M］．北京：高等教育出版社，2007.

② 苏向荣．三峡决策论辩——政策论辩的价值探寻［M］．北京：中央编译出版社，2007：56，转引自刘志伟．民主与科学决策的典范［J］．科技进步与对策，1998（1）：43.

③ 陈可雄．三峡工程的前前后后——钱正英访谈录［R］. 国务院三峡工程建设委员会．百年三峡，2005：250.

④ 生活时评：从三峡工程感谢“反对者”说起［EB/OL］. http：//news. sina. com. cn/c/2005－11－28/05537556692s. shtml.

着社会民主化进程的推进日益重要起来。

7.2.1.3 公众参与工程知识的建构和创新

社会建构主义理论是公众参与工程建构的理论依据。建构主义理论诞生于20世纪20—30年代，在20世纪90年代获得蓬勃发展，以皮亚杰（Jean Piaget）、布鲁纳（Jerome Bruner）、杜威（John Dewey）等人的思想为学术渊源。社会建构主义的奠基人、苏联心理学家维果茨基（1896—1934年）等人认为，知识来源于社会意义的建构。具体而言，知识是一种意义的建构，不仅立足于个体自身的认知过程，也立足于个体间的相互作用。知识的获得，不只是个体自身主动建构的过程，更是个体与社会的微观背景及宏观背景发生作用、彼此促进、相互统一的过程。[①] 近来建构主义已分化为六种不同的类型[②]。在公众理解工程中，公众的地方性知识可以帮助公众以适当的方式参与工程知识的建构，促进工程知识的创新。

公众的地方性知识在工程知识建构的过程中大有用武之地。在以往的知识类型和知识本性的理论中，学者们往往只关注具有“普遍性”的知识，但最近相关理论的进展却使人们空前地关注了“地方性知识”。所谓地方性知识，一般是指在特定的社会背景中产生的，由当地居民在日常生活中使用的知识，是当地居民传统智慧的结晶。在传统思维里，地方性知识仅指对土著居民生活经验的简单归纳，缺乏系统性和科学性，且使用范围经常受到地域限制。近几十年来，随着人类学家对环境问题研究的兴趣与日俱增，从生态人类学（ecological anthropology）的视角探讨人类文化中的地方生态知识已成为文化人类学的研究热点之一，学术界才更加意识到地方性知识的重要性。应该强调指出的是，对于地方性知识这个概念，我们也完全可以对其含义做更灵活、更广义的解释，从而扩展其应用范围。

对于缺乏严格的工程技术训练的公众而言，他们所能参与的工程知识不大可能是实验室里生产的艰涩高深的水利水电专业知识，也不能期望他们去解决工程技术的尖端难题。但是，在现代工程共同体内传播的专业知识之外，还存在着一种“地方性知识”。在以往的工程建设中，地方性知识的作用和重要性常常遭到忽视。在水坝工程建设中，公众可以利用其地方性知识，参与工程知识的建构，促进水坝工程知识的发展。比如，居民们对当地的动植物种类、地下水的出水口与水资源分布情况的了解，要远远胜于工程活动共同体中的水利专家与技术人员。当政府与水电开发商为了帮助怒江地区摆脱贫穷落后面貌而修建水坝工程的时候，在当地生态环境与自然资源保护方面，当地居民无疑是最有发言权的。如果充分尊重与运用公众的地方性知识，可以有效避

① 苏向荣．三峡决策论辩：政策论辩的价值探寻［M］．北京：科学出版社，2007：186.

② 陈琦，张建伟．建构主义学习观要义评析［J］．华东师范大学学报（教育科学版），1998（1）：61.

免决策失误，减少经济、社会和生态损失，促进工程目标的实现。因此，在工程决策中，地方性知识应该成为“一个不应被忽视的知识体系”①。

除了地方性知识外，公众还可以通过参与工程论辩等方式，参与工程知识的建构。社会建构主义认为，社会情境是学习者认知与发展的重要资源。在工程论辩中，不同群体带着以往各自关于工程的不同的先前经验，在工程论辩这一具体的社会情境中进行互动，实际上组成了一个“学习共同体”。尽管单个人或单个群体所展示的对工程的认知带有片面性，但是，在互动的过程中，各参与者可以相互启发、互相补充，进行社会协商，从而收获整体上的全面性，增进对工程的理解，并进而创造出新知识。

7.2.1.4　改善水坝工程师形象，促进公众和工程师群体的相互了解和相互理解

由于多种原因，社会公众对工程师职业的认识素来是不够的。在公众眼中，科学作为推动社会进步动力的作用早已取得共识，科学家也往往被视为道德高尚、才智超群的英雄人物。而工程师的社会地位则不甚乐观。美国曾经就公众对科学家、技术专家和工程师的社会认知进行过一项调查，对比这三项调查结果，大多数人把科学家看作发明者、发现者，工程师则主要被视作建设者、设计者与计划者；大多数人认为软件、医疗技术的设计都归功于科学家和技术专家，工程师只负责新机器的设计罢了；许多人并不知道工程师们除了对促进经济增长、国际地位国家安全功不可没外，少有人了解工程师还对改善环境、社会发展贡献颇多。②

开展公众理解工程运动，则可以对工程师的社会形象进行“补救”。对于工程师和工程师职业团体来说，他们不但应该积极发挥自己的特长参与公众理解工程的活动，而且应该积极改善活动形式和活动途径来增进工程师与公众的相互了解和相互理解。

7.2.2　“公众理解工程”对公众的重要性

7.2.2.1　充分发挥工程设施的社会功能，提高公众的生活质量

工程建设的根本目的是为了公众，为了社会。由于现代工程设施都具有一定的科技含量和特殊机能。如果有关公众缺乏有关的知识，许多工程在建成之后也往往不能充分发挥其社会功能。正像通过科学普及和科学传播活动能够提高公众的科学素质和科学知识水平，可以同样推断出：通过多种形式的公众理解工程的活动，也可以增进公众的工程知识和对工程的了解，从而充分发挥工程设施的社会功能；否则，由于公众缺乏对工程设施的理解，工程设施在建成后不能充分发挥功能，甚至遭到某种损毁的情况也往往难以避免。

---

① 袁同凯．地方性知识中的生态关怀：生态人类学的视角［J］．思想战线，2008（1）．

② 魏沛．怒江水电开发争议对“公众理解工程”的启示分析［D］．中科院研究生院硕士学位论文，2007：7.

当代科学技术的发展速度已经超过了预想，工程正在塑造和改变着我们栖居的世界。通信、交通工程极大地便利了人们的出行与相互联系，使“地球村”变成了现实；水利工程带来了廉价电力，灌溉农田，消除水患；信息工程使计算机、上网、邮件几乎成了人们日常工作与生活的基本方式。在这种情况下，“良好的公众工程技术素养无论对于公众个人还是社会都具有重要意义。”公众个体只有具备一定的工程技术素养，才能快速学习新工程技术，增加自己在激烈的市场竞争中谋求职业发展的竞争力。具备一定的工程技术的基本知识，也是享受工程用具所带来的乐趣，在现代社会中游刃有余地生活的基本要求。

7.2.2.2 维护公众的合法权益，促进社会公平

在社会利益不断分化的市场经济大潮下，工程活动涉及众多利益相关者。在利益相关者理论的解释框架下，我们应该关注与工程的生存与发展密切相关的利益相关者的整体利益，而非仅仅关注某些主体的利益。近些年所爆发的水坝工程社会论辩的本质其实就是不同利益相关者之间就利益分配与风险承担而进行的公开博弈。

当前，水坝工程的利益相关者已远远超出了狭义的工程共同体的范围，通常是指，在水坝工程的全生命周期过程中（指水坝的决策、设计、施工、建设、运行、管理、退役等一系列活动），由于水资源（包括水能资源）的占有、使用、收益、分配的变化而关联的所有利益相关群体。在怒江水电开发争议中，水电集团、云南省与怒江州当地政府、环保部门、非政府组织、潜在的水坝工程移民等，甚至与工程无直接联系的普通公众，都是利益相关者，详见图 7–2。

而普通公众，尽管与工程利益并不直接联系。但是，这些水坝工程项目属于社会基础设施，具有一定的公益性，工程的防洪、发电、灌溉效益会对区域经济社会发展产生积极影响，继而影响到整个社会的粮食安全、经济发展与社会稳定。另外，其项目的资金来源相当一部分是来自政府财政收入。即使在目前水电工程“流域梯级综合滚动开发”的模式下，水电开发企业向银行所贷的工程投资贷，归根结底是纳税人上交的税款。从这个意义上看，水坝工程建设，也直接关系到纳税人的切身利益。因此，普通公众也是利益相关者，有权享有工程的知情权与参与权。

与此同时，水坝工程相关的利益、风险在不同利益相关者之间的不均衡分配是水坝工程社会争议的重要根源。水坝工程改变了河流相关的利益分配状况。原先，河流两岸的居民自由地享用着河流的水资源和水能资源。而筑坝后，水资源的地理分布发生了改变，创造出防洪、灌溉、灌溉与库区旅游等丰厚的经济与社会效益。但是，受水坝影响的上下游居民却往往不是水电的受益者。在这种新的利益分配格局下，如何才能协调不同利益主体的关系，促进社会公平，显然就成为了必须妥善解决的重大而困难的问题。

水坝工程活动中风险承担与利益分配的不重合性，容易在社会生活中导致贫富分化的“马太效应”，使得获益较少的弱势群体在心理上产生“被剥夺感”，甚至可能在心理上仇恨工程。因此，只有赋予水库移民在内的广大公众以平等的参与工程决策，表达自身利益的机会，才能在工程中体现“正义”原则，维护社会公平与稳定。

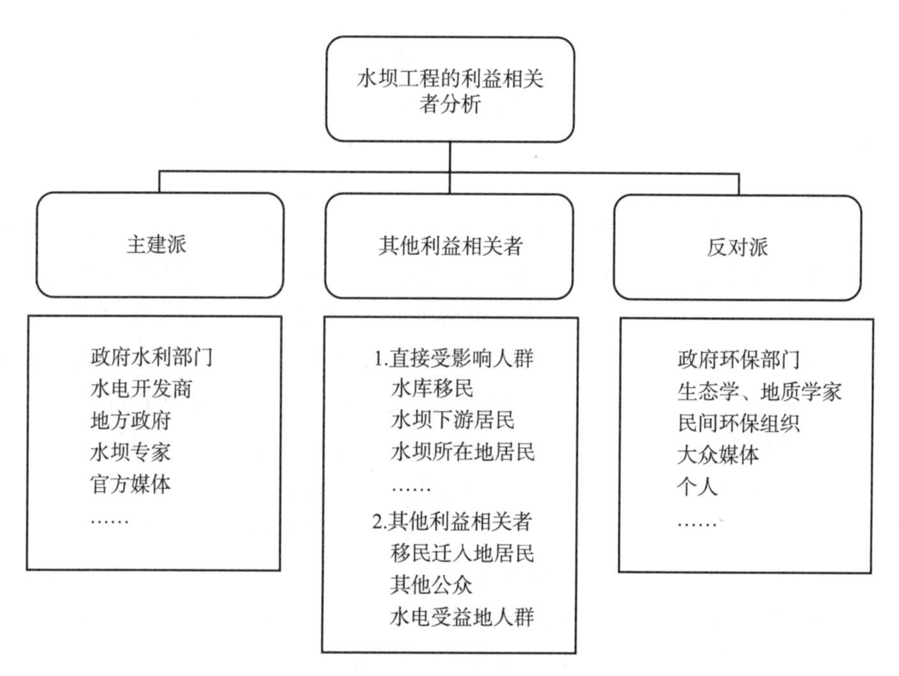

图 7-2　水坝工程利益相关者分析图

7.3　我国水坝工程“公众理解工程”的现状分析

由于公众理解工程的过程在一定意义上可以看作是信息传播的过程，下文将借助于传播学和信息论的理论和思路，分别从“社会环境和氛围”与“信源—信道—信宿”两个方面对我国“公众理解工程”中对水坝工程相关的现状和改进途径进行一些初步分析。

7.3.1　社会环境和氛围分析

7.3.1.1　对“公众理解工程”宣传不够

长期以来，理论界往往更多地关注人类的发明与发现活动对人类社会生活的影响，而对以建造为核心的工程活动对社会，尤其是对公众的影响关注不多，甚至可以说是漠视。与之相对应，20 世纪 90 年代以来，以科学技术协会和科学技术部为代表的中国政府部门与专家学者对“公众理解科学”日益重视，研究水平不断加强，科学普及工作初见成效。但是，“公众理解工程”却并非得到应有的重视，不仅理论界如此，政府官员与社会大环境也不理想。在中国，“公众理解工程”活动迟迟没有真正展开。

7.3.1.2 科学与人文之间的割裂与相互理解上的“鸿沟”

工程本身既有物质属性，又有精神属性。水坝工程的物质属性主要包括两个方面：一是，自然界的物质是水坝工程的建筑材料的来源与功能的基础。工程的实质就是利用自然界的物质、能源和信息进行人工制品的创造过程。水坝工程的建造材料取自自然界，建造土石坝、堆石坝所用的土壤、石块直接取自自然界，现代混凝土水坝的建筑材料水泥也是由自然原料合成加工而来。用于水力发电的水能资源同样也是潜藏在水资源之中的。二是，水坝工程对物质世界具有巨大影响。水坝工程的防洪、发电、灌溉、通航功能，既可保障粮食丰收，又可产生丰富而廉价的电力，推动经济社会发展。同时，水坝工程又有一定的精神属性。长久以来，人们在精神上对奔流不息的天然河流有着深深的眷恋，不过，水坝蓄水所形成的水库，也有效地增加了水面，如同千岛湖一样，为现代人颐养身心提供一个良好的旅游胜地。

科学与人文之间的割裂阻碍了科学家与公众之间的沟通，也阻碍了“公众理解科学运动”的实施。当前，水坝工程师出于其水利水电的理工科背景，常常理性有余而感性不足。他们的注意力多集中于筑坝技术的专业知识，擅长用理性判断与逻辑思维去处理复杂艰深的理论研究或工程技术问题。工程师们坚信，水电开发是功在千秋、为民造福的事情，他们的职责就是保证工程质量。相反，作为水坝工程反对派的环保人士或媒体工作者，他们往往具备人文社会科学的背景，往往以浪漫而悲天悯人的情怀去报道事件，更看重的是天然河流的精神意义。

7.3.2 “信源—信道—信宿”现状分析

7.3.2.1 在“公众理解工程”领域，水利界作为信源的现状分析

（1）水利界对“公众理解工程”工作缺乏积极性。

既然“公众理解工程”是一个多元主体互动的过程，那么各个主体都可以视为信源。不过，在水坝工程中，水坝工程共同体依旧是水坝工程的公众理解的最终源头。在以往，我国相当于“公众理解工程”的工作是在“科普”的名义下进行的。可是，科学家或工程师很少有精力从事科普工作。

当水坝工程引起环保人士、公众和媒体的质疑时，许多工程师倾向于认为，媒体和公众反对大坝和水电工程的重要原因是由于他们在工程知识上的欠缺，如果能够让

公众懂得多的工程知识和工程原理，公众就会支持工程。如果公众能学习一点水利水电工程技术知识，就不会犯一些低级的甚至愚蠢的错误了。

近些年来，已经有一些水利界人士开始认识到了争取公众对工程建设的理解与支持的重要，但对此有深刻认识的人并不多，有关工作也没有真正提上议事日程。虽然有潘家铮等老一辈水利专家撰写了一些科普性质的小册子，发表了一些通俗易懂的文章，但因数量少，效果并不十分明显。客观地说，让“公众理解工程”的工作，依然是水利工程界的薄弱环节。

（2）工程师与媒体的某种程度的疏离与对立，产生了对工程师不利的后果。

科学界较早地意识到了与媒体取得良好关系的重要性。他们认识到，一方面，与技术传播方式相比，公众传播方式能够更快地解决概念争论；另一方面，通过媒体进行科学传播，可以使自身科研成果为同行理解，取得同行的注意和认可，稳固与同行的关系，改变反对者的态度。可以说，与媒体保持友善关系，已经让科学家受益颇多。

与科学家与媒体的良好关系相比，工程师与媒体（除水利水电行业媒体外）之间的关系却显得有些尴尬。从目前公众对水坝工程的不满来看，他们主要受到了网络、传统媒体上那些铺天盖地的负面报道的影响。鉴于此，工程师们经常对媒体不信任，质疑他们将工程技术知识准确地传达到公众那里的能力，经常抱怨媒体和记者的报道不合乎科学常识，事实表述不准确，工程原理解释不清。同时，工程专家们也不愿意接受媒体记者的采访，担心媒体为追求轰动效应，哗众取宠，而对自己的言论断章取义，引起不必要的社会后果。还有的工程师在受到大众媒体的误解后，不惜恶语相向，不加限制地进行情感宣泄，甚至与持相反意见的媒体记者对簿公堂。在出现这种现象时，不论胜负，打官司这种方式往往只能激起水坝工程反对派的不满，使水利界与媒体的关系更加疏远。从这个意义上来看，那些水坝工程的反对派的“公关”工作做得更好些。换言之，那些水坝工程的反对派在作为公众理解工程活动的信源方面，发挥了更有效的作用，取得了更好的成绩。

7.3.2.2　在“公众理解工程”领域，媒体作为信道的现状分析

（1）许多媒体记者缺乏工程技术素养，往往使信息传播失真。

除少数水利水电专业类媒体记者外，当前从事水坝工程建设与水电开发争议报道的记者，绝大多数欠缺水利水电工程技术知识与地质、生态等领域的相关知识；加之受到截稿时间与生存压力的制约，很多记者在没有开展实地调研采访的情况下，单凭某某专家的一家之言，就做出怒江水电开发是否应该上马的报道，因此，大众媒体记者在接受相关信息时，往往很难鉴别信息的真实性与完整性，有时会出现一些因认知理解不足而导致的“虚假报道”，并会造成对某些专家意见的“误读”。2004 年 6 月 4 日，《新京报》记者袁凌采访了时任中国三峡总公司总经理、党组书记、国务院三峡工

程建设委员会副主任委员、中国大坝委员会主席、中国工程院院士陆佑楣。之后，袁凌在《新京报》（2004 年 6 月 7 日）上发表文章《十问三峡》，对陆院士的部分言论进行了曲解。之后，陆院士致信《新京报》，要求其予以更正。7 月 3 日，《新京报》再次发表对陆院士的专访《院士陆佑楣再谈三峡：要用主流眼光看待它》，后者反映出陆院士对三峡工程的信心与肯定。此外，因媒体记者对于中国是否需要建坝、水电开发应该如何进行、某座具体的水电站的现实情况究竟会引起怎样的后果等问题，自己并没有清楚的认知与独立、客观的思考，他们难以提出一些有深度的问题，报道水平受到一定制约。

（2）某些媒体基于特定利益立场，未能“公平地”传播论辩信息，而采取了“一边倒”的立场。

根据马兹莱克模式，所传播的信息会受到媒介对内容的选择与加工的影响。我国当前的情况确实如此。

我国对水坝工程与水电开发争议进行报道的主要媒体，往往带有一定的行业背景，其行业部门本身又是水坝工程争议的参与者。在自身利益受到行业背景和主办单位限制的情况下，此类媒体的报道倾向呈现一边倒的情况。《南方周末》《中国新闻周刊》《中国青年报》等报纸杂志，在相当程度上已经成为水坝工程反对派坚定的支持者。许多水利工作者感到他们的声音和观点已经受到“压制”，不能通过有关媒体表达与反映出来。而每当论辩中有一方的声音不能公平的传播出来的时候，这往往就反映“信道”在“公平性”方面出现了问题。

7.3.2.3　在“公众理解工程”领域，公众作为信宿的现状分析

在现实生活中，我国公众对水坝工程的理解与水利工程界的反应都不令人乐观。近些年来，随着中国社会民主氛围的不断加强，怒江水电开发、虎跳峡水电站决策争端与金沙江上游水电站叫停事件，已经表明中国公众已经具有了较为强烈的寻求工程知情权、参与权和开展工程批评的倾向，“公众理解工程”的主观意愿已经较强。不过，公众自身的能力与外界条件却在一定程度上限制了他们对水坝工程的了解，具体说来主要表现在：

（1）现有制度渠道限制公众对工程的理解，公众的知情权、参与权没有充分保证。

公众理解工程，意味着公众需要享有工程知情权与工程参与权。其中，公众的工程知情权是公众理解与参与工程的前提与基础。“知情权”包括两个层次的含义：一是指权利人从主观上能够知道和了解；二是指权利人可以通过一定的渠道来获取信息。前者主要指公众自身的工程、科技素养使其具备一定的理解工程的能力，后者则是指公众可以通过媒体或查阅资料来获取工程的相关信息，二者缺一不可。从现实情况来讲，我国公众的工程知情权尽管有所改善，但仍不尽如人意，这是因为：

首先，我国公众对自己的工程知情权并没有明显的认知。中科院研究生院（现已改为中国科学院大学）工程与社会研究中心发布的《公众理解工程调查报告》中，就公众对参与工程决策的态度这一项的调查结果为，仅有 44.8% 的公众认为“我有权了解任何一个工程的信息”，有 62.2% 的公众认为“普通公众有必要参加工程决策”，仅有 16.7% 的公众认为“出现重大工程事故应该让公众知道”，有 92.1% 的公众认为“公众知道了重大工程事故会造成事故混乱”。尽管我国对公众的工程知情权的相关法规还不完善，但公众对自身了解工程和参与工程的权利的“无知”，无疑会降低公众理解工程的主观能动性。

当前，“小三会”（论证会、座谈会、听证会）不仅出现的概率小，组织实施的规范性也不高。迄今为止，中国还没有一部关于听证的法律，尽管《行政程序法》与《环境影响评价法》中对听证会有所提及，但因缺乏统一硬性规范，实际操作过程中引发出的种种问题，严重影响了听证会刚出台时在社会上所形成的良好声誉。如果听证会普遍存在着代表选取不合法，程序安排不合理，专家、官员与相关群众间的信息不对称以及听证会现场官员与群众缺乏互动等问题，如果这些问题不能解决，那么，听证会只能成为政府出台某项政策的“合法性”外衣或象征性程序，最终使公众对听证会的公正性失去信心，公众利益无从保证，从而背离听证会的初衷。

（2）公众的工程技术素养有待提高。

我国公众的科技素养，制约了他们理解工程的能力。如果说提高公众的科技素养，是公众理解科学和技术的核心，那么公众的科技素养则是公众理解工程的重要基础，此外，公众还需要知悉工程对生态、社会的影响，等等。关于水坝工程决策与争议的相关信息，主要是通过报纸杂志等平面媒体与互联网传播的，这就要求公众具有一定的文化水平，而我国农村的义务教育普及程度依旧偏低，农民连识字都困难，更难以理解工程之类知识与信息。国内学者李大光就山东泰安抽水蓄能水电站的公众理解与态度进行过调查研究，通过 PPS 抽样与调查结果的数据统计显示，有 74.7% 的人认为“水电站是提供自来水的供应站”①，这一例子也足见公众对关于水坝工程的知识素养的缺乏。对工程知识的不了解，不仅使得公众普遍对工程信息不感兴趣，也使公众对自身参与工程决策的能力持怀疑态度，这就形成了一种恶性循环。

其次，很多公众并非主动对工程持“无知”态度，而是受到外在支撑条件的限制，也就是通常所说的“信息不对称”。公众要知晓工程的基本情况，了解相关信息，必须支付一定的经济与时间成本。也就是说，公众只有具备一定的经济基础，才有条件去

① 李大光，许晶．我国公众理解工程的实证研究——泰安公众对工程的理解与态度调查分析［J］．工程研究（第 3 卷），2008：255.

购买报刊与计算机等上网设备，或是支付相应的网络开销。此外，公众还需要有一定的空余时间来搜索、甄选与阅读工程信息。而以上条件，对于生存压力与日俱增的人们无疑具有一定的难度，对于广大农村的老百姓来说，难度就更大了。

魏沛以原中科院研究生院100名研究生为样本所做的怒江水电开发的相关调查结果中，仅有31人知晓怒江水电开发争议，占受访者的31%。研究生群体本身属于科技素养较高、掌握上网技能，且接受与反馈工程信息的时间相对充裕的群体，这一群体对工程信息的了解尚且不高，那么其他群体中的相应数据只会更加低下。

（3）公众对工程知之甚少，真实意愿难以反映，甚至可能被“冒用”。

上文已经谈到，我国最近几年在水坝工程问题上出现了激烈的论辩，而且媒体已经在空前程度和规模上参与了这些论辩。值得注意的是，在水坝工程的决策和论辩中，公众实际上是缺位的。民间环保组织云南大众流域的负责人于晓刚认为，在怒江争议中“老百姓的声音并没有发出来，他们不了解整个事情”。我国当前的一个特殊情况是：即使有“公众意见”反映出来，也都是通过民间环保组织发出的。2004年5月底，云南大众流域专门租车带着15个怒江当地百姓到400千米外的漫湾实地考察，请当地百姓了解漫湾电站移民们当前的生活现状。回来后，村民们立即召开了村民大会，会上“有很多人哭着把见到的事情告诉村民”，激起了人们对水电移民的抵触情绪。2004年7月，云南大众流域又到村里招募学习班学员，主题就是“水坝建设和移民可持续发展”。环保NGO来到当地村民中间，鼓励并引导他们发出声音。2004年10月，联合国水电大会在北京举行，来自云南虎跳峡、漫湾、小湾、大朝山的5位“准”怒江水电移民在云南大众流域的带领下作为会议正式代表“空降”北京。会场上他们和云南官员就大坝影响及移民政策的实施状况展开辩论，呼吁“还移民知情权、参与权和决策权”。可是，水电站工程所在地的当地移民到底如何呢？他们真正是民众的代表吗？我们不得而知。但有一个消息似乎值得特别关注：以“怒江争议”为例，方舟子原来是坚持支持环保的人，但他去怒江实地考察之后，却发现自己被环保人士给骗了。方舟子用了被“骗”这个含义很重的词，这就使人不能不怀疑某些反对水坝建设的环保人士是否正在冒用怒江人民的名义发表他们自己的意愿和观点——如果真是这种情况，那就是极其严重和危害性很大的问题了。

7.4 努力促进与推动公众对水坝工程的理解

7.4.1 努力建设有利于“公众理解工程”的社会环境和氛围

7.4.1.1 政府和有关方面应该重视和加强“公众理解工程”工作

“公众理解科学”与科学传播活动类似，属于一种社会化的公益性的活动，要切实增强活动效果，政府的作用至关重要。具体说来，政府在其中主要需要发挥以下几种作用：一是政府应该具备促进“公众理解工程”工作的社会意识，要根据公众对工程知识与信息的接受倾向与接受能力，以人为本开展工作，增强工作的针对性与实效性。二是政府要适当转变“公众理解工程”工作的运作模式，改变以往单纯僵化地灌输行为，而将工程知识趣味化、娱乐化。在这方面，国外有许多宣传工程知识的趣味性网站或活动方案值得借鉴。

7.4.1.2　增强“公共理解工程”的人文意味，搭建工程界与文人之间沟通的桥梁

在我国大规模工程建设方兴未艾的今天，在政府全力推进建设创新型国家的背景下，“我们不应该再忽视科学的文化和精神性，要重视科学方法的传授、科学理性精神的培养”。[①]同样，在“公众理解工程”运动的推进过程中，我们应该将其作为一种文化来体验，作为一种文化建设运动来进行，填补工程与文化之间的鸿沟。出于长远发展，政府应试图引导公众，包括环保人士、新闻媒体，科学、辩证地认识工程对生态、经济、社会的影响，让公众感觉到可以通过适当规范，让工程更好地服务于社会；同时，强调在实践中注重发展一种有利各利益方相互协调的机制，使工程与人类社会可持续发展相一致。

7.4.1.3　设立“公众理解工程委员会”

考虑到工程与科学、技术的区别以及“公众理解工程”活动独特的社会作用和意义，可以考虑将“公众理解工程”从传统科普的社会建制中逐步分离出来，适时由中国科学技术协会、工业与信息化部、中国工程院联合组建“公众理解工程委员会”。这个委员会的主要责任是为国家开展“公众理解工程”运动提供战略建议，培养工程师促进公众对工程理解的相关技能，将促进“公众理解工程”运动职业化，并督促、推动中国工程院在工程知识的普及、宣传方面的工作，提高公众对科学、合理的工程活动的理解与支持。

7.4.2　信源方面努力促进公众对水坝工程的理解

7.4.2.1　水利工程界应转变认识和思维方式，切实重视和改进做法

水利水电工程界在加大公共宣传力度，促进“公众理解工程”方面负有更大的责任。工程界与其责怪对方不能理解工程，不如更多从自身找原因，考虑如何改善当前的被动处境。事实上，公众工程知识的多少与其对工程的态度呈非线性关系。具体说来，就是对水坝工程发展感兴趣的人不一定工程知识水平高，如某些环保人士等；工

① 佟贺丰．不同语境与政治环境下的国家科普理念［J］．全球科技经济瞭望，2008（9）：35.

程知识水平高不一定对工程的支持程度就高，如某些水利出身的专家在其工作后期却对水坝工程悲观失望。在新情境下不应继续固执地强调“公众应该像我们一样思考”，更不能只是为谈水电而只谈水电。

工程师们应该把促进公众对工程的理解当作自己的职业责任，而不是无关紧要的附属品。工程师们应在繁忙的工作之余，尽可能抽出时间从事工程的公众理解工作。在开展工作时，首要方面就是通过民意调查了解公众对工程的态度和工程知识的需求状况。由于我国“公众理解工程”的研究时间较短，定量调查的经验与积累的数据不足，因此，当前可以定性研究为基础，并逐步深入。在工作方式方面，工程师们要“学习如何用简明的方式解说科学，既不充满专业行话也不屈尊堕落”，[①] 要从单一的“文本式”的工程技术知识的普及逐步转变到“社会参与型”的公众理解工程的模式，帮助公众更加有效地理解中国进行大规模工程建设的意义，并及时反馈公众对工程的意见与建议。

7.4.2.2 工程师与媒体的联合

工程师与媒体联合，改善与媒体的关系，可以改善水利界的公众形象。通过“对工程的科普工作”可以让公众更好地理解工程的技术原理、生态和社会影响等方面，还可以帮助解决“水库是否造成‘污染’”等原理上的争论。

当下，工程师应该与媒体、环保人士联起手来，求同存异，以更加通俗易懂的方式向社会公众宣传和普及动态和谐的工程生态观，使公众了解工程在“人—自然—社会”这一链条中的作用方式，辩证地看待工程的积极和消极影响，从而促进公众对工程的正确理解和有效支持，减少不必要的误解；在“政府—媒体、环保人士、工程师—公众”互动的良好的社会氛围下，在遵循“人类利益至上”的价值原则的基础上，科学有序地进行工程的决策、设计、建设和运营活动，并以合理方式去保护生态环境利益不受侵犯，我们一定能走出一条人与自然共生共荣的发展道路。

7.4.3 在信道方面努力促进公众对水坝工程的理解

在公众理解工程领域，媒体作为连接工程与工程之间的桥梁，作用非同一般。无论是从上而下的（top-down）的工程知识的有效传播来看，还是从促进工程师与各类专家等传播者与公众之间的互动来看，媒体都承担着不可替代的中枢作用。

7.4.3.1 提高媒体的社会责任感与工程技术素养

当今全球生态危机的背景下，国外环保主义运动如火如荼，并对发展中国家的环境保护运动产生了深刻影响。生态伦理学发源于自由主义传统深厚的西方，不可避免

① 李正伟，刘兵．对英国有关“公众理解科学”的三份重要报告的简要考察与分析［J］．2003（5）：71.

地带有较强的西方中心主义印迹。极端环保主义者以浪漫主义的田园诗话不仅不能解决实际问题，还容易对我国当前必要和合理的工程建设产生不良影响。我国环保主义人士在开展生态运动的时候，更应充分考虑我国自身的自然环境和人口状况，考虑激烈的国际竞争中我国普通民众的生存境遇。

7.4.3.2　以水坝工程热点争议为时机，有序推进水坝工程的公众理解

工程决策论辩只是一个过程，而不是目的，决策的科学化与民主化才是论辩的目的。公共工程的决策过程的科学化与民主化包含着多种因素、形式与实现方式，但是，在我国政治民主还不够完善的制度框架下，工程论辩无疑就成了其中非常重要的渠道和环节。

虽然譬如围绕怒江水电开发的单个争议不具备可复制性与可控性，但是，鉴于近年来，政府部门、水坝工程师与大众媒体已经在接连不断、起起伏伏的水坝工程争议中积累了丰富的实践经验。我们完全有能力将从以往水坝工程争议中提炼出来的理性认识与基本规律，用于指导以后类似的水坝工程争议，将其作为增进公众理解工程的有效途径加以利用。

在中国以往的工程项目决策模式中，往往是政府内部单独决策，关于工程的技术知识与相关信息难以“外溢”到普通公众那里，工程决策中鲜有普通公众的参与。但是，通过持续而热烈的水坝工程论辩，公众与工程的距离大大拉近。

根据马兹莱克模式，公众所接受的信息受到来自媒体的压力或制约。由此，大众媒体便可以通过反复播出某类新闻报道，强化该话题在公众心目中的重要程度，从而具备议程设置的能力。在怒江水坝工程论辩中，除了篇幅短小的单篇消息型新闻报道，一些大跨度的深度报道陆续出现。这些深度报道克服了单篇报道稍纵即逝、公众接触机会小的缺陷，可以在较长时期保持报道事件的热点效应，全方位地介绍水坝工程的相关知识，增加公众了解工程的机会。魏沛曾通过抽样调查的方式，了解到访者对怒江水电工程的知晓度和相关信息的接触量均要明显大于同样地处西南、同样作为国家重大工程项目的二滩水电工程①，其原因之一就在于围绕怒江水电开发曾展开了广泛的社会论辩。

7.4.4　在信宿方面努力促进公众对水坝工程的理解

7.4.4.1　在工程教育中普及“大工程观”

20 世纪 90 年代，美国工程教育界掀起了“回归工程”的浪潮，“大工程观”教育思想应运而生。1994 年，美国 MIT 工学院院长乔尔·莫西斯提出，工程教育的改革方

① 魏沛．怒江水电开发论辩对“公众理解工程”的启示分析［D］．中科院研究生院硕士学位论文，2007：23.

向是要使工程教育更加重视工程实践，强调工程本身的系统性和完整性。以往的传统工程教育单纯注重专业化、科学化，却割裂了工程系统本身。所谓“大工程观”就是建立在当地科学技术基础之上的，包括社会、经济、文化、道德、环境等多因素的完善的工程内涵，建立在大工程基础上的工程教育思想即为“大工程观”教育思想。[①]

随着经济全球化、科学技术系统综合化的发展，工程正在向“大工程”演化。工程正在成为越来越复杂的巨系统的趋势，对当代工程师的自身素质与工程师的培养模式提出了崭新的要求。仅仅对工程师进行工程技术知识教育，已经不能适应现代工程的性质和内涵及其对工程师的要求。基于“大工程观”的教育理念，在高等工程教育中，必须大力加强学生的人文素质教育和综合能力的提高。

“大工程观”是一种思想，其含义丰富，无法面面俱到，只能以一些教学环节和教学活动作为载体，将其中一些先进的工程理念贯彻进去，让学生融会贯通，使自身的综合工程素质得以全面提升。为此，在“大工程观”背景下，应当从学生的工程意识、质量意识、系统意识、成本意识和环保意识等方面，结合相关的专业人才培养体系构建“大工程观”教育思想指导下的专业课程体系。

7.4.4.2 在高校开展通识教育

在高等院校开展通识教育，是可以促进“公众理解工程”的一种重要措施。由于历史原因，在目前的教育体制下，我国工科大学生普遍存在人文精神的缺失。因此，要加强工科学生的人文素质培养。开设人文、道德、艺术、历史、审美和文学等选修课程，提高学生人文素质，强化社会责任感，遵守职业道德和伦理准则，增强团队精神和协作能力，培养工程实践的是非判断力和正确的价值取向。

作为工科院校，还必须重视学生“和谐”工程理念和工程价值观的培育。因此，有必要在工科人才培养方案中开设培养学生现代工程理念的课程。工科学生学哲学，目的不是为了成为哲学家，而是学会抽象的思维方法，学会对工程现象进行逻辑分析和系统把握；学社会学，目的不是为了成为社会学家，而是为了正确评价所从事的每项工程活动的社会价值和社会影响；学艺术，也不是为了去当艺术家，而是学习艺术家的思维。目前，江苏工业学院在借鉴国际工程教育经验的基础上，经过多年教育研究与实践，探索出了比较完善的大工程观教育模式，并形成了该校鲜明的办学特色。

7.4.4.3 扩宽合理的公众参与渠道

政府和水利界在面对重大突发事件时要注重信息公开，使得公众能够通过便利渠道来了解具体事实，从而减轻从非正常渠道来传播消息时所导致的夸大和失实。例如，

---

① 李继凯．“大工程”观教育思想指导下的电气信息类专业课程体系研究［EB/OL］．http：//jwc. mmc. edu. cn/jing_ yan_ jiao_ liu/2009-12/content_ 325. html.

1975 年 8 月河南板桥和石漫滩的水坝溃决事故，当时并没有彻底对百姓公开，以致在被一些海外媒体和民间消息的传播中，这场溃坝事故比工程本身所造成的严重后果更加耸人听闻。

此外，我国公众对工程的参与意愿需要引导和加强。我国大部分水坝工程地处偏远山区，农村居民自主参与决策的意识不强，习惯了听从政府号令。他们不了解，也不相信公众参与工程决策的相关政策，即使听说了，也持有怀疑态度。因此，我们应该积极宣传、改变村民的观念，鼓励村民去参与相关的水坝工程决策。

结 语

水坝工程的可持续发展，关乎国家经济发展、社会和谐和民众福祉。在过去的历史进程中，水坝在防洪、发电、灌溉、减少温室气体排放方面的效能是不可置疑的，在未来还将日益凸显。未来中国将面临严重的能源危机、水资源危机，水坝工程作为一种历史悠久的工程类型将继续为人类所需，并将在中国现代化建设中以崭新的姿态持续发挥作用。未来二三十年，中国仍将继续建坝。因此，关于水坝工程的是非争论，最核心的不是是否建坝的问题，而是如何更合理地建坝的问题。

本书首先是为了回应当下中国水坝工程发展面临的巨大争议。到底应如何科学、客观地认识和评价水坝工程一直争论不休，未有定论。对于水坝工程盲目乐观和过于悲观的态度都是不可取的，本书倡导的是一种谨慎的乐观主义态度。也就是说，我们既不能对水坝工程“妖魔化”，抱着偏见去无端夸大工程的负面影响，又要时时警惕陷入技术乐观主义的漩涡。我们需要在充分接纳水坝工程自身存在的合理性基础上，来客观理性地看待水坝工程发展所面临的困境。

从工程哲学的理论和方法研究水坝工程，本书试图提炼出一些思想认识和理论观点，不仅有助于指导我国水坝工程建设的持续快速健康发展，对其他工程类型也有一定借鉴作用。同时，本书对水坝这一工程类型的研究，对丰富工程哲学研究也有一定的意义。总括全文，笔者主要分析和论述了如下几个基本问题，试图给读者以启发：

一是在回顾与梳理水坝工程发展历程的基础上，提出中外水坝工程演化进程存在不平衡现象，并对这种工程发展的不平衡现象进行一些理论阐释。工程活动是人类依靠自然、适应自然、认识自然和适度改变自然，构建美好家园、不断提高生活质量的实践活动。工程作为一个人工系统在其历史发展进程中经历不断演化的过程。由于自然环境、社会条件和其他复杂因素作用的结果，世界不同国家、不同地区的水利、水坝工程在发展演化过程中，不可避免地会出现一定的不平衡现象，而其最突出的表现则是水坝工程发展速度上的不平衡现象与世界建坝中心多次转移的现象。

在世界水利发展的开端期，古埃及、两河流域、印度河流域的发展占据领先地位。自从春秋战国时代起，中国曾经长期居于世界领先地位，可是，到了近现代时期，西方蓬勃发展，成为世界建坝中心，东方却衰落了。20世纪末，中国又成为大坝工程领域的“世界中心”，这是世界建坝中心的又一次转移，即从发达国家转移到发展中国家。在世界范围的水坝工程的演化进程中，水坝工程发展演化的不平衡现象表现突出、影响广泛、原因复杂。工程演化受到科学技术、资本市场、资源供应、环境承载力、经济条件、政治需求以及文化和管理等诸多要素的推动和制约，其发展演化的原因和机制都是十分复杂的。

二是对水资源和水坝工程观问题进行深刻认识与系统反思。在地球世界的演化过程中，人类的知识、能力和理念也是不断演变的①。水资源时空分布的不均衡性与水之利害的两面性，是水利工程的直接起源。在工程实践的基础上，人们对水坝工程的认识也不断加深。水利工程自诞生以来就是为了促进人类的可持续发展。从古到今的水利概念的变化，蕴涵着人从被动顺从自然、到主动适应与改造自然，再到探索人与自然和谐相处之路这一 变化历程。近年来，水利界内外对水资源和水坝工程观已经进行了一些思考，但是，尚没有关于水坝工程观的系统性、概括性研究。本书着重批判性分析了当前社会上的两种影响重大的工程观——“征服自然”的工程观与刻意保持“原生态”的工程观，认为应辩证分析和对待这两种极端化的工程观，既应肯定这两种工程观当时产生的历史合理性，又能看到这两种工程观的潜在危害，努力构建适合我国国情的符合“自然—工程—社会”动态和谐的大工程观。

三是，揭示了水坝工程争论中的方法论和价值论问题，强调要正确对待水坝工程论辩。水坝工程论辩自水坝诞生以来就一直存在，在不同时期争论的主体、内容各有不同。中外水坝工程论辩的不同观点是对发达国家与发展中国家不同的水坝工程实践的反映。我国社会民主氛围不断改善、工程日益巨系统化、不同群体的利益诉求多元化以及受到国外反坝思潮影响等因素是水坝工程论辩得以产生和发展的社会条件。对水坝工程争论已经很多，但多为网络与新闻媒体上泛泛的评论，对水坝工程争论本身还缺乏系统的理论研究。文中深入剖析了水坝工程论辩中隐含的方法论与价值论问题，认为这些焦点与矛盾深刻反映了我国工程活动相关的思想动态，需要认真研究和重视。应该积极采取措施来克服水坝工程论辩过程出现的一些缺陷，以切实发挥工程论辩的积极效能。

四是，探讨了水坝工程的合理性问题。工程合理性问题是工程哲学的一个基本问题。要不要建坝？该不该拆坝？怎样的大坝才是不同利益相关者可接受的大坝？

① 殷瑞钰．工程演化论初议．工程研究［M］．北京：科学出版社，2009（1）：75.

这归根结底是一个工程合理性问题。书中概括了工程合理性的基本特征，即辩证性和批判性，指出工程合理性虽然具有工具理性和价值理性两个侧面，但本质上是一种价值合理性。工程合理性是社会交往基础上权力意志的产物。我们既不应对那些对自己持有不同意识形态的国家的工程建设通过有色眼镜横加苛责，将其妖魔化，也不应听之任之，而是应该通过多种渠道改善工程的合理性。最后指出工程合理性是可以人为建构的，可以从改善社会交往做起，改善和建构不同利益相关者相对可接受的合理性，具体包括在全社会培育一种符合整个文明发展趋势的工程文化；完善有利于人群沟通、交换意见的多元化制度渠道与民间渠道（如微博、博客等自媒体），建立有效的对话机制；需要制定一套工程共同体伦理的“金规则”等。在良性而和谐的社会交往的基础上，通过改善既有工程决策体制，淡化、柔化意识形态对工程决策的直接影响等渠道，使得主流群体的强力意志得到合理表达，从而改良工程决策系统，使工程更好地满足不同人群的合理需要，推动人类的可持续发展。

五是，建立符合中国国情的水坝工程伦理准则。在中国进行工业化建设的关键时期，水坝工程建设是不可或缺的角色。但是水坝工程建设与相应的工程伦理准则尚存在一定的失衡，主要体现在公众的高期望与工程师自身伦理意识淡薄的失衡、政府等利益相关者的强势与工程师的弱势之间的不协调、工程伦理客体的扩大与伦理主体的认知狭隘之间的矛盾以及国际舆论重视生态保护与国内提倡发展之间的差异等方面。而中外工程伦理水平存在客观差异，中国与美国和欧洲在工业化过程中所处的发展阶段不同，在地理环境和社会文化的差异等方面的“工程境遇”也不同，由此一来，当西方舶来的工程伦理准则传入国内时，上述因素共同导致了中国水坝工程的伦理困境。为了保障中国水坝工程可持续发展，就必须在充分考虑国家发展、民生需求、安全需求、生态环保需求的基础上，通过努力平衡和解决多元伦理主体的伦理责任，统筹工程活动的不同阶段上各个利益相关者之间的工程伦理责任以及大力推进工程伦理规范的制定和完善工程伦理教育，来制定符合中国国情的工程伦理准则。

六是，对水坝工程开发建设进程中的“公众理解工程”问题进行阐释，就如何推进公众对水坝工程的理解提出一些建设性建议。“公众理解工程”问题非常重要。在我国，“公众理解工程”问题的研究刚刚起步。开展“公众理解工程”活动，具有多方面的积极作用：保障工程的建设与运行所需的良好的社会环境；通过工程批评，改进决策，推动工程建设良性发展；帮助公众参与工程知识的建构和创新，改善水坝工程师的社会形象；维系工程共同体，提高公众的社会竞争力与生活质量；维护公众的合法权益，促进社会公平。针对当前我国水坝工程中的公众理解存在某种程度缺失的状况，我们应该从社会氛围、信源、信道、信宿等方面努力促进公众对水坝工程的理解。在社会氛围方面，政府应该重视“公众理解工程”，注意增强

“公众理解工程”的人文意味，搭建工程界与文人之间沟通的桥梁。在信源方面，工程师要改变思维方式，将宣传与普及工程知识视为自己的职业责任，主动改善与媒体的关系。在信道方面，要努力提高媒体的社会责任感与工程技术素养，以水坝工程热点争议为时机，有序推进水坝工程的公众理解。在信宿方面，要在工程教育中普及“大工程观”，在高校开展通识教育，扩宽合理的参与渠道。

附录1　低碳经济下的中国水电开发之路

张志会

随着全球人口和经济规模的不断增长，大气中二氧化碳浓度升高带来的全球气候变化业已成为不争的事实。在此背景下，“低碳经济”“低碳生活”等一系列新概念、新政策应运而生。受此影响，能源与经济以至价值观实行大变革的结果，可能为人类迈向生态文明，实现可持续发展走出一条新路。

“低碳经济”是在全球气候变暖对人类生存和发展的严峻挑战的大背景下提出的。低碳经济是以低能耗、低污染、低排放为基础的经济模式，是人类社会继农业文明、工业文明之后的又一次重大进步。低碳经济的实质是能源高效利用、清洁能源开发、追求绿色 GDP 的问题，核心是节能减排技术的创新、产业结构和制度创新以及人类生存发展观念的根本性转变。

一、低碳经济下中国水电开发的必要性

（一）发展低碳经济是中国的必然选择

发展低碳经济，是实现能源结构转型，保障我国经济健康平稳发展的需要。改革开放以来，我国连续保持了超过 9% 的经济增长速度，经济发展的辉煌成就令人瞩目。但是，这些成绩都是建立在我国“富煤少气缺油”的资源结构特点之上的。煤炭是我国重要的燃料和化工原料，在目前的能源消费结构中，一次能源 69% 依靠煤炭，发电量的 80% 依靠火电。煤炭在国民经济发展过程中发挥重要作用的同时，亦使国家背负了沉重的环境负担。据计算，每燃烧 1 吨煤炭约产生 4 吨二氧化碳，比石油和天然气分别多 30% 和 70%，燃烧煤炭的二氧化硫和烟尘的排放强度也相对较高，由此造成了

严重的环境污染和温室气体排放，给国民经济带来了巨大损失。[①] 在今后若干年内，全球化石能源将逐步走向衰竭，而我国人民生活水平与工农业发展对经济的需求却在持续增长。只有实施能源结构转型，逐步减轻对高碳排放的化石能源的依赖，才能维系我国经济较快的发展速度。

发展低碳经济，也是增强我国的国际竞争力的需要。在中国经济崛起的过程中，由于能源技术落后、使用效率不高等问题，高耗能、高污染历来是发达国家借以批评中国的话题。中国虽然人均排放量较低，但在总量上仅次于美国，超过欧盟27个成员国之和。如此一来，不仅我国的大国形象受到了损坏，也给我国政府参与国际谈判增添了压力。此外，随着全球气候变化的加剧，一些在低碳经济上投入较早，已经取得初步成效的西方发达国家，开始设置绿色贸易壁垒，给我国的对外贸易添置了障碍。

（二）低碳经济下中国水电开发的必要性

1. 水电是目前唯一可大规模商业开发的清洁可再生能源

水电的绿色能源特性是水电在低碳经济中发展的基础。它既是清洁的能源，又是可再生能源，是用于发电的优质能源。水力发电是利用江河源远流长的流量和落差形成水的势能发电，是一次性能源直接转换成电力的物理过程，它不消耗水，也不污染水，不排放有害气体，也不排放固体废物，是清洁的能源。此外，只要地球上水循环不终止，江河不干涸，水能资源就存在，是可再生的能源。水力发电获得的电量是不耗减总资源量的，因此世界各国无不优先开发水能资源。世界上有49个国家依靠水电为其提供50%以上的能源，包括巴西、加拿大、瑞士、瑞典等国；有57个国家依靠水电为其提供40%以上的能源，包括南美的大部分国家。发达国家水电的平均开发度已在60%以上，其中法国达到90%，意大利超过90%以上，见表1[②]。

中国是世界上水能资源最多的国家。中国有众多的河流，其地理地形特征形成了丰富的水能资源。根据最新的普查资料，全国水能资源理论蕴藏量为6.88亿kW，年发电量5.92万亿kW·h。其中最新评估在技术上和经济上可开采的水能资源为4.04亿kW，年发电量2.47万亿kW·h，大约相当于9亿t煤炭的燃烧能量。水能是中国可贵的能源资源。[③] 水利部部长陈雷在2009年5月召开的第五届“今日水电论坛”上提到，“目前，中国水能资源开发程度为31.5%，还有巨大的发展潜力。”[④]

---

① 张勇．低碳经济：挑战与机遇［J］．当代石油石化，2009（10）：13.

② 贾金生，马静，张志会．应对气候变化必须大力发展水电［J］．中国水能及电气化，2010（1/2）：8.

③ 陆佑楣．开发利用水能资源，改善地球生态环境，保护良好生态［J］．中国水利．2007（2）：27.

④ 中国水能资源开发程度约为31.5%［EB/OL］．2009-5-12．世界能源金融网．http：//www.wefweb.com/news/2009512/0827194810.shtml.

表1　2008年部分国家水电情况

国家	经济可开发年发电量（亿kW·h/年）	水电年发电量（亿kW·h/年）	水电年发电量占经济可开发量比例（%）	水电装机（万kW）	总装机（万kW）	水库库存（亿m^3）
中国	24740	5655	22.86	17260	79273	6924
美国	3760	2700	71.81	7820	68700	13500
加拿大	5360	3500	65.30	7266	11495	6500
巴西	7635	3316.8	43.44	8375.2	8862	5680
俄罗斯	8520	1700	19.95	4700		7930
印度	4420	1216.5	27.52	3700	11206	2130
日本	1143	924.64	80.90	2200	26828	204
法国	720	646	89.72	2520	11120	75
挪威	2051	1218	59.39	2904	2789	620
意大利	540	513	95.00	1746		130
西班牙	370	232.9	62.95	1845	6230	455

注：美国1999年和2003年的水电发电量分别为3560亿kW·h和3953亿kW·h，含抽水蓄能发电量。数据来源：中国大坝协会。

2. 水电的发展潜力巨大，可有效缓解能源转型中的电力紧缺

中国目前仍处于“高碳经济”的时代。在21世纪的前50年内，以煤为主的能源结构难以彻底改变，这将是中国向低碳发展模式转变的长期制约因素。要发展低碳经济，首当其冲的是中国能源结构转型的问题。

不论是不是进行能源结构转型，我国都将面临严峻的电力供应缺口。如果将1997—2008年作为一个完整的经济周期，我国大部分时间都处于电力紧张状态。未来几年内，在保证经济高速发展的前提下，我国电力供应每年必须增长7%～8%才能满足GDP的增长需求。要实施能源结构转型，就必然导致煤电在国家能源结构中的比例相应降低，增加其他能源供应的任务就更加紧迫。

尽管我国政府提出了要在2020年前，将我国可再生能源比例提高到15%的目标，但是，在我国现有的技术经济条件下，我国风能、太阳能、生物能等可再生能源的比重偏低，且短时间内难以大幅度提高。因此，除火电外，只有水电可以在一定程度上帮助有效缓解能源短缺状况。

3. 水电的能源回报率高

要实行低碳经济，还必须面对向清洁能源转型的另一个现实瓶颈——成本问题。除了传统的成本观念，本文使用能源回报率来对几种可再生能源进行对比。能源设施建设和运行也需要消耗能源，如果从全口径的角度计算能源的投入产出比，就可以比较清楚的审视各种能源开发方式的效益和优劣，能更加清晰地认识到水电在节能减排、应对气候变化方面的巨大优势。

能源回报率（energy payback ratio），以一个火电发电厂为例，其物理意义是指一个火力发电站在运行期内发出的所有电力与其在建设期、运行期为维持其建设、运行所消耗的所有电力的比值，建设期、运行期所消耗的所有电力既包括直接能源消耗，如机械设备运行、照明耗能等，也包括建筑材料、煤炭等制造、运输过程的耗能。按照这一新定义，在各种能源开发方式中，水库式水电的能源回报率为208～280，径流式水电的能源回报率为170～267，风电为18～34，生物能为3～5，太阳能为3～6，核电14～16，传统火力发电2.5～5.1，应用碳回收技术的火力发电仅为1.6～3.3，如图1[①]。因此，积极应对气候变化必须大力发展水电。

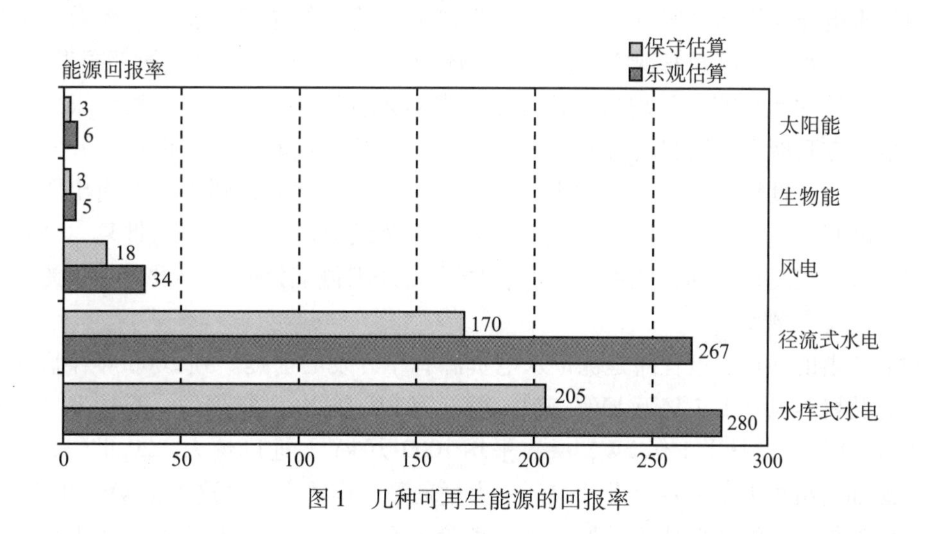

图1　几种可再生能源的回报率

据公开材料，被2009年金沙江上被叫停的鲁地拉、龙开口两座水电站的总装机容量396万千瓦，年发电量之和预计178亿kW·h。2008年全国风电装机容量894万千瓦，发电量为111亿kW·h。做一个简单对比。简单两座水电站的容量不到风电的1/2，但是发电量是全国风电的1.6倍。如果按照2008年的能耗水平，即349克标准煤可发1度电，两座水电站推迟一年造成的能源损失相当于烧掉了621万吨标准煤，多排放了1200万吨二氧化碳。[②]

① 贾金生，马静，张志会．应对气候变化必须大力发展水电［J］．中国水能及电气化，2010（1/2）：10.

② 三联生活周刊．2009（6）：30。

实行低碳经济还会增加公众的生活成本，提高水费、电费。要注意这种物价的上涨必须在能够接受的范围之内，否则会适得其反，降低百姓的生活质量。而水电的低价格对于保障居民生活稳定也有重要意义。

二、低碳经济下中国水电开发的挑战

对于中国水电开发行业而言，低碳经济既是机遇，又是挑战。因此，如何把握好低碳经济这一新的经济模式的发展机遇，保障水电开发行业的平稳运行，推动经济社会发展，乃至实现国家腾飞，是水电开发从业者和国家政府部门正在面对的一个重要的现实课题。

1. 水电急促上马，无序扩张

以往水电开发往往是服务于“大污染”“大浪费”的重工业发展的需要，资源浪费现象严重。水电无序开发现象严重，电力体制改革后，五大电力公司都想做大做强，出现了所谓的“跑马圈水”现象。往往是开发商先看好一块儿地方，然后跟地方政府谈，一般地方政府出于增加政府财政收入与建立政绩工程的需要，也希望开发商赶紧投入资金，因此批复一般不会有太大阻力。获得省里同意后，则由开发商出资聘请设计院进行勘测，整个前期费用由开发商负担，勘测结果出来后报国家批复。这个决策程序里面涉及很复杂的利益关系。要坚决防止先开工再审批以及边设计、边施工、边勘探的“三边”现象。

建立清晰的项目决策程序是保证水电资源有序开发的前提。到 2008 年年底，我国水电的总装机容量是 1. 7 亿万 kW，其中 7000 万 kW 是 20 世纪干的，而从 1999—2008 年，不到 10 年就上马了 1 亿 kW，一年平均 1000 万 kW，速度惊人。20 世纪，由水电部、能源部的组织下，由各个设计院经过大量勘测工作才完成了这 1 亿 kW 的前期勘测工作。但如果今后继续保持这样的速度，前期的环境、工程、地址等测评工作将无法跟上，一些工程的草草上马将无可避免。

2. 水火电同网不同价的压力

水电企业的盈利是否快速增长取决于国家是否实行水火电同网同价。在市场经济下，企业处于逐利需要，只有在营利的模式下，才会积极投身水电开发。目前，水电价格基本沿用成本加成、政府定价的方式，部分地区实行水电标杆价格政策，其结果是水电价格普遍低于火电。随着煤电价格联动政策的实施，水电与火电上网价格的差距进一步加大。特别是目前根据国家相关政策，水电建设及生产经营中对环保、征地移民、水资源费、库区基金等各项成本支出呈迅速上升趋势，致使发电成本不断增加，而这种过低的水电价格，无疑给水电开发带来了更大的困难。以黄河上游水电站为例，

2005年以后青海、甘肃、宁夏回族自治区新投产的水电站执行水电上网标杆电价为每kW·h 0.227元，而2009年火电上网标杆电价已分别达到每kW·h 0.294元、0.282元和0.268元。发挥“龙头”作用的黄河龙羊峡水电站于1985年投产，目前执行上网电价每kW·h 0.163元，与青海火电上网标杆电价每kW·h 0.294元相差0.131元。[①] 水电价格长期低于火电价格，不利于具有环保清洁、可再生优势的水电发展。从鼓励和支持可再生能源发展的角度出发，水电价格偏低的问题亟待解决。如果水火同网同价政策得以实施，产生的收益可以用来帮助解决水电站建设中库区移民安置和环保问题，这将成为解决当前水电开发中征地移民、环保投资居高不下问题的有效途径。长期以来，我国水电价格被人为压低，水电长期承担了压低国家电力价格的行政成本，尚未实行“同网同质同价”，这是违背市场经济规律的行为，不利于我国电力行业的可持续发展。

3. 政策环境与社会舆论压力

目前在水电开发行业，存在着国家政策支持的缺乏与水电行业内部急促冒进之间的矛盾。国家对水电开发政策的不明朗一直是困扰水电开发的困境之一。水电的绿色能源特性是水电在低碳经济中得以发展的基础，但是，这一点在国际社会的争论一直未间断。这股关于水电是否清洁能源的争论，已经对我国政府的能源政策产生了一定影响。现实的困境是，如果一旦被剥夺了法律“资格”，水电将失去国家政策资助，丧失发展空间。我国在沉重的人口压力下，面临着严峻的水资源与能源需求，却空有丰富的水能资源而不能开发。

三、未来水电开发的合理的态度

1. 国家应该给予水电开发更多扶持

从世界各大国的水电开发历程中可看出，水电在这些国家的经济发展早期，得到了国家政策大力扶植，并对推动国家经济腾飞起到了巨大的推动作用。在低碳经济背景下，我国水电开发应该得到国家更多的扶持。因为在市场经济中，企业作为经济活动的主体，以追求经济效益最大化为目标，水电如果价格持续偏低，就会因违反市场价值规律，而不能吸引开发商的注意。

所谓国家扶植，就是国家把开发水电作为能源政策的基础之一，并在一定时期内，作为重要国策。最重要的措施就是尽早推进水火电的“同网同价，竞价上网”，其目的是使水电项目的社会效益得到适当的补偿。例如，实行峰谷电价、丰枯电价、延长还

---

① 于洪海．水电与火电应实行同网同价——访中国电力投资集团公司总工程师夏忠［N］．2010-4-5.

款期限等。这些措施尽管可以通过发挥水电特殊性，而使电力系统、金融系统获利，但并不是仅仅为了水电行业自身的利益，更不能理解成水电需要特殊的优惠政策才能生存。从某种意义上讲，给予水电以税收扶植政策，更不如说是给予水电以更加公正的发展机会。

2. 改变决策程序，合理有序开发

任何一项工程行为都会有利有弊，工程项目决策的标准应该是人类的可持续发展。水坝工程决策以往主要考虑的是技术可行和经济合理，以后要更加对技术上可行、经济上合理、社会接受、环境友好的四个方面的综合把握。要改变过去经济效益优先的做法，统筹兼顾生态效益、社会效益、经济效益，加紧研究制定水电项目综合评价指标体系，特别要加强对生态环境保护、地震地质灾害影响、历史文化遗产、水库移民等方面的论证和评估。

在决策程序上，要改变目前水电项目核准制度流于形式，相关程序和标准模糊不清、界限不明的状况。要针对不同规模、不同类型的水电项目，制定出一套清晰合理的核准程序。鉴于水电项目投资巨大，必须清晰界定前期工作和正式开工的界限，避免不必要的社会财富损失和浪费。要强化流域综合环评和项目环评工作的协调，环评工作应由环保部门依法委托具有独立资质的中介机构承担，以确保环评结论的客观和公正。

3. 尽力减少水坝的生态和社会影响

《水电与可持续发展北京宣言》支持各国特别是发展中国家对水电的可持续性开发；强调要高度重视水电开发对社会、环境及生态等的负面影响；强调水电开发中没有全球通用的准则，各国应结合国情积极探讨，努力实践。[①]

我国水电开发“在认识上要从过去强调改造、利用自然，转变为高度重视改造、利用、保护和适应自然的发展要求”[②]。要通过各种工程与非工程措施尽力减少水坝的负面效应，发挥水坝对改善移民生活，优化生态环境等方面的积极效应。

4. 推动水坝工程的公众理解

目前，社会各界对水电开发之于社会经济可持续发展的重要性的认识已趋于一致，对水电开发造成的生态与社会影响也有所共识。尽管对有关问题仍然存在一些争议，但争议的焦点不是不要水电开发，而是如何进行水电开发，将不利影响降到最低程度。”[③] 不过，当前气候变化与低碳经济给水坝工程的公众理解带来了新的挑战。

---

① 2008年中国与世界大坝建设情况［C］. 中国大坝协会秘书处。
② 贾金生. 以可持续更加绿色的方式发展水电［J］. 中国三峡建设，2007（2）：6.
③ 邵秉仁. 长江上游水电开发与环境保护［C］. 中国水电可持续发展高峰论坛，2009.

尽管水坝工程与水电开发纵然在二氧化碳排放上独具优势，但对于水电是否清洁能源，社会各界的看法并不一致。近年来可持续发展观逐渐深入人心，低碳、环保理念也得到我国民众的普遍认同。2009 年 12 月 7—18 日，联合国气候大会正在哥本哈根召开。减少二氧化碳排量、达成全球性的节能减排目标协议、遏制全球气候变暖成为此次会议的重要议题，这一会议产生了广泛的国际反响。2010 年初，就连被称为“年度政治盛宴”的全国“两会”以及地方“两会”都刮起了“低碳风”。

如前所述，随着公众生态环保意识的普遍提高，水坝工程对水文、地质的影响也日益受到关注。在低碳经济下，公众的环保要求也会更高，如何最大限度地争取公众对水电开发的支持，减少误解，是一个重要课题。

附录2 大坝发展史简表

本表根据年份列出重要堤坝以及与堤坝有关的重要特征①。

公元前3000	约旦北部建成世界上最古老的堤坝
公元前2500年	伊朗俾路支（Baluchistan）和巴基斯坦建起首批拦河坝
公元前1800年	埃及法尤姆（Faiyum）洼地处大型水库
公元前1000年	也门37米高的马里卜（Marib）土石坝
公元前13世纪	希腊迈锡尼人修建引水坝和蓄水坝
公元前950年	耶路撒冷所罗门王时代的泰罗平（Tyropoeon）水池
公元前730年	耶路撒冷阿卡兹（Achaz）王时代皮罗巴蒂卡（Probatica）坝
公元前703年	伊拉克尼尼微（Ninive）附近赛纳克里布王（Sennacherib）时代的第一座坝
公元前700年	土耳其东部乌拉尔图人修建的水库
公元前700年	墨西哥中部普龙（Purron）坝开始修建
公元前581年	中国中部修建安丰塘大型水库
公元前510年	也门马里卜附近赛伯伊人开始建坝
公元前370年	斯里兰卡出现第一批水库

① 本表中列入的一些大坝信息参考了Smith N. A History of Dams［M］. Peter Davies. 1971. 中译本为张惠英等编译. 世界大坝发展史［M］. 北京：五洲传播出版社，1999：209-212. 以及贾金生主编. 中国大坝协会系列丛书——中国大坝建设60周年［M］. 北京：中国水利水电出版社，2013.

公元前275年	位于苏丹北部最大的梅罗提克（Meroitic）水库
公元前219年	中国南方的灵渠大小天平分水堰
公元前2世纪	约旦佩特拉附近纳巴泰人修建引水坝
公元前1世纪	耶路撒冷附近的“所罗门水池”
公元前322—前298年	印度约30米的灌溉用的苏达萨那（Sudarsana）坝
公元60年	罗马附近古罗马时期的第一座40米高坝
公元140年	中国中部65千米长的鉴湖围堤
公元2世纪	西班牙西南部古罗马时期大型提防
公元270年	伊朗西南部古罗马时期的桥堰
公元284年	叙利亚位于霍姆斯（Homs）的古罗马时期大型重力坝
公元380年	日本大阪附近的峡山塘坝
公元460年	斯里兰卡的帕斯坎达·乌尔泡萨（Paskanda Ulpotha）土坝加高至34米
公元516年	中国安徽省五河县东淮河流域约48米高的浮山堰
公元700年	危地马拉位于蒂卡尔的宫殿（Palace）水库
公元7/8世纪	沙特阿拉伯临近麦加和麦地那的水坝
公元970年	西班牙穆尔西亚附近的莫斯莱姆.帕拉达（Moslem Parada）堰
公元10世纪	伊朗南部的博季德（Bujid）发电坝
公元1030年	阿富汗的马哈穆德（Mahmud）重力坝
公元1037年	印度南部16千米长的韦拉南（Veeranam）堤防
公元1128年	日本32米高的戴蒙耐克（Daimonike）土坝
公元1170年	斯里兰卡的帕拉克拉玛（Parakrama）湖
公元12世纪	欧洲第一批磨坊用水坝和鱼塘
公元1272年	西波米亚最早的大量鱼塘
公元1350年	伊朗中部60米高的库里特（Kurit）拱坝

公元 1384 年	西班牙东南部的阿尔马萨（Almansa）拱形重力坝
公元 1404 年	德国东部采矿区第一座发电坝
公元 1430 年	墨西哥城附近特克斯科科（Texcoco）湖的围堤
公元 1492 年	西波米亚的乔丹（Jordan）供水坝
公元 1500 年	西班牙西南部的卡斯特拉（Castellar）支墩坝
公元 1500 年	印度高 33 米的马达克·马舒尔（Mudduk Masur）土坝
公元 1547 年	D. J. 斯卡拉有关鱼塘
公元 1558 年	德国厄勒山区第一座设有防渗心墙的土坝
公元 1560 年	第一座为伊斯坦布尔供水的圬工坝
公元 1573 年	玻利维亚波托西最早的几座采矿用坝
公元 1578 年	中国中部大型洪泽湖水库
公元 1594 年	西班牙东南部 46 米高的泰比（Tibi）拱形重力坝
公元 1611 年	奥地利蒂罗尔州南部开始修建彭塔尔托（Pontalto）拱坝，直至 1887 年竣工
公元 1632 年	美国马萨诸塞州查尔斯（Charles）河上的第一座磨坊用水坝
公元 1640 年	西班牙东南部第一座现代化的埃尔切（Elche）拱坝
公元 1675 年	法国 36 米高的圣·菲洛（St. Ferreol）航运用土石坝
公元 1678 年	法国凡尔赛公园内第一座堤坝
公元 1695 年	瑞士引水槽用得茹·韦尔特（Joux Verte）拱坝
公元 1723 年	西西伯利亚最早的采矿用坝
公元 1735 年	西班牙西北部的贝迪亚（Bedia）连拱坝
公元 1741 年	大不列颠设有黏土心墙的欧马尼塔尔（Omanental）湖堤防
公元 1750 年	墨西哥中部几座支墩坝
公元 1765 年	墨西哥中部几座三角形断面重力坝
公元 1769 年	斯洛文尼亚最早的引水槽用坝

公元1786年	西班牙35.5米高的瓦尔英费诺（Val de Infierno）重力坝
公元1787年	西班牙马德里附近开始修建87米高的加斯科（Gasco）航运坝，1799年修到56米停工，后从未使用过
公元1797年	大不列颠第一批航运坝
公元1802年	西班牙高50米的普恩提（Puentes）毛石砌筑坝
公元1804年	印度中部米尔·阿拉姆（Mir Alam）连拱坝
公元1811年	法国33米高的考诺（Couzon）土坝
公元1831年	加拿大安大略省的琼斯·福尔斯（Jones Falls）拱坝
公元1840年	大不列颠38米高的因特威斯尔（Entwistle）土坝
公元1852年	美国宾夕法尼亚州南福克（South Fork）的堆石坝
公元1853年	萨齐莱（J. de Sazilly）关于三角形断面重力坝的论文
公元1854年	法国运用圆柱准则分析应力建成42米高的佐拉（Zola）浆砌毛石拱坝
公元1856年	澳大利亚帕拉马塔（Parramatta）薄拱坝
公元1866年	法国60米高的高佛瑞迪恩佛（Gouffre d' Enfer）浆砌毛石重力拱坝
公元1866年	法国56米高富伦斯重力坝
公元1866年	美国32米高的皮拉尔系斯托（Pilarcitos）坝
公元1869年	美国加利福尼亚州泰米斯卡尔（Temescal）水力充填坝
公元1870年	法国建成46.3米高班坝（Ban）
公元1872年	美国纽约州建成位于博伊兹科纳（Boyds Corner）自古罗马时期以来第一座混凝土重力坝
公元1872年	美国56米高鲍曼（Bowman）坝
公元1875年	美国建成35米高的下游圣莱安德罗（Lower San Leandro）一期，后二期加高至47米
公元1879年	印度浦那（Poona）浆砌石坝

公元 1880 年	西班牙 43 米高的嗨伽（Hijar）重力坝
公元 1881 年	大不列颠位于阿布罗斯泰尔（Abloeystead）的第一座混凝土拱坝
公元 1882 年	大不列颠建成 42 米高的上巴顿（Upper Barden）土坝
公元 1884 年	美国加利福尼亚州的大贝尔谷（Big Bear Valley）拱坝
公元 1886 年	美国加利福尼亚州建成 49 米高的下游奥泰（Lower Otay）堆石坝
公元 1888 年	美国 33 米高的胡桃（Walnut）坝
公元 1890 年	美国 31 米高的卡斯塔伍德（Castlewood）坝
公元 1893 年	美国 49 米高赫米特湖（Lake Hemet）坝
公元 1893 年	美国高 33 米的奥斯汀（Austin）坝
公元 1889 年	出现拱坝的拱冠梁分析
公元 1892 年	印度 41 米高的坦萨（Tansa）坝
公元 1897 年	印度 54 米高邦百利雅（Periyar）坝
公元 1903 年	美国纽约州特里萨（Theresa）钢筋混凝土面板支墩坝
公元 1908 年	美国加利福尼亚州休姆（Hume）湖钢筋混凝土连拱坝
公元 1914 年	美国阿拉斯加州萨蒙溪（Salmon Creek）变半径拱坝
公元 1915 年	美国爱达荷州 105 米高的阿洛洛克（Arrowrock）混凝土重力坝
公元 1925 年	太沙基（K. Von Terzaghi）撰写“土力学原理”
公元 1928 年	墨西哥卡兰州（Carranza）双支墩空心重力坝
公元 1929 年	美国华盛顿州 119 米高的代阿布洛（Diablo）拱坝
公元 1931 年	美国加利福尼亚州 100 米高的索尔特斯普林斯（Salt Spring）堆石坝
公元 1936 年	美国亚利桑那与内华达州 221.4 米高的胡佛重力坝
公元 1948 年	阿根廷 83 米高艾斯卡巴（Escaba）面板支墩坝
公元 1949 年	美国坝高 204 米的罗斯（Ross）拱坝
公元 1952 年	墨西哥 260 米高阿尔瓦罗·欧博雷冈（Alvaro Obregon）重力坝，总库容 4 亿立方米

公元1957年	瑞士237米（现250米高）莫瓦桑拱坝
公元1961年	意大利262米高瓦伊昂（Vajont）拱坝
公元1962年	瑞士285米高的大迪克逊（Grande Dixence）重力坝
公元1962年	伊朗坝高203米的迪兹（Dez）拱坝
公元1963年	印度高226米的巴克拉（Bhakra）重力坝
公元1963年	瑞士高225米的卢佐内（Luzzone）拱坝
公元1965年	瑞士高220米的康特拉（Contra）拱坝
公元1966年	美国坝高216米的格伦峡（Glen Canyon）拱坝
公元1967年	美国加利福尼亚州230米高的奥罗维尔（Oroville）土坝/堆石坝
公元1968年	加拿大214米高的丹尼尔·约翰逊（Daniel. Johnson）连拱坝
公元1969年	美国坝高197米的新布拉兹巴（New Bullards Bar）拱坝
公元1970年	西班牙坝高202米的阿尔门德拉（Almendra）拱坝
公元1972年	加拿大高243米的麦卡（Mica）土坝
公元1973年	美国高219米的德沃夏克（Dworshak）重力坝
公元1975年	哥伦比亚237米高奇沃尔（La Esmeralda（Chivor））堆石坝
公元1975年	美国坝高209米的奥本（Auburn）拱坝
公元1975年	土耳其坝高210米的凯班（Keban）重力坝
公元1976年	南斯拉夫高220米的姆拉丁其（Mratinje）拱坝
公元1976年	伊朗高200米的卡伦（Karun）Ⅰ级拱坝
公元1976—1993年	中国最大坝高178米的龙羊峡重力拱坝
公元1977年	格鲁吉亚高233米的奇尔克伊（Chirkey）拱坝
公元1977年	奥地利高200米的柯恩布赖茵（Koelnbrein）拱坝
公元1977年	伊朗坝高200米的卡比尔（Kabir）拱坝
公元1978年	吉尔吉斯斯坦坝高215米的托克托古尔（Toktogul）重力坝

公元1979年	美国美美国（X〗坝高191米的新梅浓（New Melones）堆石坝
公元1980年	格鲁吉亚（苏联）271.5米高英古里（Inguri）拱坝
公元1980年	塔吉克斯坦（苏联）300米高的努列克（Nurek）土石坝
公元1981年	日本岛地川（Shimajigawa）碾压混凝土坝
公元1981年	墨西哥261米高奇柯阿森（Chicoasen）土坝
公元1983年	巴西、巴拉圭交界处高196米的伊泰普双支墩空心坝
公元1985年	洪都拉斯234米高埃尔卡洪（El Cajon）拱坝
公元1986年	中国坝高56.8米的坑口碾压混凝土重力坝
公元1988年	中国坝高53.8米的闸坝型葛洲坝
公元1988年	土耳其高195米的阿尔廷卡亚（Altinkaya）堆石坝
公元1989年	哥伦比亚243米高的阿尔伯托·里拉斯（Alberto Lleras C.）堆石坝
公元1989年	俄罗斯242米高的萨扬-舒申斯克（Sayano-Shushenskaya）拱坝/重力坝
公元1990年	哥斯达黎加267米高的博鲁卡土坝
公元1990年	印度261米高特里（Tehri）土坝
公元1991年	瑞士将莫瓦桑（Mauvoisin）拱坝加高至250.5米
公元1991年	巴西和巴拉圭交界的高196米的伊泰普重力坝
公元1991—2009年	中国黄河流域高160米的小浪底壤土斜心墙堆石坝
公元1991年	格鲁吉亚高201米的胡顿（Khudoni）拱坝
公元1992年	哥伦比亚247米高的瓜维奥（Guario）土坝
公元1994年	墨西哥坝高207米的锡马潘（Zimapan）拱坝
公元1995年	印度236米高吉申（Kishau）重力坝
公元1996年	印度坝高204米的拉克瓦（Lakhwar）重力坝
公元1996年	吉尔吉斯斯坦275米高的卡姆巴拉金Ⅰ号土石坝

公元1996年　　土耳其高201米的伯克拱坝（Berke）
公元1999年　　美国193米的七橡树土坝
公元2000年　　中国最大坝高240米的二滩混凝土拱坝
公元2002年　　哥伦比亚188米高米尔Ⅰ（MielⅠ）碾压混凝土坝
公元2002年　　中国全长1.6千米的三峡混凝土重力坝全线封顶，坝高达185米
公元2002年　　老挝坝高220米的南俄Ⅲ号（Nam NgumⅢ）水电站面板堆石坝
公元2003年　　马来西亚205米高的巴昆（Bakun）面板堆石坝
公元2003年　　菲律宾高200米的圣罗克（San Roque）土坝
公元2004年　　土耳其高247米的德里内尔（Deriner）拱坝
公元2005年　　哥伦比亚190米高嗦嘎摩梭（Sogamoso）面板堆石坝
公元2005年　　伊朗坝高205米的卡伦Ⅲ（Karun-Ⅲ）拱坝
公元2006年　　巴西202米高坎普斯诺沃斯（Campos Novos）面板堆石坝
公元2006年　　巴西坝高208米的伊拉佩（Irape）堆石坝
公元2007年　　中国200.5米高的光照碾压混凝土坝
公元2007年　　土耳其坝高210米的埃尔梅内克（Ermenek）拱坝
公元2008年　　冰岛193米高卡拉恩琼卡（Karahnjukar）面板堆石坝
公元2009年　　中国233.2米高的水布垭面板堆石坝
公元2009年　　中国大渡河瀑布沟心墙堆石坝填筑到顶，最大坝高186米
公元2009年　　中国一期坝高192米的龙滩碾压混凝土重力坝
公元2010年　　中国高250米的拉西瓦双曲薄拱坝
公元2010年　　伊朗高230米的卡伦Ⅳ（Karun-Ⅳ）拱坝
公元2012年　　中国294.5米高的小湾混凝土双曲拱坝
公元2013年　　埃塞俄比亚高243米的奇比Ⅲ（Gibe Ⅲ）碾压混凝土坝
公元2013年　　中国240米高长河堆石坝
公元2014年　　中国305米高锦屏一级混凝土双曲拱坝

公元 2014 年	土耳其高 195 米的博亚巴特（Boyabat）重力坝
公元 2015 年	中国高 285.5 米的溪洛渡混凝土双曲拱坝
公元 2015 年	中国 261.5 米高糯扎渡堆石坝
公元 2015 年	中国坝高 210 米的大岗山拱坝
公元 2017 年（拟完工）	中国高 223.5 米的猴子岩面板堆石坝

参考文献

［1］上海师范大学古籍整理研究所．国语［M］．上海：上海古籍出版社，1995：103.

［2］范仲淹．范文正公集・答手诏条陈十事［M］．四部丛刊本．

［3］清・阮元．畴人传（卷46）［M］．商务印书馆．1955. 转载自 周魁一．中国科学技术史（水利卷）［M］．科学出版社，2002：9.

［4］管子・度地．诸子集成本［M］．北京：中华书局，1986年。以下征引诸子语录均用此版本，不另加注版本。

［5］司马迁．史记・高祖功臣侯者年表，转载自《中国科学技术史》（水利卷）．2002：前言．

［6］（清）钱泳：履园丛林（卷3）．笔记小说大观第25册．江苏广陵古籍刻印社，1984年．

［7］黎翔凤．管子校注（下）［M］．中华书局，2004：1053.

［8］邵秉仁．长江上游水电开发与环境保护［C］．中国水电可持续发展高峰论坛．2009.

［9］殷瑞钰．工程演化论初议．工程研究［M］．北京：科学出版社，2009（1）：75.

［10］李伯聪．略论理性的对象和解释中的转变—兼论工程合理性应成为合理性研究的新重点［J］．山西大学学报（哲学社会科学版），2008（2）：5.

［11］胡辉华．合理性问题［M］．广州：广东人民出版社，2000：47-49.

［12］李伯聪．略论理性的对象和解释中的转变—兼论工程合理性应成为合理性研究的新重点［J］．山西大学学报（哲学社会科学版），2008（2）：2-3.

［13］世界水坝委员会．水坝与发展：决策的新框架［M］．北京：中国环境科学出版社，2005.

［14］［美］P. 麦卡利．大坝经济学［M］．北京：中国发展出版社，2005.

［15］张惠英，等编译．世界大坝发展史［M］．北京：五洲传播出版社，1999：1.

［16］马克思．1844年经济学——哲学手稿［M］．北京：人民出版社，1984.

［17］陈宗舜．大坝．河流［M］．北京：化学工业出版社，2009：26.

［18］陈绍金．中国水利史［M］．北京：中国水利水电出版社，2007.

［19］陈敏豪．生态：文化与文明前景［M］．武汉：武汉出版社，1995：16.

［20］陈琦，张建伟．建构主义学习观要义评析［J］．华东师范大学学报（教育科学版），1998（1）：61.

［21］杜石然，等．中国科学技术史稿［M］．北京：科学出版社，1982：91.

[22] 邓小平. 邓小平文选（第3卷）[M]. 北京：人民出版社，1993：374.
[23] 邓海. 后三峡：遗痛未去管理争端又至 [J]. 财经. 2009（9）.
[24] 邓波，程秋君. 工程与行动的本质. 工程研究第一卷 [M]. 北京理工大学出版社，2004.
[25] 邓波. 朝向工程事实本身—再论工程的划界、本质与特征 [A] //第十一届技术哲学学术年会论文集 [C]. 2006. 7.
[26] 郭飞，王续刚. 中国的工程伦理建设：背景、目标和对策 [J]. 华中科技大学学报，2009（04）：116.
[27] 何晓科，殷国仕. 水利工程概论 [M]. 北京：中国水利水电出版社，2007：1.
[28] 高峻. 新中国治水事业的起步（1949-1957）[M]. 福州：福建教育出版社，2003.
[29] 甘绍平. 应用伦理学前沿研究 [M]. 南昌：江西人民出版社，2002：156、160.
[30] 贾金生，马静，张志会. 应对气候变化必须大力发展水电 [J]. 中国水能及电气化，2010（1/2）：8.
[31] 贾西津. 中国公民参与案例与模式 [M]. 北京：社会科学文献出版社，2008：34.
[32] 林一山. 震撼历史的抉择——三峡工程决策的科学性与民主性 [J]. 水利世界，1994（02）：9.
[33] 林初学. 对美国反坝运动及拆坝情况的考察与思考 [J]. 中国三峡建设，2005（Z1）.
[34] 林初学. 水坝工程建设争议的哲学思辨 [J]. 中国三峡建设，2006（6）.
[35] 李强. 转型时期的中国社会分层结构 [M]. 哈尔滨：黑龙江人民出版社，2002：57.
[36] 陆佑楣. 我国水电开发与可持续发展 [J]. 水力发电，2005（2）：2.
[37] 李锐. 关于防"左"的感想和意见——"十五大"前给中共领导人的一封信 [J]. 当代中国研究，1998（2）.
[38] 李锐. 关于我国政治体制改革的建议 [J]. 炎黄春秋，2003（1）：3.
[39] 陆佑楣. 开发利用水能资源、改善地球生态环境、保护良好生态 [J]. 中国水利，2007（2）：27.
[40] 林一山. 高峡出平湖 [M]. 北京：中国青年出版社，1995：78.
[41] 拉尔夫·L基尼. 创新性思维—实现核心价值的决策模式 [M]. 北京：新华出版社，2003，2-3.
[42] 陆佑楣. 谈水电开发和流域保护 [J]. 三联生活周刊，2009（6）：30.
[43] 梁自玉. 试析原生态保护误区 [J]. 中国市场，2008（4）：12.
[44] 刘建平. 通向更高的文明：水电资源开发多维透视 [M]. 北京：人民出版社，2008.
[45] 李伯聪. 工程创新：创新空间中的选择与建构 [J]. 工程研究，2009（1）：51-57.
[46] 陆佑楣. 我们该不该建坝 [J]. 水利发展研究，2005（11）：6.
[47] 李大光."中国公众对工程的理解"研究设想 [M]. 杜澄，李伯聪. 工程研究（第2卷）. 北京理工大学出版社，2006：106.
[48] 李伯聪. 工程哲学引论 [M]. 郑州：大象出版社，2002：252.
[49] 卢风，肖巍. 应用伦理学概论 [M]. 北京：中国人民大学出版社，222.
[50] 李伯聪. 工程共同体中的工人——工程共同体研究之一 [J]. 自然辩证法通讯，2005（2）.
[51] 李伯聪. 关于工程师的几个问题——工程共同体研究之二 [J]. 自然辩证法通讯，2006（3）.
[52] 李伯聪. 工程共同体研究和工程社会学的开拓——工程共同体研究之三 [J]. 自然辩证法通讯，2008（1）.

[53] 编辑委员会编. 新安江水电站志 [M]. 杭州：浙江人民出版社，1993.
[54] 陆佑楣. 水坝工程的社会责任 [J]. 中国三峡建设，2005 (5)：7.
[55] 陆佑楣. 三峡工程是一项改善长江生态环境的工程 [J]. 中国三峡，2009 (1)：17.
[55]《水力发电》编辑部. 中国水力发电大事记 [J]. 水力发电，1990 (5)：56.
[56] 黄济人. 三峡工程议案是怎样通过的——一个全国人大代表的日记 [J]. 重庆出版社，1992：91.
[57] 马国川，钱正英. 从近代水利走向现代水利 [J]. 经济观察报，2009-9-18.
[58] 马克思. 1844 年经济学—哲学手稿 [M]. 北京：人民出版社，2000，32.
[59] 苏俊斌，曹南燕. 中国工程师伦理意识的变迁——关于“中国工程师信条”1933-1996 年修订的技术与社会考察 [J]. 自然辩证法通讯，2008 (06)：18.
[60] 苏向荣. 三峡决策论辩：政策论辩的价值探寻 [M]. 北京：中央编译出版社，2007：56，转引自 刘志伟. 民主与科学决策的典范 [J]. 科技进步与对策，1998 (1)：43.
[61] 刘兵，侯强. 国内科学传播研究：理论与问题 [J]. 自然辩证法研究，2004 (5)：82.
[62] 李正伟 刘兵. 对英国有关“公众理解科学”的三份重要报告的简要考察与分析 [J]. 自然辩证法研究，2003 (5)：72.
[63] 林坚. 科技传播的结构和模式探析 [J]. 科学技术和辩证法，2001 (4)：53.
[64] 陈可雄. 三峡工程的前前后后——钱正英访谈录 [R]. 国务院三峡工程建设委员会. 百年三峡，2005：250.
[65] 黄济人. 三峡工程议案是怎样通过的——一个全国人大代表的日记 [J]. 重庆出版社，1992：91.
[66] 陆佑楣. 开发利用水能资源，改善地球生态环境，保护良好生态 [J]. 中国水利，2007 (2)：27.
[67] 李继凯. “大工程”观教育思想指导下的电气信息类专业课程体系研究 [J]. 中国电力教育，2009 (09).
[68] 陆佑楣：谈水电开发和流域保护 [J]. 三联生活周刊，2009 (6)：30
[69] 贾金生. 以可持续更加绿色的方式发展水电 [J]. 中国三峡建设，2007 (2)：6.
[70] 佟贺丰. 不同语境与政治环境下的国家科普理念 [D]. 全球科技经济瞭望，2008 (9)：35.
[71] 潘家铮. 老生常谈集 [M]. 郑州：黄河水利出版社，2009：4.
[72] 潘家铮. 建坝还是拆坝 [J]. 中国水利. 2004 (23)：26.
[73] 苏向荣. 三峡决策论辩：政策论辩的价值探寻 [M]. 北京：中央编译出版社，115、69.
[74] 王佩琼. 浅议中国古代水利工程观的几个问题 [M]. 工程研究（第 4 卷）：103.
[75] 世界银行. 世界发展报告 [M]. 北京：中国财政经济出版社，2004.
[76] 谢中起. 生态生产力理论与人类的持续性理论 [J]. 理论探讨. 2003 (3).
[77] 于洪海. 贾金生. 报道发达国家有拆坝运动是误解 [N]. 中国能源报，2009-8-27.
[78] 杨溢. 论证始末 [M]. 北京：水利电力出版社，1992：13.
[79] 殷瑞钰，汪应洛，李伯聪. 工程哲学 [M]. 北京：高等教育出版社，2007.
[80] 一场水电开发口水战 [J]. 南都周刊，2009：300.
[81] 殷瑞钰. 工程演化论初议 [J]. 工程研究，2009 (1)：78.
[82] 潘家铮. 千秋功罪话水坝 [M]. 北京：清华大学出版社，广州：暨南大学出版社，2000：33.

[83] 孙保沭主编．中国水利史简明教程［M］．郑州：黄河水利出版，1996；姚汉源．中国水利史纲要［M］．北京：水利电力出版社，1965.
[84] 孙伟平．事实与价值：休谟问题及其解决尝试［J］．北京：中国社会科学出版社，2000：8.
[85] 汪恕诚．论大坝与生态［A］//中国水电 100 年（1910-2010）［M］．北京：中国电力出版社，2010：27-31.
[86] 王维洛．中国防汛决策体制和水灾成因分析［J］．当代中国研究，1993（3）.
[87] 中国水利百科全书（第三卷）［M］．水利电力出版社．1991，1882.
[88] 谭徐明．都江堰［M］．北京：中国水利水电出版社，2009：9.
[89] 郑连第，谭徐明，蒋超．中国水利百科全书（水利史分册）［M］．北京：中国水利水电出版社，2004：244.
[90] 张可佳．全世界究竟拆了多少坝［N］．中国青年报，2003-12-10.
[91] 张秀华．工程共同体的本性［J］．自然辩证法通讯，2008：30（6）43-47.
[92] 张秀华．工程批评：工程研究不可或缺的视角［N］．光明日报，2005-6-21.
[93] 张博庭．剖析假新闻——中国承认三峡大坝存在隐患［J］．财经界，2007（11）：77.
[94] 张博庭，青长庚．警惕反水坝的悖论［D］．三峡水力发电厂编印：12.
[95] 周双超，徐爱民，彭宗卫．争取 30 年内把中国水能资源开发完毕——中国科学院院士何祚庥访谈录［J］．中国三峡建设，2005（Z1）.
[96] 赵诚．长河孤旅：黄万里九十年人生沧桑［M］．武汉：长江文艺出版社，2004：212.
[97] 中国水力发电大事记［J］．水力发电，1990（5）：54.
[98] 李鹏．众志绘宏图——李鹏三峡日记［M］．北京：中国三峡出版社，2003：139.
[99] 朱葆伟．工程活动的伦理责任［J］．伦理学研究，2006（6）：40- 41.
[100] 李世新．借鉴国外经验开展工程伦理教育［J］．高等工程教育研究，2008（2）：49.
[101] 张恒力，胡新和．工程伦理学的路径选择［J］．自然辩证法研究，2007（9）：46.
[102] 姚才刚．民生问题的伦理学意蕴［J］．红旗文稿，2010（23）：39.
[103] 吴国盛．从科学普及到科学传播［N］．科技日报，2000-9-22.
[104]［英］J. D. 贝尔纳著，陈体芳译．科学的社会功能［M］．南宁：广西大学出版社，2003：341.
[105] 魏沛．怒江水电开发争议对“公众理解工程”的启示分析［D］．中科院研究生院硕士学位论文，2007：6.
[106] 刘继明．梦之坝［M］．昆明：云南人民出版社，2004：229—237；又可见“三峡探索”网站，2000-3-15，6-15.
[107] 殷瑞钰，汪应洛，李伯聪．工程哲学［M］．北京：高等教育出版社，2007.
[108] 张培元．生活时评：从三峡工程感谢“反对者”说起［EB/OL］．http：//news. sina. com. cn/c/2005-11-28/05537556692s. shtml.
[109] 袁同凯．地方性知识中的生态关怀：生态人类学的视角［J］．思想战线，2008（1）.
[110] 李大光，许晶．我国公众理解工程的实证研究——泰安公众对工程的理解与态度调查分析［J］．工程研究（第 3 卷），2008：255.
[111] 马克思恩格斯全集．第 21 卷［M］．北京：人民出版社，1965，186.

［112］张惠英等编译．世界大坝发展史［M］．北京：五洲传播出版社，1999：49.
［113］［英］大卫·兰德斯著．谢怀筑 译．解除束缚的普罗米修斯［M］．北京：华夏出版社，2007：98.
［114］中国大坝委员会秘书处 贾金生，袁玉兰，马忠丽．2005 年中国与世界大坝建设情况［J］．水电 2006. 国际研讨会论文集：320.
［115］［美］麦克莱伦第三，［美］多恩著，王鸣阳译．世界科学技术通史［M］．上海科技教育出版社，2007：44.
［116］文启胜．论生态经济生产力［J］．生态经济，1996（2）．
［117］殷瑞钰，汪应洛，李伯聪，等著［M］．工程哲学，2007：358.
［118］李锐．直言——李锐 60 年的忧与思［M］．北京：今日中国出版社，1998：191.
［119］魏廷铮．我参与三峡工程论证的经过［M］．三峡文史博览．北京：中国文史出版社，1997：57.
［120］中国科学院成都图书馆、中国科学院三峡工程科研领导小组编［M］．长江三峡工程争鸣集．总论．成都科技大学出版社，1987：58.
［121］苏向荣．三峡决策论辩—政治论辩的价值探寻［M］．北京：中央编译出版社，2007：17.
［122］周双超，徐爱民，彭宗卫．争取 30 年内把中国水能资源开发完毕—访中科院院士何祚庥［J］．中国三峡建设，2005（2）．
［123］钱学森，于景元，戴汝为．一个科学新领域——开放的复杂巨系统及其方法论［J］．自然杂志，1990，13（1）：3-11.
［124］赵诚．长河孤旅：黄万里九十年人生沧桑［M］．武汉：长江文艺出版社，2004：216-219.
［125］张勇．低碳经济：挑战与机遇［J］．当代石油石化．2009（10）：13.
［126］2008 年中国与世界大坝建设情况［D］．中国大坝协会秘书处。
［127］［美］威廉·R. 劳里．大坝政治学［M］．北京：中国环境科学出版社，2009：2.
［128］世界水坝委员会：水坝与发展——引发争议的一份报告［EB/OL］．http：//www. tianya. cn/publicforum/content/develop/1/376713. shtml.
［129］张玲．论西方工程哲学存在的合理性［J］．自然辩证法研究，2008（05）：47.
［130］约翰·汤普逊，高铦译．意识形态与现代文化［M］．南京：译林出版社，2005：7.
［131］王树松．技术合理性的社会建构［J］．科学管理研究，2004（4）：59.
［132］（L. 丹，1990）进步及其问题［M］．北京：华夏出版社，1990，116.
［133］Alfred R. Mele，Piers Rawling eds，The Oxford Handbook of Rationality，2004.
［134］Gurnani，Ashwin Prabhu. Engineering design at the edge of rationality. State University of New York at Buffalo，2007：229.
［135］黑格尔．小逻辑［M］．北京：商务印书馆，1980：389-391.
［136］黑格尔．法哲学原理［M］．北京：商务印书馆，1961：212.
［137］李洁．谈谈尼采的权力意志思考［J］．哲学研究，1998（08）：79.
［138］（德）尼采著，孙周兴译．北京：商务印书馆，2007：1032、1033.
［139］March，James G. Bounded Rationality，Ambiguity，and The Engineering of Choice. The Bell Journal

of Economics, 1978, 9 (2): 587-608.

[140] Arman, G Rationality, in: Reasoning, Meaning and Mind, 1999.

[141] Feenberg A. From essentialism to constructivism: Philosophy of Technology at the crossroads [J]. Technology and the good life, 2000: 294-315.

[142] Feenberg A. Critical Theory of Technology. Oxford: Oxford University, 1991.

[143] Weber, M. Economy and Society, New York: Bedmister Press, 1968.

[144] 晏月平，廖炼忠．原生态民族文化开发性保护与经济协调发展 [J]．经济研究导刊，2008 (12): 216-218.

[145] Ryder and Barber (Eds.), Damming the Three Gorges: hat Dam Builders Don' t Want you to Know, London: Earthscan, 1993.

[146] Patricia Adams and John Thibodeau (Eds.), Yangtze! Yangtze!, Toronto: Earthscan, 1994.

[147] Bruce Miroff, Raymond Seidelman, Todd Swanstrom, Debating Democracy, Boston, New York: Houghton Mifflin Company, 1999, 2.

[148] Habermas, J. The Theory of Communicative Action, Vol. 1: Reason and the Rationalization of Society. 重庆：重庆出版社，1994 年，第 14、22、40、39、420 页.

[149] Carl Mitcham. Engineering Design Research and Social Responsibility [J]. In K. Shrader-Frechette (eds.) Ethics of Scientific Research, Lanham: Rowman and Littlefield Publishers, c1994. p63.

[150] A. A. Harms, etc. Engineering in time. London: Imperial College Press, 2004. PP: 81.

[151] Herkert J. Commentary on "the greening of engineers: A cross-cultural experience" (A. Ansari) [J]. Sci. Eng. Ethics, 2001, 7 (1): 120-122.

[152] Vesilind P A. Vestal Virgins and Engineering Ethics [J]. Ethics & the Environment, 2002 (7): 92-101.

后　记

中国曾经创造过辉煌灿烂的水利文明，坝工技术水平更长期居于世界领先地位。中华人民共和国成立以来，我国水坝工程事业突飞猛进，对推动经济社会发展发挥了重大作用。但是，近些年来，水坝工程建设却面临着国家政策支持力度不足、社会争议强烈、公众理解不够等巨大挑战，整体发展缓慢。是时候对关乎水坝的若干深层问题进行审视和反思了。

本书涉及的方面众多并且问题十分复杂，除事实争论外，还涉及到争论各方的利益诉求和价值选择的冲突；争论本身不可能在短期予以平息和解决，争论各方的意见与观点很难改变，难以被“说服”。本书不可避免地要涉及许多困难问题，在对有关问题进行分析和哲学反思时，作者必须持有一定的看法和立场，但本书又想保持某种“客观公正”的立场，避免“直接陷入”这些争论。怎样才能处理好上述矛盾和困难，这就成为本书写作中面临的困境。

谈及水坝工程论辩，倘若不涉及论辩各方的当事人与他们的具体观点，就无法将研究深入下去。论辩的当事人有很多是著名的政府部门的领导、专家、学者，有些当事人已经过世，但他们的后辈和学生还在继续捍卫着他们的观点。本书本着客观真实和“对事不对人”的原则，对水坝工程论辩进行了描述分类，其中会顺带涉及到一些人物名称及其观点。由于本人能力与立场的局限，个别地方可能难免偏颇。

本书出版之际，我要向所有无私帮助过我的老师、专家、同学、朋友表达我最衷心的感谢。首先，我要衷心地感谢我的博士导师、中国工程院院士陆佑楣先生。能师从德高望重的陆院士，是我今生莫大的荣幸。陆院士是国内著名水利专家，他曾先后参与刘家峡水电站、三峡工程等重大水利工程的建设和管理，对国家水利水电的可持续发展有着高屋建瓴的思考。

2007 年秋，承蒙陆院士不弃，我得以忝列门墙。在三年的博士学习生活中，陆院士为我树立了一个治学与做人的典范，他谦和、淡定的人生态度令我受益终生。本书文稿是在陆院士的悉心指导下完成的，从选题、资料的收集、基本观点的确立，到写作、修改和最后成稿，陆院士都倾注了大量心血，提出了许多卓有价值的指导意见和建议。为了搞清一个水利概念，他会耐心地一再为我画图和讲解。此外，导师和师母对本人的生活也多有照顾。在人生的关键时刻，导师曾给予我最坚强的后盾，今生对于导师的感激难以回报。

我还要衷心感谢中国科学院大学人文学院工程与社会研究中心的李伯聪教授。李老师对我在学业上严格要求，在生活与工作上默默地关心，宛如一位平易近人的慈父。虽然老师平常话语不多，我能真切地感受到老师的良苦用心与殷殷期盼。正是李老师莫大的包容和鼓励让我在学术之路上一路前行。在我进入中国科学院自然科学史所工作后，也一直得到陆佑楣院士和李伯聪老师的关怀和指点。每当想起两位先生的谆谆教诲，我时常扪心自问，自己是否问心无愧。

由于本人才疏学浅以及在思想和眼界方面的局限，书稿写作之路可谓一波三折。对生性愚钝的我而言，那种豁然开朗的感觉来得太晚。经过几次调整之后，这一题目才得以既较好地契合我本人的学术背景，又能基本满足学术研究对创新性的基本要求。这一艰难的探索过程，也让我终于体会到了“山穷水尽疑无路，柳暗花明又一村”的感觉。不过正是这种磨砺，也使我日渐成熟与淡定。

本书稿还一直得到中国科学院大学胡新和教授、王大洲教授、王佩琼教授、肖显静教授、王大明教授、胡志强教授、孟建伟教授、尚智丛教授和刘二中教授，中国社会科学院朱葆伟研究员，科技部科技评估中心邢怀滨研究员和中国科学技术协会丘亮辉老师无私的帮助和指点。他们的话语常使我受益匪浅。感谢美国科罗拉多矿业学院的米切姆教授，他在工程伦理问题上多次为我指点迷津，并慷慨提供了诸多有益的外文资料。

本人还要感谢中国水利水电科学研究院副院长贾金生教授和副总工郭军教授对本论文写作的悉心指点。中国长江三峡集团公司林初学副总经理和中国水力发电工程学会张博庭教授关于水坝工程的诸多真知灼见为本书的观点和框架结构提供了诸多启发。中国水利史学会周魁一老师的著作《中国科学技术史·水利卷》对我颇有教益，并对本书内容多有指点。感谢中国大坝协会多次为我提供了参与国际学术会议、实地考察的机会，并为本书的编写提供了莫大支持。感谢所有本书所引用文献的原作者，正是前辈学者们的智慧结晶支持着和启发了本书的基本观点！

最后，谨以此书献给我年迈的父母和一直支持我的家人。多年来丈夫马连轶以他宽大的胸怀默默无私地支持着我的学术追求。而女儿马诗轩的降生则使我品尝到了初为人母的喜悦。你们是我今生最宝贵的财富。

“横看成岭侧成峰，远近高低各不同”，对水坝工程的看法可谓仁者见仁，智者见智。其是非纠葛，未有定论，要想彻底厘清它，在短期内可以说是不可能的事情。单一项三峡工程，就引发了社会学、人类学、生态学、历史学诸多领域内浩如烟海的研究成果问世。由于水坝工程涉及学科众多，本人能力有限，这部书稿未能避免错漏、冗赘与零乱，有很多不尽如人意之处。

令我唏嘘感怀的是，导师虽然是水利系统的资深专家，但他一直鼓励我，不要沿袭他的思路，不要怕他人学术批评，要勇于发表自己独立的学术观点。因此本书中的一些观点只是本人管中窥豹，简单概括了本人四五年来关于水坝工程的一些思考。尽管在本书出版之前，本人小心谨慎地一再延迟交稿，已经补充和完善了相当多的内容，但客观而言，本书充其量只能反映本人作为一名人文学者的一些粗浅的认识。要弥补本书的这一遗憾，只能俟之来日其他学者的纠正和指点了。今后的道路上，我将继续坚持不懈地探索与追寻学术的真谛。

索　　引

K

L

M

T

W

X

Y

Z

中国科协三峡科技出版资助计划
2012年第一期资助著作名单

（按书名汉语拼音顺序）

1. 包皮环切与艾滋病预防
2. 东北区域服务业内部结构优化研究
3. 肺孢子菌肺炎诊断与治疗
4. 分数阶微分方程边值问题理论与应用
5. 广东省气象干旱图集
6. 混沌蚁群算法及应用
7. 混凝土侵彻力学
8. 金佛山野生药用植物资源
9. 科普产业研究
10. 老年人心理健康研究报告
11. 农民工医疗保障水平及精算评价
12. 强震应急与次生灾害防范
13. “软件人”构件与系统演化计算
14. 西北区域气候变化评估报告
15. 显微神经血管吻合技术训练
16. 语言动力系统与二型模糊逻辑
17. 自然灾害与发展风险

中国科协三峡科技出版资助计划
2012年第二期资助著作名单

1. BitTorrent类型对等网络的位置知晓性
2. 城市生态用地核算与管理
3. 创新过程绩效测度——模型构建、实证研究与政策选择
4. 商业银行核心竞争力影响因素与提升机制研究
5. 品牌丑闻溢出效应研究——机理分析与策略选择
6. 护航科技创新——高等学校科研经费使用与管理务实
7. 资源开发视角下新疆民生科技需求与发展
8. 唤醒土地——宁夏生态、人口、经济纵论
9. 三峡水轮机转轮材料与焊接
10. 大型梯级水电站运行调度的优化算法
11. 节能砌块隐形密框结构
12. 水坝工程发展的若干问题思辨
13. 新型纤维素系止血材料
14. 商周数算四题
15. 城市气候研究在中德城市规划中的整合途径比较
16. 心脏标志物实验室检测应用指南
17. 现代灾害急救
18. 长江流域的枝角类

中国科协三峡科技出版资助计划
2013年资助著作名单

1. 蛋白质技术在病毒学研究中的应用
2. 当代中医糖尿病学
3. 滴灌——随水施肥技术理论与实践
4. 地质遗产保护与利用的理论及实证
5. 分布式大科学项目的组织与管理：人类基因组计划
6. 港口混凝土结构性能退化与耐久性设计
7. 国立北平研究院简史
8. 海岛开发成陆工程技术
9. 环境资源交易理论与实践研究——以浙江省为例
10. 荒漠植物蒙古扁桃生理生态学
11. 基础研究与国家目标——以北京正负电子对撞机为例的分析
12. 激光火工品技术
13. 抗辐射设计与辐射效应
14. 科普产业概论
15. 科学与人文
16. 空气净化原理、设计与应用
17. 煤炭物流供应链管理
18. 农产品微波组合干燥技术
19. 腔静脉外科学
20. 清洁能源技术创新管理与公共政策研究——以碳捕集与封存（CCS）为例
21. 三峡水库生态渔业
22. 深冷混合工质节流制冷原理及应用
23. 生物数学思想研究
24. 实用人体表面解剖学
25. 水力发电的综合价值及其评价
26. 唐代工部尚书研究
27. 糖尿病基础研究与临床诊治
28. 物理治疗技术创新与研发
29. 西双版纳傣族传统灌溉制度的现代变迁
30. 新疆经济跨越式发展研究
31. 沿海与内陆就地城市化典型地区的比较研究
32. 疑难杂病医案
33. 制造改变设计——3D打印直接制造技术
34. 自然灾害对经济增长的影响——基于国内外自然灾害数据的实证研究
35. 综合客运枢纽功能空间组合设计理论与实践
36. TRIZ——推动创新的技术（译著）
37. 从流代数到量子色动力学——结构实在论的一个案例研究（译著）
38. 风暴守望者——天气预报风云史（译著）
39. 观测天体物理学（译著）
40. 可操作的地震预报（译著）
41. 绿色经济学（译著）
42. 谁在操纵碳市场（译著）
43. 医疗器械使用与安全（译著）
44. 宇宙天梯14步（译著）
45. 致命的引力——宇宙中的黑洞（译著）

发行部

地址： 北京市海淀区中关村南大街16号

邮编： 100081

电话： 010-62103354

办公室

电话： 010-62103166

邮箱： kxsxcb@ cast. org. cn

网址： http：//www. cspbooks. com. cn